PUBLIÉE SOUS LA DIRECTION DE

M. A. MÜNTZ

Professeur à l'Institut National Agronomique

MALADIES

DES

PLANTES AGRICOLES

ET DES

ARBRES FRUITIERS ET FORESTIERS

CAUSÉES PAR DES PARASITES VÉGÉTAUX

PAR

ED. PRILLIEUX

PROFESSEUR A L'INSTITUT NATIONAL AGRONOMIQUE

TOME PREMIER

PARIS

LIBRAIRIE DE FIRMIN-DIDOT ET CIE

IMPRIMEURS DE L'INSTITUT

56, RUE JACOB, 56

BIBLIOTHÈQUE DE L'ENSEIGNEMENT AGRICOLE

PRINCIPAUX RÉDACTEURS

MM.

BARON, professeur à l'École vétérinaire d'Alfort.

BERTHAULT, professeur à l'École d'Agriculture de Grignon.

BOITEL (O. ✲), inspecteur général de l'Enseignement agricole, professeur à l'Institut Agronomique, membre de la Société Nationale d'Agriculture.

CORNEVIN (✲), professeur à l'École vétérinaire de Lyon.

CORNU (✲), professeur-administrateur au Muséum d'Histoire naturelle, membre de la Société Nationale d'Agriculture.

DEMONTZEY (O. ✲), administrateur des Forêts, correspondant de l'Académie des Sciences.

GAUWAIN (✲), sous-gouverneur du Crédit Foncier de France, professeur à l'Institut Agronomique.

AIMÉ GIRARD (O. ✲), professeur au Conservatoire des Arts-et-Métiers et à l'Institut Agronomique, membre de la Société Nationale d'Agriculture.

A.-CH. GIRARD, chef des Travaux chimiques à l'Institut Agronomique.

GRANDEAU (O. ✲), doyen honoraire de la Faculté des Sciences de Nancy, inspecteur général des Stations Agronomiques.

LAVALARD (O. ✲), administrateur de la Compagnie Générale des Omnibus, professeur à l'Institut Agronomique, membre de la Société Nationale d'Agriculture.

LECOUTEUX (O. ✲), professeur au Conservatoire des Arts-et-Métiers et à l'Institut Agronomique, membre de la Société Nationale d'Agriculture.

LEZÉ, professeur à l'École d'Agriculture de Grignon.

MUNTZ (O. ✲), professeur à l'Institut Agronomique, membre de la Société Nationale d'Agriculture.

PRILLIEUX (O. ✲), inspecteur général de l'Enseignement agricole, professeur à l'Institut Agronomique, membre de la Société Nationale d'Agriculture.

PULLIAT (✲), professeur à l'Institut Agronomique, membre de la Société Nationale d'Agriculture.

RISLER (C. ✲), directeur de l'Institut Agronomique, membre de la Société Nationale d'Agriculture.

RONNA (C. ✲), ingénieur, membre du Conseil supérieur de l'Agriculture.

ROUX (✲), directeur du Laboratoire de M. Pasteur.

TISSERAND (G. O. ✲), conseiller d'État, directeur au Ministère de l'Agriculture, membre de la Société Nationale d'Agriculture.

SCHLŒSING (O. ✲), membre de l'Académie des Sciences et de la Société Nationale d'Agriculture, directeur de l'École d'application des Manufactures Nationales, professeur au Conservatoire des Arts-et-Métiers et à l'Institut Agronomique.

SCHRIBAUX, professeur et directeur de la Station d'essais de semences, à l'Institut Agronomique.

TRASBOT (✲), directeur de l'École vétérinaire d'Alfort, membre de l'Académie de Médecine.

TRESCA (✲), professeur à l'Institut Agronomique et à l'École Centrale, membre de la Société Nationale d'Agriculture.

MALADIES

DES

PLANTES AGRICOLES

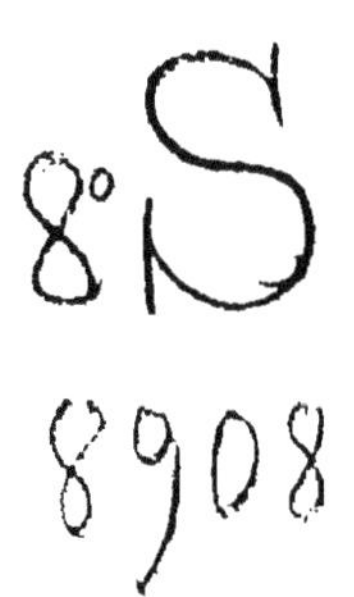

TYPOGRAPHIE FIRMIN-DIDOT ET Cie. — MESNIL (EURE).

BIBLIOTHÈQUE DE L'ENSEIGNEMENT AGRICOLE

PUBLIÉE SOUS LA DIRECTION DE

M. A. MÜNTZ

Professeur à l'Institut National Agronomique

MALADIES

DES

PLANTES AGRICOLES

ET DES

ARBRES FRUITIERS ET FORESTIERS

CAUSÉES PAR DES PARASITES VÉGÉTAUX

PAR

ED. PRILLIEUX

PROFESSEUR A L'INSTITUT NATIONAL AGRONOMIQUE

TOME PREMIER

PARIS

LIBRAIRIE DE FIRMIN-DIDOT ET Cⁱᵉ

IMPRIMEURS DE L'INSTITUT

56, RUE JACOB, 56

1895

INTRODUCTION

———

Depuis 1876, époque à laquelle j'ai été chargé d'enseigner la Botanique à l'Institut national agronomique qui venait d'être créé à Paris, j'ai fait dans cet établissement un cours spécial sur les maladies des plantes agricoles.

D'année en année il s'est modifié et étendu. Des maladies inconnues, importées d'Amérique, envahissaient nos vignobles; il était urgent d'en bien connaître la cause. Les observations suivies au milieu des vignes, les études de laboratoire, faisaient connaître la nature des Champignons parasites qui les produisaient, leur structure, leur genre de vie, et bientôt on découvrait des moyens efficaces de combattre les nouveaux fléaux.

L'enseignement de la Pathologie végétale prenait dans ces conditions de plus en plus d'importance et d'intérêt.

Je me propose aujourd'hui de publier un premier livre sur ces matières.

Les anciens traités sur les maladies des plantes écrits avant la *Physiologie végétale* de De Candolle (1832) cherchaient à suivre dans le règne végétal la marche de la

Pathologie humaine et s'inspiraient des idées régnant en médecine humaine. Ré, par exemple, divisait les maladies des plantes en maladies sthéniques ou provenant d'un excès de force, asthéniques ou causées par la faiblesse et indéterminées. La répartition des altérations des plantes dans ces classes était du reste fort arbitraire. Ainsi Ré plaçait les maladies produites par les *Erysiphe*, les Blancs, confondus avec d'autres faits sous le nom d'*Albugine* parmi les maladies de faiblesse aussi bien que le Charbon du Maïs, tandis qu'il mettait la Carie, le Charbon et la Rouille au nombre des maladies indéterminées.

C'est à De Candolle que l'on doit d'avoir posé les bases rationnelles d'un traité des maladies des plantes en les considérant comme des altérations de l'état physiologique normal produites soit par des conditions défavorables du milieu ou elles végètent, soit par l'action d'organismes parasites pénétrant dans leurs tissus.

Les maladies non parasitaires des plantes telles que les altérations causées par le froid, la sécheresse, l'absence ou l'excès de certains éléments dans le sol, etc., forment une partie, non la moins importante, de la Pathologie végétale et qui est très intimement unie à la Physiologie végétale. On en peut séparer la partie qui traite des maladies parasitaires. Celle-ci repose essentiellement sur la connaissance de ces parasites qui sont la cause d'altération profondes du tissu des plantes et qui produisent parfois, quand ils se développent en quantité dans les cultures, des épidémies terribles.

Dans le présent livre je ne traiterai que de l'histoire des parasites végétaux qui attaquent les plantes agricoles et les arbres des vergers et des forêts. Le sujet est assez vaste et si je puis en rendre l'étude intéressante et accessible aux agriculteurs et à toute personne vivant au milieu de la campagne, qui a reçu dans une école ou un lycée quelques connaissances générales sur la structure des plantes, j'aurai atteint le but que je me suis proposé.

La plupart des végétaux parasites qui causent d'importants dommages dans les cultures, le Charbon, la Carie, la Rouille des Céréales, les Champignons de la maladie de la Pomme de terre, du Mildiou et du Black-Rot des Vignes, sont de très petits êtres qui, par leur ténuité, échappent presque à la vue, et dont l'étude paraît réservée à un très petit nombre de spécialistes. Il semble établi que de telles recherches présentent trop de difficultés pour être à la portée de toute personne de bonne volonté. Mon plus vif désir est de contribuer à dissiper cette croyance et de faciliter les débuts d'observateurs qui, vivant au milieu de la campagne, peuvent s'exercer d'abord à contrôler les faits déjà observés et décrits, sur des végétaux cultivés qu'ils sont à même d'examiner en quantité et à tout degré de développement.

S'ils prennent goût à ces recherches, ils pourront devenir ainsi bientôt capables d'apporter à leur tour à la science beaucoup de faits nouveaux. Il y a un champ immense d'observations neuves pour qui veut travailler à compléter nos connaissances sur les Champignons parasites.

On sait que beaucoup de ces petits êtres peuvent revêtir successivement des formes diverses, mais le nombre est relativement petit des espèces dont on a pu suivre le développement à travers toutes ses phases; bien des faits sont admis par analogie plutôt qu'établis par l'observation directe et cependant la connaissance complète de l'évolution des parasites, la détermination des conditions dans lesquelles se produisent leurs formes différentes de reproduction, peuvent avoir la plus grande importance pratique quand il s'agit de mettre obstacle à leur propagation et de combattre le mal qu'ils causent.

Je désire montrer l'importance de ces études, y attirer des observateurs vivant au milieu des champs et leur faciliter les premiers pas sur un terrain où ils n'osent s'engager faute de guide.

Je voudrais que le lecteur prît à cœur de contrôler, chaque fois que l'occasion s'en présentera à lui, tout ce qu'il trouvera dans ce livre touchant la structure et les mœurs des champignons parasites de nos champs, de nos vignes et de nos bois. Pour cela, il doit tout d'abord se munir d'un microscope et s'exercer à s'en servir.

Aujourd'hui, sans doute, les élèves des écoles de Médecine et de Pharmacie, les élèves des Facultés des sciences, de l'Institut agronomique et des écoles nationales d'Agriculture sont plus ou moins habitués à se servir d'un microscope. Je pense toutefois qu'il pourra être utile de donner ici au lecteur débutant dans l'étude des champignons quelques renseignements pratiques sur la façon d'employer le microscope aux observations mycologiques.

Un microscope composé, d'un petit modèle, comme sont ceux que l'on met entre les mains des élèves à l'Institut agronomique et dans les écoles nationales d'Agriculture, suffit pour la plupart des études que l'on peut avoir à faire, et en tout cas pour se former à l'observation. On s'en pourra procurer de bons chez des constructeurs français ou étrangers, pour moins de 200 fr. L'instrument devra être muni de deux objectifs donnant l'un un grossissement de 60 à 80 diamètres, l'autre d'environ 400 à 500.

D'ordinaire, pour chaque observation, on se servira d'abord du faible grossissement qui permet de voir l'ensemble d'un champ étendu où on peut aisément chercher les préparations les meilleures et en prendre une idée

générale. On n'emploiera le grossissement le plus fort que
si cela est nécessaire, et quand on aura reconnu le point
le plus intéressant à observer. Les commençants ont très
généralement une grande tendance à employer tout d'a-
bord le plus fort grossissement, pensant voir mieux. C'est
une erreur qu'il convient de signaler. L'observation au
fort grossissement est toujours plus délicate et exige des
préparations meilleures.

Pour observer au microscope, on doit poser l'instrument sur une table solide placée à la distance de 1 à 2
mètres de la fenêtre par laquelle on prend la lumière et
avoir un siège assez élevé pour pouvoir, sans gêne, regarder verticalement, de haut en bas par l'oculaire lorsque le tube est entièrement tiré et que l'on emploie le
grossissement le plus faible, pour lequel l'objectif est à
la plus grande distance de l'objet à observer.

Le microscope étant mis en place, lorsque l'on veut
s'en servir, on enlève le tube qui glisse à frottement dans
la douille portée par la colonne. On visse à son extrémité
l'objectif le plus faible; on adapte l'oculaire à sa partie
supérieure, puis on introduit de nouveau le tube dans la
douille et on l'abaisse doucement en le faisant glisser avec
précaution, tout en lui imprimant en même temps un
mouvement en hélice jusqu'à ce que l'objectif qui termine
sa partie inférieure soit à la distance convenable de l'objet.

Les objets s'observent par transparence. Un miroir
porté par le pied renvoie la lumière à travers un trou de
la platine, sur laquelle on place la lame de verre portant
les préparations à examiner. Ce miroir est double, plan
sur une face, concave sur l'autre; on se sert de la face
concave pour les forts grossissements. On fait varier l'in-
clinaison du miroir jusqu'à ce que l'on voie, en regardant par l'oculaire, le champ du microscope régulièrement
éclairé.

Les objets à observer doivent être placés dans une goutte d'eau sur une lame de verre dite porte-objet et recouverts ensuite par une fine lamelle de verre ou couvre-objet. Il y a des couvre-objets plus ou moins épais; les plus minces sont très fragiles, mais sont nécessaires pour les observations avec les objectifs à fort grossissement dont la distance focale est très courte.

Les porte-objet et couvre-objet doivent être essuyés très proprement avec un linge fin avant chaque observation. On doit éviter d'en toucher la surface avec les doigts qui y laissent leur marque; on les doit tenir seulement par la tranche. Il faut beaucoup de soin pour essuyer les lamelles couvre-objet sans les briser.

Sur le milieu du porte-objet bien essuyé on dépose une goutte d'eau pure que l'on a prise au moyen d'une baguette de verre dans un verre placé sur la table servant à l'observation. L'eau du verre doit être renouvelée à chaque séance d'observation, car il se dépose vite de la poussière à sa surface.

On met dans cette goutte d'eau les préparations qui sont souvent de fines lames enlevées avec un rasoir bien tranchant ou des poussières formées de petits corps isolés comme la poudre brune de la Carie ou la poussière orangée de la Rouille, puis on recouvre la goutte d'eau avec le couvre-objet qui l'étale avec les objets qui y nagent. Si la goutte est trop grosse, l'eau déborde sur le pourtour du couvre-objet; il n'en doit pas être ainsi et on doit, dans ce cas, enlever l'excédent d'eau avec du papier buvard; mais quand l'eau contient des objets très ténus comme des spores en suspension, les courants formés par la succion du papier buvard peuvent les emporter hors du champ d'observation. Il convient de s'habituer à déposer l'eau sur le porte-objet par goutte de grosseur convenable.

Il est indispensable que la préparation soit observée dans l'eau; l'air, s'il en reste au milieu des tissus, gêne beaucoup l'observation. Une bulle d'air dans l'eau, vue au microscope, apparaît comme un petit cercle très brillant au centre et entouré d'une zone obscure. Il y a des objets que l'eau mouille difficilement et qui restent entourés d'une grande bulle d'air à travers laquelle on ne peut les observer distinctement. Il en est ainsi par exemple des fructifications en forme d'arbres ramifiés du Champignon du Mildiou de la Vigne, de celui du Meunier des Laitues, etc. Pour les observer, il convient de chasser l'air de la préparation. On y parvient soit en la chauffant légèrement à la flamme d'une lampe à l'acool, ou même simplement d'une allumette, soit en faisant pénétrer de l'alcool jusqu'à la préparation. Pour cela on tire à l'aide d'un petit morceau de papier buvard une partie de l'eau de la préparation, puis on place avec une baguette de verre une goutte d'alcool près du bord du couvre-objet, et elle pénètre sous la lamelle aussitôt qu'on la met en contact avec son bord.

La préparation étant convenablement disposée dans l'eau, on place le porte-objet sur la platine du microscope de telle façon que la préparation se trouve au-dessus du trou percé dans son milieu et se montre dans le champ éclairé par la lumière que renvoie le miroir.

Il faut bien éviter en glissant la préparation sous l'objectif, que l'eau débordant du couvre-objet ne mouille l'objectif; pour cela, il convient de relever le tube avant de glisser le porte-objet. Les commençants voulant éviter la petite difficulté de mettre au point chaque fois, s'en dispensent et souvent mouillent l'objectif, sans s'en apercevoir. C'est très fréquemment la cause pour laquelle ils ne voient pas une image bien nette.

La mise au point se fait d'abord en abaissant lentement

le tube de l'instrument, en le tournant en hélice, tout en regardant par l'oculaire si une image vague apparaît dans le champ éclairé; puis on achève en abaissant et relevant faiblement le tube à l'aide de la vis micrométrique fixée à la colonne.

Les mouvements alternatifs très faibles d'élévation et d'abaissement effectués à l'aide de la vis micrométrique permettent de voir successivement avec une plus grande netteté les parties supérieure, moyenne et inférieure des objets, et de se faire une idée exacte de leur relief. On s'habitue ainsi à juger et bien interpréter les images que l'on voit. Il y a pour cela une habitude à acquérir que la pratique seule peut donner. L'étude et le contrôle des faits décrits par des observateurs expérimentés permettra toutefois d'acquérir plus rapidement ce tact spécial du micrographe.

Il est extrêmement utile de s'habituer à dessiner les objets à mesure qu'on les observe au microscope. On se bornera souvent à un simple croquis destiné à fixer tel détail intéressant que l'on risque de ne pas retrouver plus tard pour l'observer dans d'aussi bonnes conditions; puis quand on a une préparation dont l'ensemble est satisfaisant, on achève le dessin qui résume les divers détails examinés. On peut dire qu'un fait étudié au microscope n'est reconnu avec une entière sûreté que quand on a pu en faire un dessin complet sans hésitation.

La chambre claire rend à l'observateur qui dessine de très grands services. Il en est de plusieurs modèles qui ne sauraient être décrits ici. Les unes, comme celle de Edwards et Doyère, projettent l'image obliquement, et on doit dans ce cas dessiner sur une sorte de petit pupitre à surface inclinée pour n'avoir pas des images déformées; mais ces chambres claires ont l'avantage de pouvoir être laissées constamment fixées au microscope; elles se placent aisément au-dessus de l'oculaire; les autres, comme celles d'Abbe ou d'Oberhauser, permettent de dessiner sur un plan horizontal, mais à chaque opération on doit retirer l'oculaire pour mettre la chambre claire à sa place et mettre au point, puis, le croquis fait, retirer la chambre claire et replacer l'oculaire pour continuer l'observation. On peut dessiner soit sur une boîte, soit sur un livre, pour mettre le papier à une distance convenable, plus ou moins grande suivant la vue de l'observateur.

L'usage de la chambre claire exige une certaine expérience. Les commençants ne peuvent que difficilement distinguer à la fois l'image de l'objet projetée sur le papier et la pointe du crayon qui doit en suivre les contours. Il convient d'établir à peu près l'égalité de clarté entre le champ du microscope et le papier sur lequel on dessine. Quand le papier est trop clair, on peut l'ombrager avec un objet qui sert d'écran.

On s'habitue fort bien à observer au microscope et à dessiner à la chambre claire en tenant les deux yeux ouverts. Au début, les objets vus par l'œil non employé à l'observation troublent un peu, mais bientôt toute l'attention se porte exclusivement sur l'image observée et il n'en résulte plus aucune gêne.

A l'aide de la chambre claire, on trace un croquis dont les proportions sont rigoureusement exactes, et on achève ensuite le dessin en précisant les détails.

La chambre claire permet de mesurer à l'aide d'un micromètre-objectif la grandeur des objets que l'on observe au microscope. On nomme micromètre-objectif un verre sur lequel se trouve gravé un millimètre divisé en 100 parties. En mettant ce micromètre à la place du porte-objet, sur la platine du microscope, on voit, quand le microscope est au point, les divisions de centièmes de millimètres; on les peut dessiner à la chambre claire et former aussi une échelle qui permet de mesurer la taille des images que l'on a dessinées de même à la chambre claire etdans des conditions identiques.

On peut déterminer aisément quel est le grossissement de l'image dessinée en mesurant sur l'échelle dessinée à la chambre claire la distance des divisions du micromètre. Si par exemple l'intervalle des divisions est sur le dessin de 2,5 millimètres, les divisions marquant les centièmes de millimètres, le grossissement sera de 250 fois.

On emploie pour mesurer les objets sans les dessiner un micromètre oculaire. Le micromètre oculaire est un oculaire portant une échelle divisée. On regarde par cet oculaire le micromètre objectif placé sur la platine, on met au point et on fait tourner le micromètre oculaire dans le tube, de façon à placer son échelle divisée dans le même sens que celle du micromètre objectif. On voit à combien de divisions du micromètre oculaire correspond une division du micromètre objectif, c'est-à-dire un centième de millimètre. Si 3 divisions de l'échelle oculaire répondent à $\frac{1}{100}$ millimètre, chacune représentera $\frac{1}{300}$ millimètre. On pourra ainsi à l'aide de cette échelle oculaire, mesurer désormais directement les objets sans employer le micromètre objectif.

On évalue les très petits objets en millièmes de millimètre ou micromillimètres que l'on représente par la lettre grecque μ.

Il est des objets que l'on peut observer sans préparation spéciale, en les plaçant seulement dans l'eau et les recouvrant d'un couvre-objet, les spores des champignons par exemple; mais souvent on a à observer des corps trop gros, trop peu transparents pour être soumis directement à l'observation microscopique. Il convient alors d'en faire de fines coupes que l'on puisse étudier par transparence.

Ces coupes se font d'ordinaire à l'aide d'un rasoir bien aiguisé. On doit s'habituer à faire des coupes uniformément minces. Quand le corps à couper est assez volumineux, on le tient aisément entre le pouce et l'index de la main gauche, et de la droite on dirige la lame d'un rasoir bien affilé. On n'en presse pas simplement le tranchant contre le bord de l'objet à couper, mais on le déplace en même temps en l'attirant de la base à l'extrémité de la lame ou en le poussant en sens inverse. La première coupe ne sert qu'à obtenir une surface plane de laquelle on sépare ensuite successivement de très fines lamelles que l'on place au fur et à mesure dans l'eau sans les laisser sécher sur la lame du rasoir. Quand les coupes adhèrent à la lame du rasoir, on en place le tranchant près de la goutte d'eau et on fait aisément glisser la préparation dans la goutte avec une aiguille emmanchée. On peut encore transporter les préparations avec la pointe d'un fin pinceau humide.

Quand l'objet sur lequel on veut faire des coupes est trop petit pour pouvoir être sans difficulté tenu entre les doigts, on le fixe entre deux morceaux de moelle de sureau ou de liège présentant des faces bien planes que l'on applique l'une contre l'autre en mettant entre elles le petit corps ou la feuille dont on veut faire des coupes. On tient aisément les deux morceaux de moelle serrés l'un contre l'autre et on en fait au rasoir de fines coupes transversales qui entament le corps interposé.

Certaines personnes font usage d'instruments nommés microtomes qui encastrent la moelle de sureau d'une façon très solide et rendent plus facile l'exécution des coupes. Les plus simples dans lesquels le rasoir qui fait la coupe se manœuvre à la main et dont le prix est peu élevé suffisent pour les études d'anatomie végétale et de mycologie.

On sépare aisément sur le porte-objet, à l'aide d'aiguilles emmanchées, les petites tranches du corps coupé des lamelles de moelle. On obtient ainsi sans grande difficulté des coupes fines de feuilles contenant à leur intérieur des filaments de champignons parasites dont les fructifications se montrent au-dessus de l'épiderme.

Dans bien des cas, toutefois, on pourra se contenter de faire des coupes superficielles en enlevant à l'aide du rasoir seulement l'épiderme et un petit nombre de cellules sous-jacentes sur une assez grande étendue.

Il conviendra toujours, quand on fait des préparations, de ne pas s'arrêter à la première ou à la seconde coupe, mais d'en faire un assez grand nombre que l'on met à mesure dans l'eau sur le porte-objet, et parmi lesquelles on choisira les bonnes. On ne peut guère juger à la vue simple ce que vaut une coupe pour l'observation; souvent une coupe trop épaisse sur une grande partie de son étendue peut offrir sur son bord une place bonne à observer et à dessiner.

On peut examiner sommairement les coupes placées dans l'eau sur le porte-objet avec le plus faible objectif, sans les couvrir d'une mince lamelle. La distance entre l'objet à examiner et l'objectif mis au point est assez grande pour qu'on ne risque pas de le mouiller. A l'aide d'une aiguille montée on retire aisément toutes les coupes qu'il n'y a pas intérêt à garder et on groupe celles que l'on veut étudier les unes près des autres pour les recouvrir d'une lamelle qui permettra de les examiner au plus fort grossissement.

Le microscope composé renverse les images, l'objet poussé de droite à gauche paraît se déplacer dans le champ du microscope de gauche à droite. Il en résulte pour l'observateur une certaine difficulté que l'habitude diminue peu à peu.

Il peut y avoir des objets, trop petits pour être distincts à la vue simple, que l'on a à séparer les uns des autres, des filaments entremêlés et feutrés qu'il convient de dilacérer avec des aiguilles. On peut pour ces préparations se servir commodément d'une loupe montée ou microscope simple qui ne retourne pas les images et est d'un usage très répandu en Botanique pour l'analyse des fleurs. On peut encore adapter au microscope composé un prisme redresseur ou un oculaire redresseur qui transforme le microscope ordinaire en microscope à dissection; mais on peut se passer de ces instruments, faire à la vue simple les plus grosses préparations et séparer quand il le faut, avec les aiguilles, les objets sur l'image retournée.

Les préparations doivent être observées dans l'eau ou un autre liquide. Pour les conserver longtemps sans être obligé de renouveler l'eau qui s'évapore assez vite, on emploie le plus souvent de la glycérine étendue d'un tiers d'eau et additionnée d'un pour cent d'acide acétique. La glycérine concentrée contracte les cellules et les déformes.

Pour introduire la glycérine sous la lamelle qui recouvre la préparation que l'on observait d'abord dans l'eau sans rien déplacer, on en dépose une goutte sur le porte-objet près du bord de la lamelle, et avec une aiguille on met la goutte en contact avec le bord; la glycérine pénètre sous le couvre-objet et se mélange avec l'eau de la préparation. Si on place un petit morceau de papier buvard sur le bord de la lamelle opposé à celui où on a déposé la goutte de glycérine, il enlève une partie de l'eau par imbition, et on facilite ainsi la pénétration rapide de la glycérine; mais si on abandonne la préparation en ayant soin seulement de la mettre à l'abri de la poussière, l'eau s'évaporant, la glycérine pénètre peu à peu sous la lamelle. Au bout de quelque temps on ajoute une seconde goutte de glycérine pour remplir tout l'espace entre le porte-objet et la lamelle.

On peut conserver ainsi les préparations pour les étudier et les dessiner à loisir.

Quand on doit les garder longtemps, on doit luter hermétiquement les bords du couvre-objet. Pour cela on enlève d'abord, s'il y a lieu, avec du papier buvard ou mieux encore avec un pinceau fin légèrement imbibé d'eau, la glycérine qui déborde la lamelle, puis on recouvre ses bords avec un lut. C'est souvent une solution en sirop épais de bitume de Judée dans l'essence de térébentine à laquelle il est utile d'ajouter 1/3 en volume d'une substance oléagineuse connue sous le nom de mixture de doreur, pour l'empêcher de s'écailler en séchant. Cette adjonction a le léger inconvénient de retarder la dessication du lut. On peut encore employer, avec plus d'avantage peut-être, car ce lut est complètement sec en 36 ou 48 heures une solution épaisse de cire à cacheter dans l'alcool. Elle adhère au porte-objet quand bien même une petite quantité de glycérine a débordé.

On dépose le lut sur le bord de la lamelle, à l'aide d'une baguette de verre effilée. Quand il est sec, on peut ranger en collection dans des boîtes spéciales les préparations que l'on doit étiqueter aussitôt qu'elles sont faites.

L'emploi des colorants peut quelquefois rendre des services dans l'étude des champignons, principalement quand on a à observer des filaments de mycélium très ténus logés dans les tissus d'une plante ou ils sont parasites.

L'eau iodée qui colore souvent les objets en jaune est d'un usage assez fréquent; elle permet de faire apparaître plus nettement des cloisons dans des spores ou des filaments hyalins.

Quand, au contraire, les corps à étudier sont très colorés et obscurs, on peut avantageusement employer une solution faible d'eau de Javel pour les éclaircir.

L'acide lactique, en solution concentrée et à chaud, a sur les tissus desséchés une action qui en facilite beaucoup l'étude. On dépose avec une baguette de verre, sur le milieu d'un porte-objet, une grosse goutte de solution concentrée d'acide lactique; on y plonge les coupes faites sur les échantillons desséchés que l'on conserve en herbier; puis on chauffe la lame de verre à la flamme d'une lampe à alcool jusqu'à ce que l'acide lactique commence à émettre des vapeurs. On recouvre alors des préparations d'une lamelle et on les observe au microscope.

Les membranes desséchées des cellules se sont gonflées et les objets ont repris la forme qu'ils présentaient à l'état frais; ils sont seulement un peu transparents; mais il ne faut pas pousser l'action trop loin, car les portions délicates finissent bientôt par être si transparentes, qu'elles sont à peine visibles. Dans le cas où on a à traiter de tels objets, il peut être avantageux d'additionner l'acide lactique d'une solution aqueuse de bleu coton G 4 B qui colore souvent les parois des filaments de champignons en présence de l'acide lactique.

Il convient de préserver de la poussière les préparations que l'on fait et que l'on étudie, et le microscope lui-même pendant l'intervalle des observations. Pour les préparations on emploie très commodement de petits supports sur lesquels on peut placer plusieurs porte-objets les uns au-dessus des autres, sans qu'ils se touchent, et on les recouvre d'une petite cloche de verre. Quant au microscope, on peut le renfermer dans sa boîte quand on a fini de s'en servir, mais il est plus commode, si on en fait fréquemment usage, de le recouvrir d'un cylindre de verre ou d'une cloche étroite et allongée.

L'observation au microscope exige une certaine habileté que l'expérience personnelle peut seule donner. L'œil s'habitue peu à peu à ce travail spécial, la main devient plus adroite à manier le rasoir et les aiguilles; chacun en cela sera son propre maître, et avec un peu de patience et de persévérance, verra peu à peu les difficultés s'amoindrir et disparaître.

Si on s'y applique avec bonne volonté, on se convaincra bientôt que l'on peut parvenir rapidement à savoir de l'art du micrographe ce qui est nécessaire pour bien étudier les petits champignons qui envahissent les plantes de nos cultures.

———

Je remercie M. Didot d'avoir bien voulu publier dans ce livre les figures nécessaires pour en rendre la lecture plus facile et plus instructive; j'adresse aussi particulièrement mes remerciements à MM. Drouot, dessinateur, et Bordier, graveur, pour le zèle et l'habileté qu'ils ont apportés à la reproduction de mes dessins.

———

MALADIES
DES PLANTES AGRICOLES

ET DES ARBRES FRUITIERS ET FORESTIERS

CAUSÉES PAR DES PARASITES VÉGÉTAUX

PREMIÈRE PARTIE

PARASITES CRYPTOGAMES

AUTRES QUE LES CHAMPIGNONS

CHAPITRE PREMIER

BACTÉRIES

La plupart des végétaux qui vivent en parasites sur d'autres plantes et sont ainsi pour elles cause de maladie, appartiennent à la grande division des plantes que l'on désigne sous le nom de Cryptogames.

Parmi les Cryptogames, les Champignons sont tout particulièrement constitués pour se nourrir aux dépens des autres êtres organisés vivants ou morts. Ils ne contiennent pas, comme les Algues, de la matière verte; ils ne peuvent pas, comme elles, créer de la matière organique à l'aide des éléments contenus dans l'atmosphère, de l'eau et des sels minéraux du sol, et ils doivent se nourrir des substances que les autres végétaux ont organisées.

Quand ils les puisent dans les débris plus ou moins désorganisés du corps des plantes mortes, on dit qu'ils sont saprophytes; quand ils les vont chercher dans les tissus des plantes vivantes, on dit qu'ils sont parasites. Du reste, il n'y a pas de limites tranchées entre la vie parasite et la vie saprophyte. Souvent le Champignon tue les tissus vivants avant de vivre à leurs dépens, ou bien peut se nourrir tantôt dans un milieu non organisé, mais où il trouve de la matière organique, tantôt dans un végétal vivant.

Auprès des Champignons, vivant comme eux soit en parasites véritables, soit en saprophytes, sont des êtres d'une extrême ténuité, mais dont l'importance dans l'univers est immense, ce sont les *Bactéries*. On les a rattachées aux Champignons sous le nom de *Schizomycètes,* parce qu'ils se multiplient par scissiparité. Mais il paraît plus naturel de les rapprocher des Algues avec lesquelles elles ont plus d'analogie de structure et d'organisation, bien qu'elles vivent plutôt à la façon des Champignons.

Les Bactéries sur lesquelles les travaux de M. Pasteur ont attiré tout particulièrement l'attention publique, et que l'on a si souvent désignées avec lui sous le nom vague de microbes, sont la cause non seulement de fermentations, comme les fermentations acétique, lactique, butyrique, etc. et de fermentations putrides, mais de nombreuses maladies infectieuses de l'homme et des animaux telles que la pébrine et la flacherie des vers à soie, le charbon du bétail, le choléra des poules, le rouget du porc, la tuberculose, la fièvre typhoïde, le choléra, le tétanos, la diphtérie, etc.

Les Bactéries ne paraissent pas attaquer les plantes d'une façon aussi fréquente ni aussi grave que les animaux. C'est le plus souvent à des Cryptogames d'un autre ordre, à des Champignons proprement dits, que sont dues les maladies épidémiques des végétaux. Jusqu'ici on n'a rapporté d'une façon bien certaine à des Bactéries qu'un nombre assez restreint de maladies de plantes. Il est cependant avéré que des Bactéries peuvent envahir le corps de végétaux vivants et y causer des altérations de la plus grande gravité et il est probable que, dans bien des cas où les plantes sont atteintes d'un mal inconnu, la ténuité extrême des Bactéries et la grande difficulté de les distinguer dans l'intérieur des tissus végétaux ont fait méconnaître leur présence.

Les Bactéries sont de très petits végétaux d'une extrême simplicité. Ce sont des cellules rondes ou allongées en cylindres plus ou moins longs, isolés ou réunis en fils ou en groupe, et dont le diamètre est le plus souvent inférieur à un millième de millimètre (1).

Ces cellules sont constituées par une petite masse de protoplasma qui paraît homogène et qui présente les réactions connues des matières albuminoïdes.

Vues en masse, les Bactéries sont le plus souvent incolores ; quand elles sont contenues en grande quantité dans un liquide, elles y produisent un trouble de nuance blanchâtre ou opalescente, mais il y a des Bactéries que l'on dit chromogènes, qui secrètent des matières colo-

---

(1) Pour la description des objets très ténus, tels que les Bactéries, les spores des champignons, etc., on a coutume de prendre pour unité de longueur le millième de millimètre que l'on nomme micromillimètre et que l'on représente par la lettre grecque μ.

rantes et forment des amas colorés de nuances très vives jaune, orangé, pourpre, vert ou bleu.

Le corps protoplasmique de la Bactérie est enveloppé d'une membrane que l'on peut, dans certains cas, distinguer bien nettement. Seule, la couche interne en est solide, la couche externe est plus ou moins gélatineuse. Les amas de Bactéries qui se développent dans un milieu humide forment des masses gélatineuses. Dans certains genres le revêtement gélatineux des Bactéries peut prendre un développement énorme. On en a un remarquable exemple dans ce que l'on nomme la *Gomme des sucreries* qui est produite, comme l'a montré M. Van Tieghem (1), par une Bactérie, le *Leuconostoc mesenteroides*, qui envahit les cuves contenant des jus sucrés de la Betterave et les remplit de sa gelée compacte; cette gelée est formée par l'enveloppe gélifiée des cellules du Leuconostoc qui se multiplient en quantité prodigieuse.

La Bactérie prend des teintes très foncées en absorbant des solutions de diverses matières colorantes. On utilise cette propriété pour rendre plus visibles les Bactéries qui, à cause de leurs très petites dimensions ne sont pas toujours facilement perceptibles, même à l'aide des forts grossissements que donnent les objectifs à immersion.

Un grand nombre de Bactéries peuvent, quand elles sont dans un liquide y nager en exécutant des mouvements spontanés de rotation autour de leur axe ou d'oscillation. Elles peuvent être alternativement et, selon les conditions où elles se trouvent, tantôt immobiles, tantôt animées de mouvements.

Les Bactéries se multiplient en se divisant en deux : chacune des cellules-sœurs ainsi produites se divise à

____

(1) *Ann. des Sc. nat.*, 6ᵉ série, t. VII, 1877.

son tour en deux; la division se répétant simultané-
ment un nombre infini de fois, la propagation des Bactéries s'effectue avec une rapidité prodigieuse.

Le plus souvent, la division a lieu toujours dans la
même direction et les cloisons successives sont toutes
parallèles; bien plus rarement elle se fait dans deux ou
trois directions; il en résulte des groupements différents
des cellules et par suite, quand elles demeurent attachées
les unes aux autres, des diversités de formes, des files ou
des amas de cellules.

En outre de cette multiplication par division des cellules qui a fait donner aux Bactéries le nom de Schizomycètes, ces petits êtres peuvent former à leur intérieur
des corps reproducteurs ou spores. Ce sont des corpuscules globuleux, ellipsoïdes ou fusiformes, ayant ordinairement moins d'un millième de millimètre (1μ) de
largeur et qui sont très réfringents.

Ces spores résistent à la dessiccation et supportent
sans être tuées une température bien plus élevée que
celle qui suffirait à faire périr les Bactéries qui les produisent. Elles se forment en général quand les conditions sont défavorables à la végétation des Bactéries,
quand, par exemple, le liquide nutritif où on cultive les
Bactéries est épuisé ou quand il s'y accumule des produits sécrétés par elle et qui sont nuisibles à leur développement.

D'après la forme de leurs cellules, les Bactéries se
rapportent à trois groupes, selon qu'elles sont globuleuses, en bâtonnets droits ou contournés ou en longs filaments. Au groupe des Bactéries globuleuses ou Sphéro-
bactéries se rapportent les *Micrococcus* dont les cellules
sont isolées, les *Diplococcus* où, après s'être divisées elles
restent liées deux à deux, les *Streptococcus* où elles restent
attachées en file. Quand les chapelets de cellules globu-

leuses sont enveloppés d'une épaisse masse mucilagineuse, on les rapporte au genre *Leuconostoc*.

Parmi les Bactéries allongées en bâtonnet on rapporte au genre *Bacterium* celles qui sont courtes et au genre *Bacillus* celles qui sont en bâtonnets plus allongés, quand ces bâtonnets sont droits. S'ils se contournent en tire-bouchon, on les désigne du nom de *Spirillum*, ou du nom de *Spirochœte* quand ils forment un grand nombre de tours de spire.

Quand les formes cylindriques continuent de se diviser dans une même direction, elles peuvent former de longs filaments comme on le voit dans le genre *Leptothrix*.

Si ces filaments sont fixés par une de leurs extrémités, ils peuvent paraître croître par l'autre quand ils s'allongent, mais cette croissance terminale n'est qu'apparente, car la division des cellules n'a pas lieu seulement au bout, mais dans toute la longueur du filament. Ces filaments ne produisent pas non plus de véritables ramifications. Les sortes de rameaux qu'ils semblent former, dans le genre *Cladothrix*, proviennent de ce que le filament se rompt en un point et à ce que le tronçon inférieur continue de s'allonger en glissant le long du tronçon supérieur.

Quand la division des cellules se fait dans plusieurs directions perpendiculaires les unes aux autres et que les cellules nouvelles demeurent cohérentes, il en résulte une masse que l'on désigne sous le nom de *Sarcina*.

Quand les parois des cellules se gélifient et que les cellules qui s'isolent, qu'elles soient globuleuses ou bacillaires, se trouvent englobées dans une masse gélatineuse on donne à la colonie qu'elles forment ainsi le nom de *Zooglœa*. Des individus après avoir été d'abord mobiles et libres peuvent former plus tard des Zooglées.

Il était naturel de considérer les formes diverses des Bactéries comme caractérisant des genres particuliers, mais on a dû reconnaître qu'une seule et même espèce peut se présenter successivement sous plusieurs de ces formes : des formes filamenteuses comme les *Creno-thrix* et les *Beggiatoa* peuvent se diviser en fragments ayant le caractère de *Bacillus* ou même de *Micrococcus* ou bien se courber et s'enrouler en forme de tire-bouchon et à la façon des *Spirillum* (1).

Pour ces Bactéries qui peuvent ainsi être très polymorphes, la notion de l'espèce doit comprendre l'ensemble des formes qu'elles peuvent successivement présenter. Et, pour délimiter le genre que constitue une ensemble donné de formes, il y aura lieu de tenir compte d'une part de cette variabilité, et de l'autre des réactions chimiques de la Bactérie, vis-à-vis des milieux de culture, aussi bien que de ses propriétés pathogènes, quand elle végète dans les tissus des êtres vivants.

Corrosion et coloration en rose des grains de Blé (2).

La première observation d'une Bactérie attaquant une plante vivante et causant un dommage de quelque importance dans les cultures remonte à 1878. Les grains de plusieurs espèces différentes de Froment cultivées auprès de Paris par M. de Vilmorin présentaient un aspect singulier ; ils étaient mal développés, ridés et colorés en rose.

Si, sur de tels grains, on enlève par une coupe tangen-

---

(1) Zopf. *Zur Morphologie der Spaltpflanzen*, Leipzig, 1882.

(2) Prillieux. *Sur la coloration et le mode d'altération des grains de Blé roses*. Ann. des Sc. nat. Botanique, 6ᵉ série, t. VIII, 1879.

tielle l'enveloppe du grain, qui du reste est fort peu adhérente, on voit bien plus vivement la couleur rose pourpre de la couche superficielle de l'albumen. Si on coupe ou on brise un de ces grains, la tranche ou la cassure paraît nettement colorée en rose dans les blés durs, plus faiblement dans les blés à cassure farineuse.

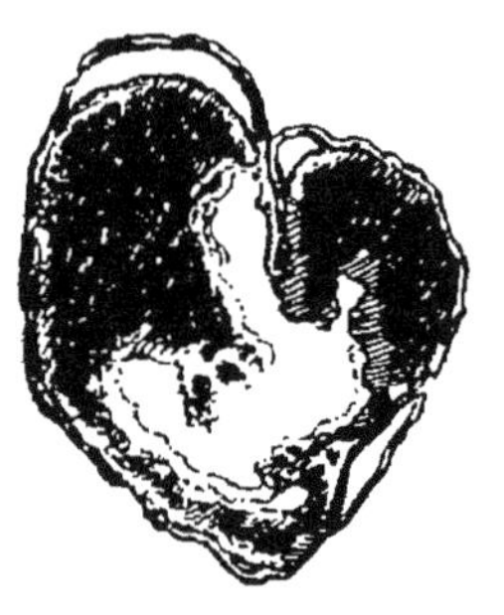

FIG. I. — COUPE TRANSVER-SALE D'UN GRAIN DE BLÉ ROSE PROFONDÉMENT AL-TÉRÉ ET TRAITÉ PAR L'IODE.

Les parties colorées en violet sont représentées en noir. Sur les bords de la cavité le tissu altéré est privé d'amidon. Il s'y forme une zone qui se colore en jaune, v. fig. 5.

Le tégument du grain est détaché en bien des points.

Dans la couche superficielle, dont les cellules ne contiennent pas d'amidon, mais seulement de fins granules protéiques, la coloration purpurine est particulièrement intense; en d'autres termes, l'intensité de la coloration est en général en proportion de la quantité de matière azotée.

Un autre fait non moins frappant est la présence d'une grande lacune creusée dans l'albumen (fig. 1); elle est adossée au repli que forme le sillon du grain et s'étend ordinairement, en longueur, depuis l'embryon jusqu'au sommet du grain. Dans les grains très altérés on peut voir plusieurs lacunes communiquant ensemble et formant dans le grain une cavité très irrégulière. Ces lacunes, quelles qu'en soient la forme et l'étendue, sont toujours entourées d'une zone plus ou moins épaisse, dans laquelle le tissu de l'albumen est transparent et dépourvu d'amidon. Cette zone est bordée du côté intérieur par une traînée nébuleuse tapissant la paroi de la lacune d'une sorte de revêtement irrégulier, d'épaisseur variable et qui forme çà et là des masses opaques mamelonnées à l'intérieur de la cavité (fig. 2).

Ce sont des amas de Bactéries globuleuses ou ovoïdes selon les phases diverses de leur développement (fig. 4) on en voit d'entièrement globuleuses, d'autres d'une forme un peu allongée rappelant celle d'un cocon de ver à soie, et d'autres fois on trouve deux sphères adhérentes l'une à l'autre. C'est un *Micrococcus*, le *Micrococcus Tritici*. Ses cellules réunies en colonies forment des amas fort peu cohérents. Ce sont ces *Micrococcus* qui sécrètent la matière purpurine qu'absorbent et fixent le gluten et les granules d'aleurone de la couche superficielle de l'albumen ; ce sont eux aussi qui corrodent le tissu du grain à partir du sillon par où ils ont pénétré et y creusent les grandes cavités.

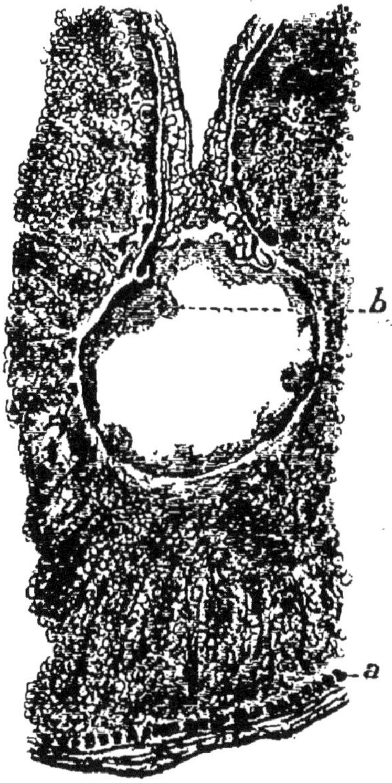

L'action corrosive de ces Bactéries s'exerce d'abord sur les grains d'amidon, puis sur le gluten et même sur les parois des cellules.

Les grains d'amidon sont attaqués par l'extérieur : ils diminuent de volume jusqu'à n'être plus que de très

FIG. 2. — PARTIE DE LA COUPE TRANSVERSALE D'UN GRAIN MOINS PROFONDÉMENT CORRODÉ ET PLUS GROSSI QUE DANS LA FIG. 1.

Dans l'intérieur de la lacune arrondie qui s'est formée à l'extrémité du sillon on voit des nuées de Bactéries (*b*), — *a*, Couche à granules protéiques fortement colorés en rouge pourpre.

petits granules que l'on voit dans les places qu'ils occu-
paient et qui restent vides dans le gluten encore inâltéré

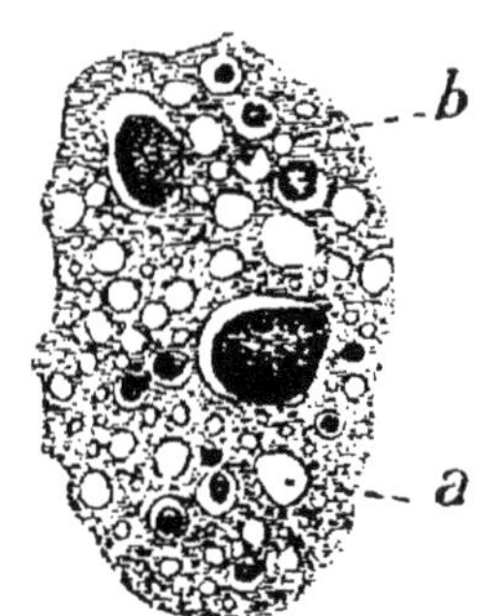

FIG. 3. — RÉSORPTION DE L'AMIDON DANS LA MASSE DU GLUTEN SOUS L'ACTION DU *Micrococcus*.

La plupart des grains sont dissous et leur place est marquée par une lacune vide dans le gluten *a*. Quelques lacunes contiennent encore des grains d'amidon plus ou moins corrodés et qui sont colorés en bleu foncé par l'iode. *b*.

(fig. 3). Au voisinage de la zone extérieure colorée en rose, on voit les cellules remplies seulement par la masse de gluten creusée de vacuoles vides pour la plupart, mais parmi lesquelles on en trouve çà et là quelques-unes contenant encore un petit granule d'amidon se colorant

FIG. 4.
Micrococcus Tritici.

en bleu par l'iode.

Le gluten est attaqué aussi à son tour par le *Micrococcus Tritici* le plus souvent seulement après les grains d'amidon, mais non toujours; en certaines places on trouve la masse du gluten fort altérée et réduite en un amas irrégulier, amorphe, tout

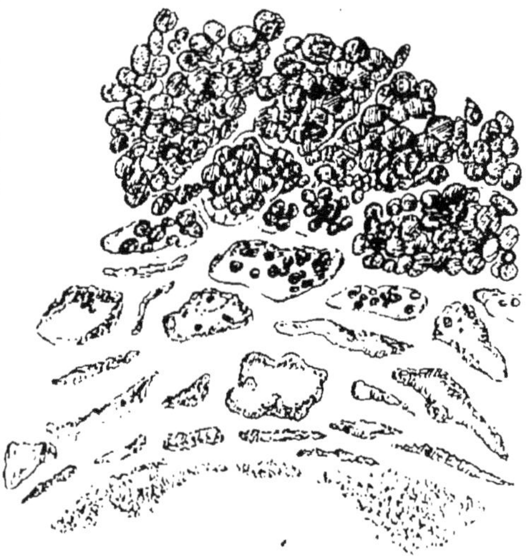

FIG. 5. — CORROSION PROGRESSIVE DE L'AMIDON ET GÉLIFICATION DES PAROIS CELLULAIRES AU VOISINAGE DE LA CAVITÉ OU SONT DES AMAS DE *Micrococcus*.

La préparation a été colorée par l'iode.

pénétré d'une nuée de *Micrococcus* à l'intérieur d'une cellule qui contient encore des grains d'amidon fort diminués de taille, il est vrai, mais dont la résorption complète n'a pas précédé la corrosion de la matière azotée.

Les parois cellulaires elles-mêmes finissent par être attaquées; elles se gonflent pendant que leur contenu disparaît, puis sont consommées par les Bactéries et la cavité creusée par ces nuées de petits parasites grandit incessamment en s'avançant dans l'intérieur du grain (fig. 5).

Jusqu'à présent cette altération des blés, qui serait fort dommageable si elle se répandait, est demeurée rare. Elle n'a pas, à ma connaissance, causé de pertes notables.

Pourriture ou Gangrène humide de la Pomme de terre.

D'autres parties de plantes, vivantes il est vrai, mais dont l'activité vitale est peu active et comme assoupie peuvent être, comme les grains de blé, attaquées et détruites par des Bactéries.

La pourriture des tubercules de la pomme de terre est due à la pénétration de Bacilles dans leur intérieur. M. Van Tieghem a étudié d'une façon particulière une sorte de Bacille; le *Bacillus Amylobacter* (*Clostridium butyricum*) (1), qui se nourrit des substances analogues au sucre et corrode très activement la cellulose. Il a fait voir que non seulement ce Bacille est l'agent le plus ordinaire du rouissage du Chanvre et du Lin, mais

(1) M. Prazmowski a créé le genre *Clostridium* pour le *Bacillus amylobacter* à cause de la particularité qu'il présente de se renfler par une extrémité en forme de massue, avant de produire une spore à son intérieur.

qu'il peut très bien, quand on l'introduit par une petite blessure dans l'intérieur d'une Pomme de terre bien saine, en causer rapidement la complète désorganisation (1). Deux jours après l'inoculation on voit s'échapper par la petite blessure une mousse blanche formée en grande partie de grains d'amidon et d'articles de l'*Amylobacter* à divers degrés de développement. Cette mousse augmente les jours suivants et se dessèche en formant une masse poreuse qui ferme la petite plaie. En même temps le parenchyme se ramollit, se liquéfie par la dissolution progressive de toutes les cloisons cellulaires à partir du point d'inoculation. Finalement le tubercule se trouve réduit à un mince sac de liège rempli d'une bouillie liquide acide qui exhale une forte odeur d'acide butyrique et qui contient des grains de fécule, des granules albuminoïdes et des spores d'*Amylobacter*.

Toutefois d'après les observations de M. Kramer, la pourriture ou gangrène humide de la Pomme de terre qui se produit souvent dans les cultures, même quand les tubercules n'ont pas été atteints par le *Phytophthora* qui cause la maladie ordinaire de la Pomme de terre, serait due plus particulièrement à un Bacille différent du *Bacillus Amylobacter*. M. Kramer (2), l'a trouvé dans les tubercules atteints de pourriture humide, l'a cultivé dans des liquides nutritifs convenables, tels qu'un extrait aqueux de bouillie de pomme de terre avec adjonction de 1 à 2 % de dextrose, et à l'aide de cultures pures a infecté des tubercules sains. Il a vu se produire des phénomènes fort semblables à ceux que M. Van Tieghem a obtenus par l'inoculation de l'*Amylobacter*. Le

(1) Van Tieghem, *Bulletin de la Société Botanique de France*. 1884. P. 283.
(2) Kramer, *Bakteriologische Untersuchungen über die Nassfäule der Kartoffeln* (Œsterreisch. Landwirthschaftl. Centralblatt, I, 1891).

Bacille détruit d'abord les matières analogues au sucre et la matière intercellulaire puis finalement aussi les membranes des cellules, mais sans attaquer la fécule, en produisant de l'acide carbonique et de l'acide butyrique. Le pulpe du tubercule altéré présente alors une réaction acide, mais plus tard les matières azotées sont attaquées à leur tour, et sous l'influence du même Bacille subissent une décomposition putride avec formation d'ammoniaque et d'autres produits qui neutralisent l'acide butyrique et la réaction devient alcaline.

Morve blanche des oignons de Jacinthe.

Les oignons de Jacinthe peuvent comme les tubercules de Pomme de terre être attaqués par une pourriture qui les réduit et une sorte de bouillie exhalant une odeur marquée d'acide butyrique. On y trouve le *Bacillus Amylobacter* et divers autres organismes. Beaucoup de racines, de tubercules, d'oignons c'est-à-dire d'organes charnus à l'état de vie latente peuvent subir sous l'influence de l'*Amylobacter* ou d'autres espèces de Bacilles des altérations analogues, mais ces êtres ne peuvent, comme le montre M. Van Tieghem, envahir les organes contenant de la chlorophylle et en pleine végétation. Tous ses essais d'inoculation du *Bacillus amylobacter* sur des plantes vivantes soit aériennes et charnues, soit aquatiques et submergées, sont demeurées sans effet.

Cependant des parties de plante en pleine croissance et en état de végétation active peuvent être attaquées aussi par des Bactéries, mais ce sont des parasites fort différents du *Bacillus Amylobacter* et qui produisent dans l'organisme vivant d'autres effets.

Gale de la Pomme de terre.

On voit assez souvent dans les cultures les Pommes de terre devenir galeuses; leur peau au lieu d'être lisse et mince comme d'ordinaire, brunit, devient dure et épaisse; sa surface inégale se crevasse et se divise en fragments qui se détachent en partie. Les tubercules ainsi altérés ont perdu beaucoup de leur valeur vénale.

On a beaucoup discuté sur la cause de cette maladie des Pommes de terre essentiellement caractérisée par le développement tout à fait exceptionnel de couches successives de périderme qui se produisent les unes au dessous des autres autour du tubercule; on l'a attribuée à l'excès de l'humidité, à des fumures trop riches, etc. M. Bolley [1] en Amérique a signalé, dans la couche qui s'étend entre le parenchyme encore sain et les couches mortes de l'écorce subéréfiée des tubercules galeux, la présence constante d'une Bactérie courte et souvent presque globuleuse qu'il a reconnue être la cause de la maladie, et qui doit être rapportée au type *Bacterium*.

Il y a en outre dans la croûte desséchée divers autres organismes parmi lesquels sont divers Bacilles, en particulier le *Bacillus subtilis* mais leur présence est certainement fortuite. Le *Bacterium* spécial de la gale de la Pomme de terre a été cultivé sur la gélatine et dans divers autres milieux nutritrifs par M. Bolley qui s'est servi des cultures pures pour infecter de jeunes tubercules. Les expériences répétées ont bien réussi; la

---

[1] Henry L. Bolley, *Potato scab bacterial disease. — Agricultural science*, 1890. Vol. IV, n° 9.

gale a été ainsi artificiellement donnée à plusieurs reprises à des tubercules en voie de développement, soit qu'on ait déposé un peu de l'infusion où s'était multiplié le *Bacterium* sur une coupure faite dans leur peau, soit même qu'on les ait seulement mouillés avec ce liquide.

La Bactérie de la gale de la Pomme de terre se trouve dans les tissus vivants de la périphérie des tubercules et elle n'y pénètre jamais très profondément. La culture a montré qu'à l'opposé du *Bacillus Amylobacter* ces organismes sont aérobies, c'est-à-dire qu'ils ont besoin d'air pour végéter.

Ils vivent dans le plasma ou dans le suc cellulaire. Sous leur influence irritante, les cellules se multiplient activement au-dessous de la couche malade et la croûte qui recouvre le tubercule s'épaissit progressivement.

Gangrène de la tige de la Pomme de terre.

Cette maladie assez fréquente a été signalée dans ces dernières années, comme ayant causé d'importants dommages (1). La tige malade s'altère profondément à sa partie inférieure soit sur tout son pourtour soit sur une partie seulement. Le mal s'étend dans le sens longitudinal, du niveau du sol vers les feuilles. Dans la partie attaquée on trouve les cellules mortes déprimées vidées et leurs parois fortement colorées en brun. Le diamètre de la portion altérée est plus mince que celui de la tige encore saine turgescente et verte. Quand l'altération n'atteint qu'un côté de la tige, la partie morte et dépri-

(1) Prillieux et Delacroix, *Comptes rendus de l'Acad. des sciences*, t. CXI, p. 208. Juillet 1890.

mée forme un sillon plus ou moins large et profond. Les plantes infectées ne tardent pas à mourir. Dans les tissus altérés on trouve des myriades de Bacilles tourbillonnant dans les cellules brunies. Le Bacille de la gangrène de la tige de la Pomme de terre a reçu le nom de *Bacillus caulivorus;* il a 1, 5 μ de long sur 1/2 à 1/3 μ de large. Il présente quand on le cultive un caractère à signaler. Le milieu où il se développe, bouillon de veau ou gélatine prend une couleur vert-urane très marquée et qui s'accentue par l'agitation.

La gangrène de la tige de la Pomme de terre atteint surtout les plantes provenant de tubercules coupés en morceaux. La variété de Pomme de terre dite Richter's Imperator très recherchée à cause de ses forts rendements et encore assez rare dans les campagnes, il y a deux ou trois ans, a particulièrement souffert de la gangrène de la tige parce que beaucoup de cultivateurs avaient, par économie, divisé les tubercules, qui sont très gros, avant de les semer.

Le *Bacillus caulivorus* peut attaquer des plantes d'ornement fort diverses, telles que les *Pelargonium* les Clématites à grandes fleurs, les *Begonia, Gloxinia*, etc.

Dans les *Pelargonium*, c'est bien comme dans la Pomme de terre la gangrène de la tige qui se produit; dans les *Begonia* qui sont atteints, souvent dans une proportion considérable, dans les serres à multiplication, c'est le pétiole qui est d'abord envahi; les poils qui couvrent sa surface cessent d'être turgescents et se flétrissent, le pétiole s'affaisse, sa surface se ternit; son parenchyme contient de nombreux Bacilles qui tourbillonnent dans ses cellules. La feuille s'altère progressivement, elle jaunit et se dessèche suivant des lignes sinueuses étroites dont le nombre augmente peu à peu et bientôt elle est entièrement morte et sèche.

Lorsque le pied de *Begonia* est attaqué déjà depuis quelque temps, toutes les feuilles qui apparaissent sur la souche sont envahies dès le début, elles se dessèchent avant d'être développées et la plante meurt.

Le Bacille qui cause ces altérations paraît bien identique au *Bacillus caulivorus*, il est de même taille et colore de même les milieux de culture.

Maladie bacillaire des raisins.

Dans les serres à raisin du Nord de la France, plus rarement sur les treilles, on a observé une maladie des grappes caractérisée d'abord par l'apparition sur les râfles de taches d'un fauve clair qui s'accentue plus tard. Elles peuvent s'étendre et pénétrer dans toute la profondeur de l'organe et alors les grains situés au delà se dessèchent. Lorsque la maladie apparaît de bonne heure, aucun raisin ne peut arriver à maturité et le dommage est considérable.

Dans les cellules voisines des taches on voit se mouvoir de nombreux bacilles de $1,25\ \mu$ sur $0,75\ \mu$. Les cultures de ces Bacilles ressemblent beaucoup à celles du *Bacillus caulivorus*, néanmoins la coloration verdâtre en est moins accentuée. L'identité des deux bacilles paraît probable.

Nielle des feuilles de Tabac.

Sur le Tabac, on a signalé depuis plusieurs années déjà une maladie qui a sévi avec intensité en Russie et en Autriche et qui, actuellement, cause des dégâts importants en France dans la vallée de la Garonne et le Pas-de-Calais. En Allemagne elle est désignée sous le nom de maladie-mosaïque. Elle est caractérisée par des taches où le limbe est décoloré; bientôt ces places se dessèchent et forment des macules d'un jaune grisâtre dont le pourtour est marqué par une bordure plus colorée où les cellules sont subérisées et qui limite le foyer d'infection. C'est cette dernière forme qui s'observe le plus généralement dans le sud-ouest de la France où on donne à cette maladie le nom de Nielle.

Dans les cellules des taches est un Bacille court, de 2/3 μ de longueur qui dans les cultures s'organise en chaînettes. Son milieu de culture devient jaune, mais ne se colore jamais en vert.

Maladie bactérienne du Mûrier.

MM. Boyer et Lambert (1) ont signalé dans les pépinières une maladie des jeunes Mûriers due à une Bactérie qu'ils ont nommée *Bacterium Mori*.

Elle compromet l'existence des plants en arrêtant le développement des rameaux. Cette affection se manifeste extérieurement par des taches d'un brun noir réparties en des points quelconques sur la face inférieure des feuilles et sur les rameaux. Sur les rameaux, ces taches de formes variées, mais ordinairement allongées, sont déprimées ; elles se creusent en forme de chancres plus ou moins profonds et atteignent parfois jusqu'à la moelle.

Très fréquemment, les altérations débutent par le sommet des rameaux qui semblent alors carbonisés sur une longueur de quelques centimètres et se courbent

(1) Sur deux maladies nouvelles du Mûrier. *Comptes rendus de l'Acad. des Sc.*, 21 août 1893, t. CXVII, p. 342.

en crosse. Sur les feuilles les taches des nervures se creusent comme celles des rameaux.

Le *Bacterium Mori* se multiplie en colonies serrées que l'on voit limitées par les cellules brunies et tuées par le parasite. Parfois les taches envahies sont cernées par une zone de liège faisant séquestre.

Cette Bactérie a été cultivée à la surface de milieux solides stérilisés, elle y a produit des colonies hémisphériques, d'abord d'un blanc hyalin, puis passant au jaunâtre. Par inoculation de cette Bactérie, on a produit des taches dans le parenchyme et dans les nervures des feuilles du Mûrier.

Il est fort probable que la maladie décrite par MM. Boyer et Lambert ne diffère pas de celle qui sous le nom de *Maladie des branches*, attaque les Mûriers dans l'Ardèche et quelques autres départements séricicoles. Cette affection doit être distinguée de symptômes assez analogues que peuvent produire les altérations des racines.

Maladie bactérienne des Tomates.

Dans bien des points du nord et du centre de la France, à Reims, à Tergnier à Montrichard, etc., les Tomates ont été dévastées par une maladie bactérienne qui attaque et gangrène leurs fruits en voie de croissance. Les jeunes Tomates brunissent par leur partie supérieure; le centre de l'altération est l'insertion du style; à partir de ce point la pourriture de la chair s'étend en cercle progressivement sur tout le fruit (fig. 6).

Les cellules du fruit attaqué contiennent en quantité un Bacille de $2/3\,\mu$ à 1μ sur $1/2\,\mu$ à $1/3\,\mu$ qui, dans les

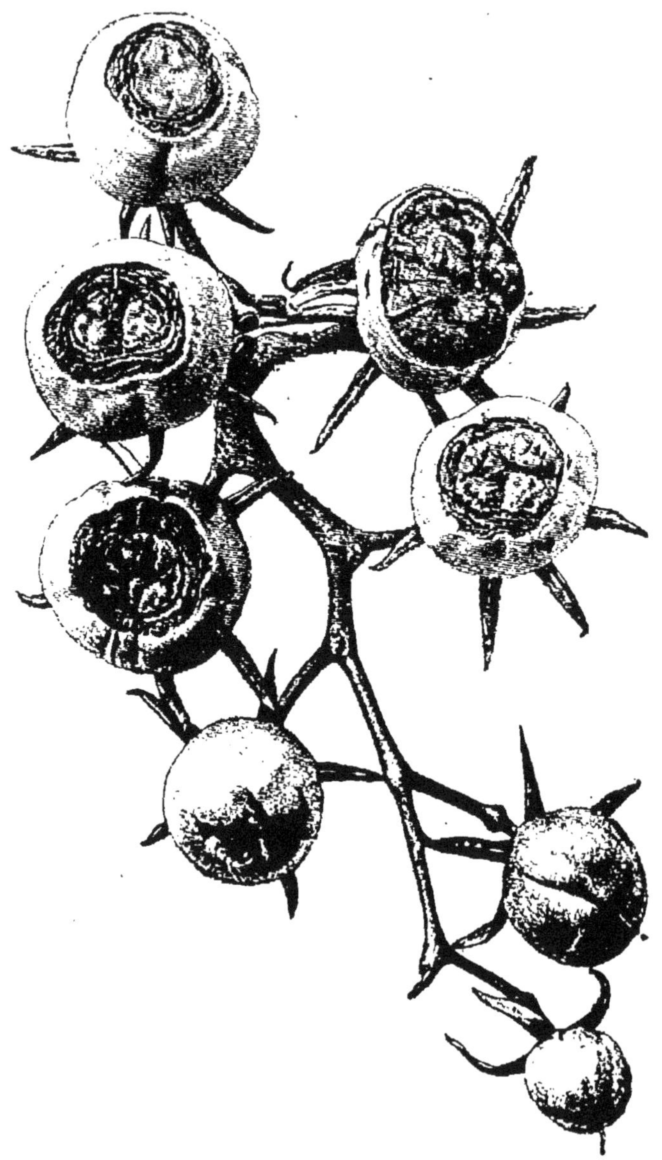

FIG. 6. — JEUNES TOMATES ATTEINTES PAR LA MALADIE BACTÉRIENNE.

cultures, ne forme pas de chaînettes, mais se groupe en zooglées assez compactes.

Il est probable que l'infection des Tomates se fait par le style dans la fleur. Dans les essais qui ont été faits on n'a cependant pas réussi à la produire en déposant dans les fleurs des gouttes de bouillon de culture ; mais par piqûre sur les fruits jeunes elle se réalise très facilement.

Taches de la chair des Pommes.

Les Pommes de différentes variétés, de Calville, de Reinette, etc., montrent souvent, quand on les coupe, des places où le tissu est d'abord plus transparent et a un aspect vitreux ; puis les cellules y meurent et elles forment des îlots de couleur fauve qui ressemblent assez à du liège.

On y trouve des Bacilles courts presque comme des *Micrococcus* qui ne colorent pas les bouillons de culture.

Brûlure du Sorgho.

Cette maladie a été signalée en Amérique par MM. Kellerman et Swingle dans l'État du Kansas (1). Elle est caractérisée par l'apparition de grandes taches d'un brun rougeâtre qui se produisent sur les feuilles du Sorgho et particulièrement sur leurs gaînes. Le mal apparaît ordinairement au niveau de la ligule et s'étend en gagnant vers le bas. Les racines et les parties souterraines des tiges peuvent présenter la même altération et la même coloration en rouge brun.

(1) *Report of Botanical department of the Kansas experiment station for year* 1888.

Ces plantes, examinées par M. Burrill, lui présentèrent, dans les parties altérées, de nombreux Bacilles qu'il désigna sous le nom de *Bacillus Sorghi*. La taille de ces Bacilles est ordinairement de 1/2 à 1 μ.. Ils ont pu être cultivés expérimentalement sur de la pomme de terre et dans du bouillon de bœuf; on a obtenu ainsi des cultures pures avec lesquelles on a fait sur les feuilles de Sorgho des inoculations, qui ont, assurent MM. Kellermann et Swingle, produit les taches caractéristiques de la maladie.

M. Burrill a trouvé encore après l'hiver les Bacilles dans les tiges de Sorgho laissées dans les champs. Il est donc nécessaire de les brûler pour empêcher la propagation du mal.

Maladie jaune de la Jacinthe.

La maladie des Jacinthes bien connue des cultivateurs de Hollande sous le nom de maladie jaune est due aussi, d'après les observations de M. Wakker, à une Bactérie qu'il désigne du nom de *Bacterium Hyacinthi* (1). Elle attaque non pas seulement les oignons à l'état de vie fort assoupie, mais les feuilles en pleine activité de végétation.

Si on coupe transversalement, à l'automne, un oignon qui n'est pas encore trop fortement attaqué par la maladie, on voit que beaucoup des tuniques charnues présentent sur leur surface tranchée des points jaunes qui correspondent à des lignes s'étendant dans la longueur des tuniques souvent jusqu'au plateau de l'oignon.

L'examen microscopique des coupes de ces tuniques

(1) J. H. Wakker, *Onderzoek der Ziekten van Hyacinthen*, Haarlem, 1884.

(fig. 7) montre que les places jaunes répondent aux faisceaux vasculaires. Les vaisseaux y sont remplis d'un épais
mucilage jaune, parfois ils sont en partie détruits et on
distingue seulement les restes de la spirale des trachées,
la partie ligneuse du faisceau a été détruite et remplacée
par du mucilage. Auprès des derniers débris du tissu

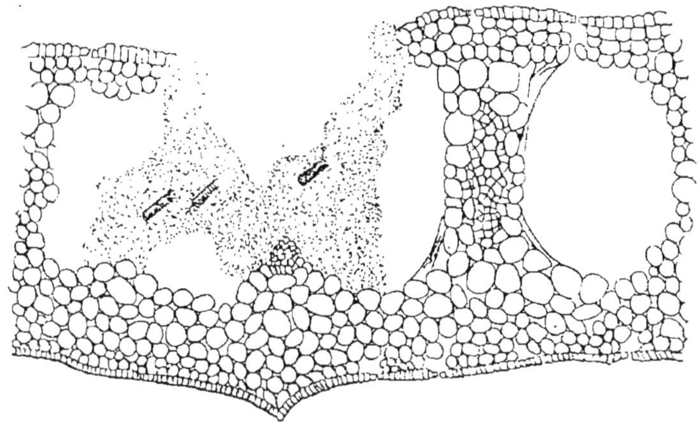

Fig. 7. — Coupe transversale d'une tunique charnue d'un bulbe de jacinthe attaqué par le *Bacterium gummis*.

(D'après M. Wakker.)

profondément altéré se trouve dans le mucilage jaune
une prodigieuse quantité de Bactéries qui ont environ
2, 5 μ de long sur 1/2 à 1/4 μ de large et que l'auteur
considère comme constituant une espèce particulière en
raison de leur mode de vie. Tant qu'elles sont renfermées dans le mucilage, les Bactéries de la Jacinthe sont
immobiles, mais elles commencent à se mouvoir vivement aussitôt qu'on ajoute au mucilage de l'eau additionnée d'une petite quantité (0,75 o/o) de sel marin. On
les voit souvent en voie de division.

A l'époque de la floraison des jacinthes, au printemps,

sur beaucoup de pieds, les feuilles présentent des lignes longitudinales jaunes qui commencent à leur base et deviennent de moins en moins distinctes vers leur sommet. Là encore, on trouve des Bactéries enfermées en quantités énormes, dans le mucilage jaune qui remplit les vaisseaux. Dans les parties profondes de la feuille, elles se répandent des vaisseaux dans les espaces inter-cellulaires du parenchyme, corrodent les cellules après les avoir isolées et enfin parviennent au dehors à travers l'épiderme détruit. Dans de telles plantes les tuniques de l'oignon formées par la portion inférieure des feuilles de l'année précédente sont profondément altérées : il est probable qu'elles ont été infectées dès l'année passée.

On a observé beaucoup de cas de maladies de plantes fort diverses dans lesquels l'altération manifeste des tissus du végétal languissant est accompagnée de production d'une quantité considérable de matière gommeuse. Cette *maladie de la gomme* observée non pas seulement sur les arbres à noyau, mais sur l'Olivier, le Mûrier, l'Oranger, la Vigne, etc., serait, selon M. Comes (1), due dans tous les cas au développement d'une Bactérie que l'auteur désigne sous le nom de *Bacterium gummis* et qu'il considère comme la cause véritable de la dégénérescence gommeuse des tissus.

Gommose bacillaire de la Vigne (2).

Depuis longtemps on a signalé en Italie, sous les noms de *mal nero*, une maladie des vignes qui a causé des dégâts

(1) Comes. Sul marciume delle radici sulla gommosi della vite. (*L'agricoltura meridionale*, anno VII, n° 11 Napoli, 1884.)

(2) Prillieux et Delacroix. — La gommose bacillaire des Vignes, *Comptes rendus de l'Académie des Sciences*, juin 1894.

considérables surtout dans la Sicile et les Calabres. Dès 1879, Santo Garovaglio avait pensé que l'altération du bois des vignes atteintes du *mal nero* devait être attribuée à la pénétration de Bactéries dans les tissus.

Cette opinion est aujourd'hui admise par beaucoup d'auteurs italiens, MM. Comes, Baccarini, Cugini, etc.

. Cette maladie est répandue aussi en France, mais n'a jamais été bien nettement déterminée et y a été désignée sous des noms divers, tels que Aubernage, Roncet, Gélivure, etc.

Dans toutes ces vignes malades le cep se rabougrit, les rameaux jeunes ne prennent pas leur développement normal, les feuilles se déforment souvent en présentant des incisures profondes. Les vignerons ont désigné ces altérations sous les noms de court-noué, de roncet, d'aubernage, pousse en ortille, etc., suivant les localités. Parfois encore, bien vertes, elles peuvent se dessécher prématurément dans quelques cas même, d'une façon subite.

Si on coupe transversalement la tige d'une vigne atteinte de cette maladie, on voit que le bois en est piqueté de noir (fig. 8). Ces points noirs deviennent de plus en plus nombreux et en même temps ils s'élargissent et se confondent en taches plus grandes. La portion atteinte finit par prendre une couleur brunâtre semblable à celle du bois carié.

Le mal gagne surtout de haut en bas : il débute d'ordinaire par les plaies de taille et descend vers les racines. En même temps l'écorce se crevasse sur les pousses, et des fissures radiales dues à une altération profonde de l'écorce en certaines places se dessinent sur les rameaux de l'année.

Quand l'écorce présente seulement de petites crevasses et que ses couches superficielles ne font que s'exfolier en petites lamelles, la maladie a été désignée par M. Couderc sous le nom de *Dartrose*. Quand l'altération est plus intense et plus profonde, elle constitue la forme que MM. Foëx et Viala ont décrite sous le nom de *gélivure* (1).

D'ordinaire, sur les pousses malades, se montrent, souvent très abondantes, des sortes de lenticelles. C'est là ce qu'on a décrit depuis Dunal sous le nom d'*anthracnose ponctuée*.

FIG. 8. — TIGE DE VIGNE ATTEINTE DE GOMMOSE BACILLAIRE COUPÉE TRANSVERSALEMENT.

L'altération des tissus du bois qui se manifeste à la vue par des points noirs consiste dans une production de matière gommeuse à l'intérieur du bois. L'examen microscopique montre que (fig. 9) tous les éléments, les vaisseaux et les cellules du parenchyme ligneux surtout, se remplissent d'une matière brune d'apparence gommeuse, dans laquelle se trouvent des quantités de Bactéries. Dans les thylles nombreuses qui obstruent la lumière des vaisseaux du bois malade on peut souvent très bien distinguer des nuées de ces Bactéries assez courtes et mobiles.

Ces Bactéries ont été cultivées dans du bouillon de veau et dans de la gélatine additionnée de jus de pruneaux. Les cultures dans le bouillon produisent des filaments de la forme Leptothrix, dont les articles après séparation, constituent des Bactéries mobiles d'une longueur de 0,75 µ à 1,25 µ.

Un essai d'infection fait sur une vigne cultivée en

---

(1) Foëx et Viala, Une maladie des sarments : la *Gélivure de la Vigne Revue de Viticulture*, 27 janvier et 3 février 1894).

pot à l'aide d'une culture des Bactéries provenant de vignes malades a complètement réussi. L'année qui a suivi l'infection, le pied de vigne en expérience a présenté l'altération du feuillage qui caractérise l'Aubernage et le Roncet et son bois était criblé de lignes noires.

De jeunes greffes de l'année peuvent, comme les ceps plus âgés, présenter les caractères de cette maladie qui sans doute pénètre dans le bois par les blessures et les plaies que fait le vigneron, mais peuvent aussi bien provenir de ce que l'on a parfois employé pour la reconstitution des vignobles détruits par le Phylloxéra des porte-greffes ou des greffons infectés.

On doit conseiller comme traitement

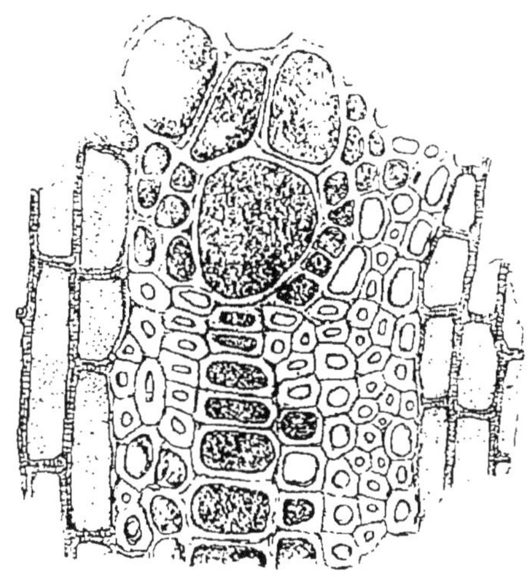

Fig. 9. — Coupe très grossie de bois de vigne, montrant des vaisseaux et des cellules remplies de matière gommeuse.

l'excision et la destruction de toutes les parties malades et le badigeonnage des plaies au sulfate très acide de fer ou de cuivre complété par une application de coaltar. Mais en général, le mieux sera de se décider sans retard à l'arrachage et à la destruction des ceps contaminés. On devra, en outre, bien éviter d'employer pour reconstituer les vignes des greffes et des boutures provenant de pépinières où la maladie aura été reconnue.

Nécrose de l'écorce des rameaux de Poirier.

En Amérique M. Burrill (1) rapporte à un *Bacterium* ou *Micrococcus* allongé d'environ 1 µ de long et auquel il a donné le nom de *Micrococcus amylovorus,* une maladie particulière des Poiriers et des Pommiers qu'il a observée dans l'Illinois.

L'altération consiste dans une destruction de l'écorce. La corrosion, qui d'abord est étroitement localisée, s'étend ensuite à tout le rameau attaqué et même à la tige. L'arbre finit par succomber à cette sorte de nécrose.

M. Burrill a reconnu dans les parties attaquées, la présence du *Micrococcus* qu'il a désigné sous le nom d'*amylovorus,* parce que dans les cellules où il pénètre et se multiplie, les éléments qui y sont normalement contenus et en particulier la fécule disparaissent. En même temps il se dégage de l'acide carbonique et de l'acide butyrique.

De nombreux essais d'infection effectués en introduisant le Micrococcus dans de petites blessures faites à l'écorce de Poiriers et de Pommiers sains ont réussi à propager la maladie (2). Les Pêchers, les Peupliers et d'autres arbres peuvent, assure-t-on, être atteints par cette nécrose bactérienne qui n'a pas été jusqu'ici observée encore en Europe.

Tumeurs bactériennes de l'Olivier.

On voit fréquemment dans les pays où on cultive l'Olivier les branches de ces arbres se couvrir de tumeurs

(1) T. J. Burrill, *Bacterie, a cause of disease in plants. The american naturalist,* Jul. 1881.

(2) C. J. Arthur *Annual report of the department of agriculture for the year 1886. Report of the mycologist.* Washington 1887.

ligneuses qui peuvent atteindre parfois, le volume d'une noix (fig. 10). Elles sont de forme irrégulièrement arrondie, déprimées et creusées au centre d'un creux profond, leur surface est rugueuse et très inégale, souvent profondément crevassée. On les a observées en Italie (1) et en France (2). Les branches qui portent ces tumeurs ne tardent pas à se dessécher et à périr et les arbres atteints fortement de cette maladie présentent une végétation languissante.

(1) Savastano, *Tubercolosi, iperplasie e tumori* dell' olivo. Napoli, 1887.

(2) Prillieux, *Les Tumeurs à Bacilles de l'Olivier comparées à celles du Pin d'Alep.* — *Comptes rendus de l'Acad. des Sc.*, CVIII, p. 249. et *Ann. de l'Inst. Nat agronomique*, t. XI, 1890

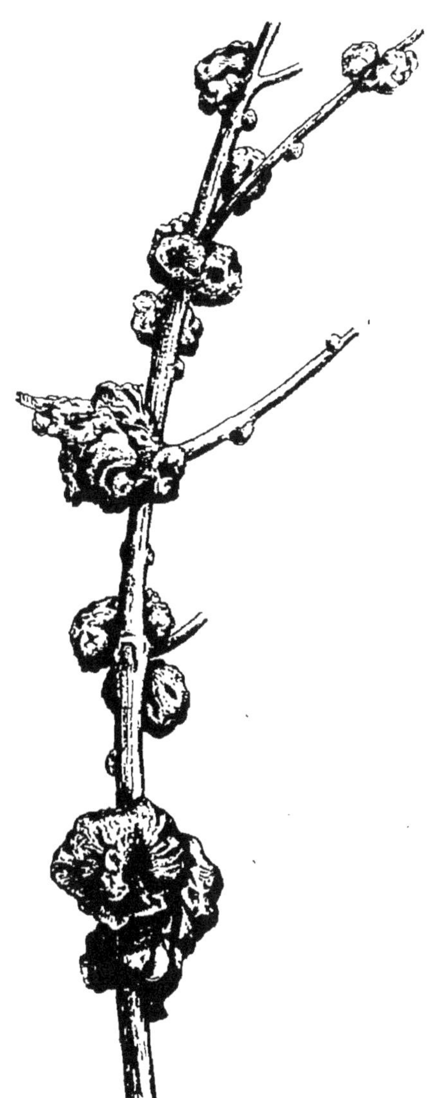

FIG. 10. — RAMEAU D'OLIVIER PORTANT DES TUMEURS BACILLAIRES.

Pour bien reconnaître la cause et la véritable nature de ces tumeurs ligneuses, il faut les examiner quand elles sont encore très jeunes, lorsqu'elles n'ont que deux millimètres au plus de diamètre. On en trouve aisément de telles sur les jeunes pousses. En en faisant une coupe longitudinale on voit qu'elles sont alors formées exclusivement d'un parenchyme fort analogue à celui qui se produit sur le bord des plaies faites dans les tissus assez actifs pour produire ce qu'on appelle des bourrelets. C'est un tissu composé de cellules qui ont à peu près le même diamètre dans tous les sens et sont remplies d'un plasma granuleux. Çà et là se trouvent dispersées dans la masse du parenchyme des cellules courtes aussi, mais à parois épaisses et ponctuées. Au sommet de la petite tumeur le tissu est déjà brun, mortifié et desséché; des crevasses se forment à sa surface (fig. 11).

FIG. 11. — JEUNE TUMEUR BACILLAIRE DE L'OLIVIER COUPÉE LONGITUDINALEMENT.

Dans ce tissu déjà frappé de mort se montrent de grandes lacunes irrégulières communiquant les unes aux autres. Elles contiennent une matière blanche opaque qui n'est autre chose qu'une grande masse de Bactéries allongées se rapportant au type *Bacillus* (fig. 12) qui ne présentent pas d'une façon distincte de ces colonies globuleuses que l'on désigne sous le nom de Zooglées, comme on en voit dans les tumeurs, du reste fort analogues, du Pin d'Alep. Ce Bacille a reçu le nom de *B. Oleae* (Archang.) Trev.

Au-dessous de la partie desséchée, on voit encore çà et là dans le tissu bien vivant du jeune tubercule de petites colonies du même Bacille occupant des lacunes, parfois très exiguës et qui correspondent seulement à deux ou trois cellules du tissu de la tumeur qu'elles ont corrodées et détruites.

Les lacunes creusées par les Bacilles dans les jeunes tumeurs de l'olivier présentent une grande diversité de taille et de forme; elles sont fort irrégulières; leurs bords sont formés par les parois des cellules déjà plus ou moins altérées par l'action corrosive des nuées de Bacilles (fig. 13); elles s'agrandissent à mesure que la destruction pénètre plus profondément dans le tissu de la tumeur; et selon qu'en certains points, la résistance à la corrosion est plus ou moins grande, les cavités remplies de Bacilles se ramifient.

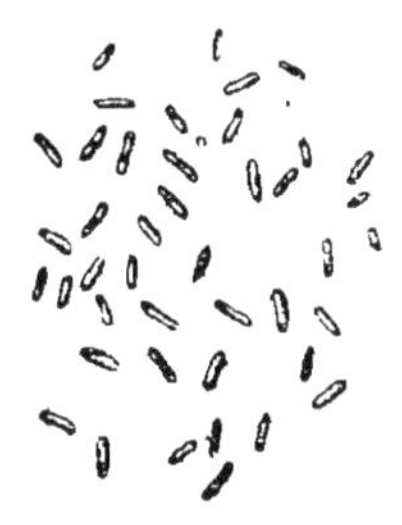

FIG. 12.
Bacillus Oleae.

Au bord même des lacunes, les cellules du tissu de la tumeur sont mortes et plus ou moins visiblement altérées; leurs parois sont jaunâtres; mais à quelque distance au delà, l'activité formatrice du tissu est au contraire à son comble; on y voit les cellules petites et remplies de plasma se multiplier rapidement.

La mort et la désorganisation qui ont commencé de très bonne heure au sommet de la petite tumeur naissante pénètrent de plus en plus profondément dans les parties centrales; mais la portion mortifiée est entourée comme d'une sorte de bourrelet par les tissus restés vivants et dont la croissance est excitée au plus haut degré. C'est ainsi que se forme cette sorte de petit cratère que présentent en leur milieu les tumeurs de l'Olivier.

Les tumeurs ne restent pas longtemps composées seulement de parenchyme, elles se lignifient bientôt en produisant des faisceaux sinueux de bois à cellules courtes qui s'enroulent autour des centres de formation qui apparaissent çà et là au voisinage des points où se trouvent des colonies de Bacilles. Ces enroulements de fibres ligneuses sont tout à fait analogues aux madrures des bourrelets qui se produisent sur le bord des plaies des arbres et aussi dans le plancher ligneux qui ferme la moelle dans certaines boutures.

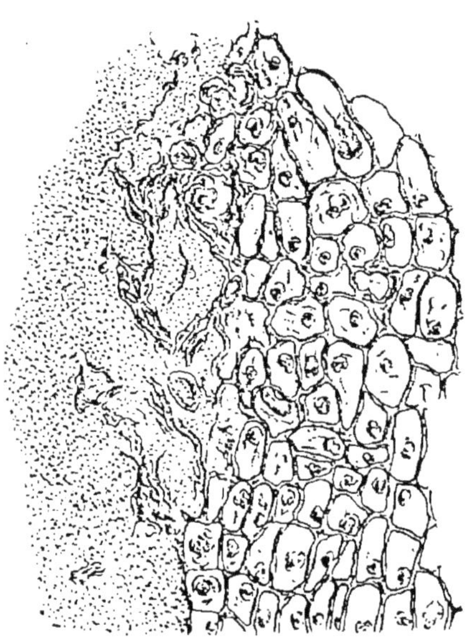

Fig. 13. — Tissu de la tumeur corrodé par les Bacilles sur le bord d'une lacune.

D'autre part, au contact du bois du rameau, dans la partie profonde de la tumeur se produit une formation ligneuse qui reposant sur le bois normal de la branche s'épanouit en gerbe dans l'intérieur de la tumeur et forme des lobes qui par places vont rejoindre les nodules ligneux.

Autour du cœur mort de la tumeur les bords qui ont encore une vie fort active prennent pendant quelque temps un très grand accroissement, mais ils sont eux-mêmes envahis par des colonies de Bacilles et se développent d'une manière fort inégale, se contournent, se crevassent, se divisent en lobes et finalement se dessèchent.

Le dessèchement de la tumeur entraîne la mort au moins du côté du rameau sur lequel elle s'est développée et en général de la portion qui est au delà. La végétation des oliviers dont les branches sont couvertes d'un grand nombre de ces tumeurs devient de plus en plus languissante et ils ne donnent presque plus de récolte.

M. Savastano qui a fait une étude toute spéciale de la production de ces tumeurs de l'Olivier que l'on désigne en Italie sous le nom de *Rogna* a tenté d'inoculer la maladie à des pieds sains et il assure avoir pleinement réussi. Les jeunes pieds sur lesquels porta l'expérience avaient été élevés en pot; ils furent piqués avec une fine aiguille jusque dans le liber, puis avec une seconde aiguille plongée dans une culture du Bacille provenant d'une tumeur on introduisait un peu du liquide chargé de Bacilles dans la piqûre. Quatorze inoculations furent faites sur 3 plantes, 12 produisirent des tubercules tout à fait semblables à ceux qui se forment ordinairement.

Tumeurs bactériennes du Pin d'Alep.

Des tubercules ligneux fort analogues à ceux de l'Olivier ont été observés, sur le Pin d'Alep dans le midi de la France, dans les Alpes-Maritimes et aux environs de Toulon. Là, un peuplement de 12 hectares était menacé de destruction par cette maladie. Les Pins chargés de tumeurs présentaient l'aspect le plus dépérissant.

Les tubercules ligneux du Pin d'Alep sont plus gros que ceux de l'Olivier, ils atteignent parfois la grosseur d'un œuf de poule (fig. 14). Lisses au début ils se crevassent à la fin, moins cependant que ceux de l'Olivier.

Ces tumeurs ligneuses du Pin d'Alep ont une structure tout à fait comparable à celle des tumeurs de l'Olivier; elles sont creusées de même de lacunes ramifiées produites par des colonies du Bacille que

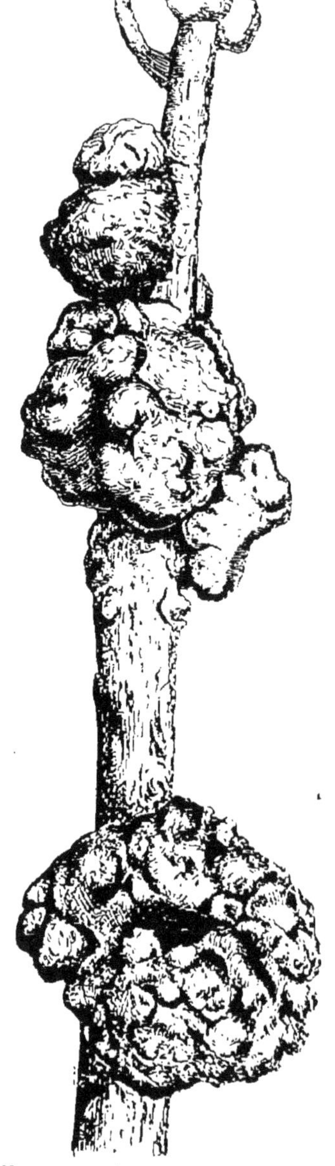

FIG. 14. — BRANCHE DE PIN D'ALEP COUVERTE DE TUMEURS BACILLAIRES.

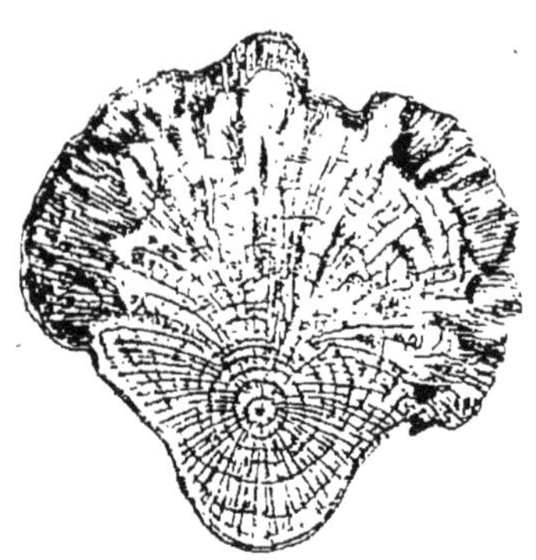

FIG. 15. — GROSSE TUMEUR COU-PÉE PAR LA MOITIÉ

M. Vuillemin (1) a nommé *Bacillus Pini* (fig. 16). Le mode de corrosion des tissus des tumeurs par le Bacille est le même, mais la proliféra-tion des cellules autour des lacunes est beaucoup plus active dans le Pin que dans l'Olivier. Chaque lacune est entourée d'une sorte d'au-réole formée de petites cel-lules fort jeunes, qui sont

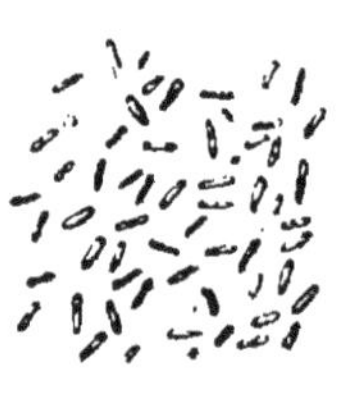

FIG. 16.
Bacillus Pini.

(1) Vuillemin. Sur une bacté-riocécidie du Pin d'Alep. Comp-tes rendus de l'Ac. des Sc., CVII, p. 874. — Sur la relation des Bacilles du Pin d'Alep avec lestissus vivants, ibid., p. 1184.

remplies d'un plasma granuleux et contiennent de très gros noyaux, mais qui deviendront bientôt la proie des Bacilles.

Le *Bacillus Pini* (fig. 16) diffère peu de forme et de taille du *Bacillus Oleae*: il s'en distingue surtout parce qu'il

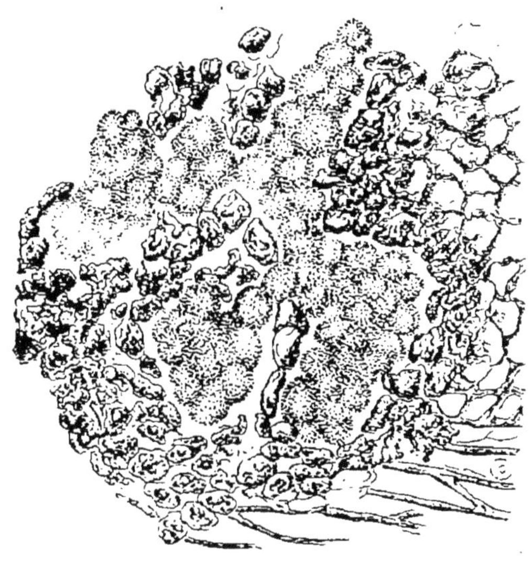

Fig. 17. — Lacunes d'une tumeur contenant des amas de Bacilles réunis en zooglées.

forme à l'intérieur des tumeurs des zooglées globuleuses (fig. 17).

Écoulement muqueux des arbres.

On voit souvent s'écouler le long du tronc des arbres un liquide plus ou moins visqueux et chargé de matières organiques dans lequel se trouvent en quantité des Bactéries et divers autres organismes. M. Ludwig a observé des écoulements présentant des caractères différents, mais qu'il rapporte cependant, du moins pour la part la plus importante, à des Bactéries (1).

Écoulement muqueux blanc. — Il est dû, selon M. Ludwig, à un *Leuconostoc,* c'est-à-dire à une Bactérie dont les cellules globuleuses et en file sont entourées d'une enveloppe mucilagineuse épaisse. Le *Leuconostoc Lagerheimii* forme des colonies globuleuses ou allongées qui d'abord s'étendent sous l'écorce des arbres et plus tard s'en échappent en grosses masses gélatineuses peu consistantes, transparentes et blanchâtres. La matière qui s'écoule de l'écorce ne contient pas seulement de ces masses de *Leuconostoc,* mais aussi un Ascomycète de structure très simple, l'*Endomyces Magnusii,* et le *Saccharomyces Ludwigii* qui trouvent dans la matière qui s'écoule, un milieu nutritif convenable pour leur développement. Cet écoulement blanc se produit de juin à septembre, non seulement sur le Chêne, mais sur le Bouleau, le Saule, le Peuplier et l'Aulne; il ne nuit pas du reste aux arbres de façon importante.

Écoulement muqueux brun. — M. Ludwig a décrit sous ce nom en 1888 une maladie qui cause de graves dommages, aussi bien aux arbres fruitiers qu'aux arbres d'alignement. Elle est particulièrement commune sur les Pommiers, Marronniers d'Inde, Bouleaux, Peupliers, Ormes etc. Elle est caractérisée par l'écoulement d'un mucilage visqueux mais non gélatineux qui suinte des arbres depuis le printemps jusqu'à l'hiver et ne cesse pas même par les temps secs. Le mucilage sort du bois en traversant l'écorce et descend le long du tronc. L'écorce se désorganise peu à peu, le bois altéré exhale une odeur marquée d'acide butyrique. La matière qui s'écoule de la plaie contient divers Bacilles. Ludwig attribue la principale cause de l'altération à un *Micro-*

(1) Ludwig, *Lehrbuch der niederer Kryptogamen.*

coccus qu'il nomme *Micrococcus dendroporthos*. Il est associé au *Torula monilioides* Corda, qui sur les plaies desséchées forme des files de cellules d'un brun plus ou moins foncé. C'est à ce *Torula* qu'est due la coloration en brun du mucilage qui s'écoule de l'arbre. Peut-être doit-on lui attribuer un certain rôle dans la production de l'écoulement, mais l'action principale paraît due au *Micrococcus*.

Écoulement muqueux noir du Hêtre. — Il est probablement dû aussi à une Bactérie. Le mucilage doit sa couleur noire, d'après M. Ludwig, à des Algues tantôt au *Scytonema Hofmani*, tantôt à l'*Hormidium parietinum* associé à beaucoup d'autres espèces d'Algues.

CHAPITRE II.

MYXOMYCÈTES

A côté des Champignons proprement dits, dont la partie végétative est constituée par un mycélium formé de tubes ou hyphes, se trouvent des organismes se rapprochant beaucoup de certains Champignons par leur mode de vie et leurs organes de reproduction, mais en différant essentiellement en ce que leur partie végétative n'est pas constituée par un véritable mycélium, mais par un *plasmodium*, c'est-à-dire par une masse gélatineuse analogue par ses propriétés et sa composition au protoplasma que l'on trouve dans les cellules vivantes et dans les hyphes, mais qui est toujours nue et dépourvue d'enveloppe cellulaire.

Ces sortes de Champignons à plasmodium forment la famille des *Myxomycètes*.

Le plasmodium est une masse protoplasmique de consistance molle et mucilagineuse, qui change incessamment de forme et se meut à la façon des animaux inférieurs, des amibes. Tantôt il produit des saillies fines et allongées en forme de tentacules que l'on nomme des pseudopodes, tantôt des rameaux plus épais qui s'anastomosent les uns aux autres, tandis que sur d'autres points de son contour, on voit un retrait se manifester. Souvent

ses rameaux nombreux et anastomosés font du plasmodium un réseau qui s'étend à la surface des bois pourris-
sants.

Ces masses de plasma sont, selon les espèces de Myxomycètes, tantôt blanches et assez semblables d'aspect à
du lait caillé, tantôt jaunes ou orangées. Elles se
déplacent en rampant et peuvent couvrir les feuilles et
les branches de plantes vivantes, mais sans y causer de
grands dommages.

Un Myxomycète à plasmodium d'un jaune vif, le *Fu-
ligo septica*, se voit très fréquemment dans les tas de tan-
née. Il se développe parfois dans les serres et y est fort
redouté, parce qu'il salit beaucoup les plantes qu'il couvre
de son plasmodium.

A l'intérieur du plasmodium, ou seulement, dans bien
des cas, d'une partie du plasmodium qui fait saillie et
prend une forme spéciale, s'organisent des spores arrondies qui se couvrent d'une membrane le plus souvent
cuticularisée.

Quand ces spores germent, leur coque se fend, le
plasma qu'elles contiennent en sort et se meut à la façon
d'un amibe. Quand il rencontre le plasma sorti d'une
autre spore, il se soude avec lui, comme font entre elles
les ramifications du grand plasmodium. Ces petites masses de plasma unies et confondues les unes avec les autres forment le nouveau plasmodium qui rampe à la
surface des corps, puis après quelques jours de vie végétative produit à son tour des spores.

Les Myxomycètes vivent très généralement en saprophytes; il n'y a d'exception que pour le seul genre *Plasmodiophora*, dont le plasmodium se développe dans
l'intérieur des cellules de plantes vivantes et y produit
de profondes altérations.

Plasmodiophora Brassicæ Woronine.
(Gros-Pied ou Hernie du chou).

C'est un parasite du Chou, des Navets et de diverses autres plantes de la famille des Crucifères, qui cause des dommages considérables principalement en infectant les Choux; il y produit une maladie fort dangereuse qui est répandue dans toute l'Europe et est désignée sous le nom de gros pied, de hernie du Chou ou de maladie digitoire. Cette maladie, extrêmement répandue, aux environs de Saint-Pétersbourg, où elle a causé des pertes considérables, y a été étudiée par M. Woronine qui en a découvert la véritable cause et a fait connaître le parasite d'une extraordinaire simplicité qui la produit (1).

La hernie du Chou est caractérisée par la production sur les racines de cette plante d'excroissances de taille et de forme si diverses qu'il n'est guère possible d'en donner une description générale (fig. 18). Les plus grosses se trouvent d'ordinaire sur le pivot : celles qui se développent sur les racines latérales sont en général plus petites. Plusieurs racines latérales renflées et tuméfiées peuvent former une masse digitée comparable à une main : d'où le nom de maladie digitoire. Quand les tumeurs sont en grand nombre (et toutes les racines en peuvent être couvertes) le pied de Chou est arrêté dans son développement; il succombe même à la maladie, à moins que la formation des excroissances ne se produise tardivement et quand la croissance de la plante est déjà fort avancée.

La plante peut être, en effet, attaquée dans toutes les

(1) *Jahrbücher f. wissenschaff. Bot. herausgeg. von Pringsheim*, t. XI, 1878.

phases de sa végétation depuis le printemps, quand le plant est encore fort petit, jusqu'à l'automne.

La maladie atteint non seulement toutes les variétés de Choux ; Choux à tête, Choux-fleurs, Choux de Bruxelles, Choux-raves etc., mais encore les Navets, les Raves, les

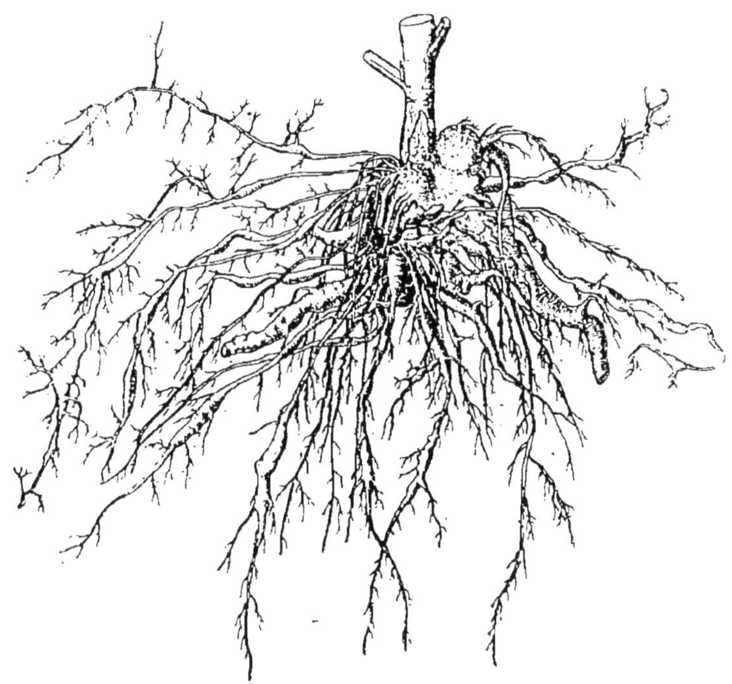

Fig. 18. — Pied de chou portant sur ses racines et le bas de sa tige des tumeurs produites par le *Plasmodiophora Brassicae*.

(D'après M. Woronine).

Radis et même d'autres plantes de la famille des Crucifères telles que les *Iberis*.

Les excroissances des racines des Choux pourrissent très rapidement quand le terrain est humide, surtout après quelques jours de pluie. Tout le tissu charnu des racines se décompose et il n'en reste que la partie fibreuse qui persiste encore quelque temps.

Les excroissances des racines malades sont extérieurement d'une couleur grisâtre ou jaune pâle comme les racines saines; coupées transversalement, elles se montrent d'un blanc pur à l'intérieur; leur consistance est assez ferme et rappelle à peu près celle d'une Rave.

Si on examine au microscope une coupe fine d'une excroissance, on voit, en la comparant à une coupe de racine saine, que son grand développement est dû, non pas seulement à la croissance anormale des cellules du parenchyme cortical qui atteignent une taille extrêmement grande, mais aussi à leur multiplication qui se fait par cloisonnement et qui est considérable. Quand l'excroissance est très grande, les éléments mêmes du cylindre ligneux participent aux altérations que subissent les tissus de l'écorce.

Un certain nombre de cellules hypertrophiées contiennent un plasma incolore, dense et granuleux (fig. 19), d'autres, de petits corps globuleux également incolores (fig. 20); le plasma dense est le plasmodium, les petits corps globuleux les spores du *Plasmodiophora*.

Le plasmodium est formé de plasma, c'est-à-dire d'une matière mucilagineuse, incolore, transparente, dans laquelle sont englobés de fins granules et des gouttelettes d'huile et où l'on voit des vacuoles dont le nombre et la taille varient beaucoup. Au commencement, il est à peu près impossible de distinguer dans une cellule le plasmodium parasite du plasma normal de la plante nourricière.

Le plasmodium du *Plasmodiophora,* tel qu'on le voit sur des coupes un peu épaisses. dans des cellules qui n'ont pas été lésées, se meut à la façon des autres plasmodiums mais fort lentement; non seulement il se déplace à l'intérieur d'une cellule, mais il passe d'une cellule dans une cellule voisine en traversant les parois.

Il n'occupe d'abord, ordinairement, qu'une partie seulement de la cellule qu'il habite, puis plus tard, quand il est plus avancé dans son développement il s'étend d'avantage et présente une régularité plus grande dans sa disposition; bientôt après, il se résout tout entier en spores.

Dans les autres Myxomycètes, même les plus simples, qui ne sont pas parasites, une partie du plasmodium ne

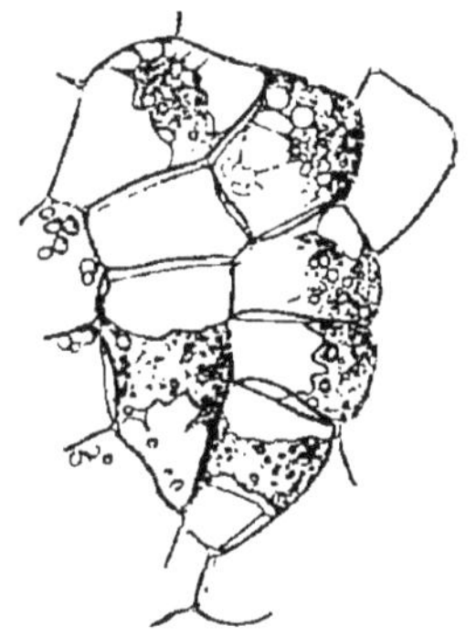

Fig. 19. — Cellules d'une tumeur contenant le plasmodium parasite. (D'après M. Woronine.)

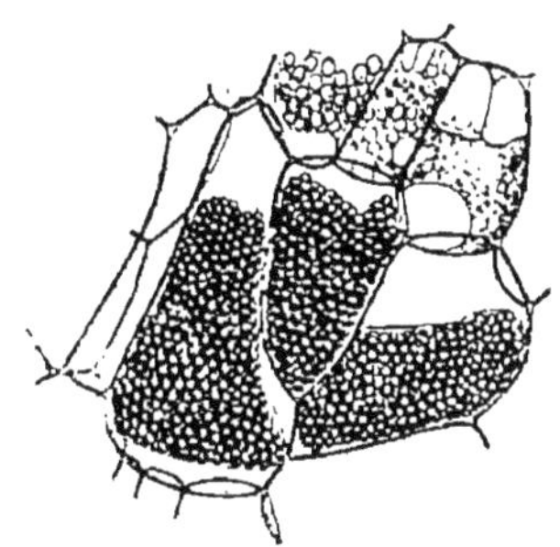

Fig. 20. — Spores du *Plasmodiophora* se formant dans les cellules d'une tumeur. (D'après M. Woronine.)

se transforme pas en spores et forme autour d'elles une enveloppe, ce qu'on nomme un *péridium,* dont la structure est même, dans certains genres, assez compliquée. Il n'en est pas de même dans le *Plasmodiophora;* autour des spores il n'y a pas d'autre enveloppe que la paroi même de la cellule du Chou qui fait office de péridium.

Dans toutes les cellules, successivement, les plasmodiums se transforment en amas de spores; puis, bientôt, la pourriture attaque les excroissances qui se résolvent en une sorte de bouillie, où l'on voit de nombreuses cellules remplies des spores du parasite et qui sont libres au milieu de la masse en putréfaction. A un degré plus avancé de décomposition les membranes mêmes des cellules pleines de spores ont disparu et les spores, soit isolées, soit unies encore en petits amas, sont entièrement libres.

Le nombre de ces spores est incalculable; leur taille est extrêmement petite; elles atteignent à peine un diamètre de 1,6 μ. (seize dix millièmes de millimètre). En les observant à un très fort grossissement, on voit qu'elles sont formées d'une petite boule de plasma enveloppée d'une membrane lisse et incolore.

Elles germent dans le sol humide (fig. 21). La coque de la spore se fend et le plasma en sort. Il forme un petit corps un peu allongé, en fuseau, et terminé par un fin prolongement flagelliforme.

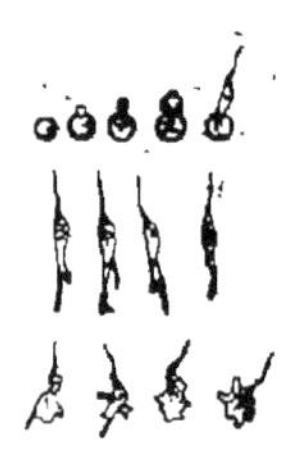

Fig. 21. — Spores germant a divers degrés de développement (D'après M. Woronine.)

Ces petits corps sortis des spores nagent dans l'eau, leur cil en avant, et se fixent aux objets par un prolongement en forme de tentacule. Ils peuvent en outre ramper à la façon des amibes, comme tous les plasmodiums élémentaires que produisent à la germination les spores des autres Myxomycètes.

Ils pénètrent dans les racines encore saines des Choux. M. Woronine les a observés à l'intérieur des poils radicaux et dans les cellules de la membrane pilifère des racines de jeunes Choux qu'il avait placés dans de l'eau contenant de nombreuses spores du *Plasmodiophora*. Il a de plus obtenu la production des excroissances caractéristiques de la maladie dans des cultures expérimentales. Il mélangeait à la terre de quelques pots une certaine quantité d'excroissances de racine de Chou en décomposition; puis il y semait diverses sortes de Choux : les jeunes plants furent ensuite arrosés chaque jour avec de l'eau dans laquelle on avait délayé des morceaux d'excroissances tout à fait décomposées, ou en d'autres termes de l'eau qui tenait en suspension une grande quantité de spores mûres de *Plasmodiophora*. Presque toutes les racines des Choux ainsi cultivés se couvrirent d'excroissances, tandis que d'autres semis faits dans de la terre non infectée et arrosés avec de l'eau distillée, n'en présentèrent pas une seule.

Connaissant la véritable nature de la Hernie du chou, sachant qu'elle est produite par le parasitisme du *Plasmodiophora*, on peut tirer de faits observés le moyen pratique d'entraver le développement du parasite, et par suite de la maladie qu'il cause. On ne saurait, bien évidemment, détruire le *Plasmodiophora* à l'intérieur des tumeurs, sans tuer en même temps la racine, mais on peut empêcher qu'il se propage en se réensemençant. On devra dans ce but arracher après la récolte, avec leurs racines et aussi complètement que possible, tous les troncs de Chou, et les brûler au lieu de les laisser pourrir à la surface du sol, et d'en mélanger les débris au printemps suivant à la terre où on placera les jeunes plants. On détruira souvent ainsi une quantité considérable de spores de *Plasmodiophora*.

Plus tard, quand on opérera le repiquage des Choux, on devra visiter minutieusement les racines des jeunes plants. Tous ceux qui présenteront la plus légère trace d'excroissance sur leurs racines, devront être brûlés sans hésitation. Il conviendra, en outre, de ne pas continuer à planter des Choux ou des Raves dans un terrain où il y aura eu l'année précédente des pieds atteints de hernie. Ce sol doit être considéré comme infecté pour les plantes de la famille des Crucifères. L'alternance des cultures est presque toujours le moyen le plus efficace et le plus pratique de combattre l'extension des maladies causées aux plantes annuelles par des parasites végétaux dont les semences restent dans le sol.

Des expériences récentes faites dans l'Allier par M. Seltensperger établissent néanmoins que l'on peut désinfecter le sol et y détruire les germinations de *Plasmodiophora* autour des jeunes pieds de Chou à l'aide de la chaux vive.

Voici comment on opère (1) : Après ou pendant le repiquage, on dépose au pied de chaque plant, dans une sorte de cuvette profonde de 6 à 10 centimètres, pratiquée à cet effet, une forte poignée de chaux vive que l'on recouvre de terre jusqu'au niveau du sol.

Sur 600 Choux-fleurs et Choux ordinaires traités ainsi par M. Seltensperger, aucun n'a été atteint par la maladie. Le reste de la plantation comprenant un millier de plants, a été sérieusement compromis : le quart des Choux-fleurs et la moitié des Choux ordinaires restèrent rabougris, se desséchèrent quelques semaines après la plantation et furent par conséquent invendables. Ils portaient sur leurs racines des tubérosités de la grosseur d'une noix ou d'un œuf.

Ce traitement peu coûteux et facile à appliquer rendra particulièrement service dans les jardins où toute l'étendue du sol peut être envahie par le *Plasmodiophora*.

____

(1) Seltensperger. *Traitement contre la maladie du Gros-Pied.* — *Bulletin de la Société d'Agriculture de l'arrondissement de Charolles*, 1re année, n° 3, p. 57. Charolles 1894.

Brunissure de la vigne et Maladie de la Californie.

La Brunissure de la vigne et la Maladie de la Californie sont deux maladies de la vigne dont MM. Viala et Sauvageau ont attribué la cause à des *Plasmodiophora*.

La Brunissure est une altération des feuilles de vigne qui se produit très souvent en automne. On voit, ordinairement sur la face supérieure des feuilles, se former des taches brunes irrégulières qui s'étendent de façon à former de larges plaques couvrant parfois la plus grande partie de la surface de la feuille.

La coloration en brun de la feuille est due à la formation de matière brune qui se dépose sous forme de très nombreux granules arrondis d'un brun plus ou moins foncé, de taille et de dimension variables, surtout dans les cellules de l'épiderme. C'est au-dessous de l'épiderme, dans les cellules de la couche supérieure dite en palissade du parenchyme vert de la feuille, que MM. Viala et Sauvageau ont signalé une apparence particulière du plasma qui, bien que présentant une grande diversité d'aspect, se montre en général rempli d'un grand nombre de vacuoles.

Ils ont pensé que ce plasma est un plasmodium parasite analogue à celui auquel est due la hernie du chou, bien que les cellules des feuilles de vigne atteintes de Brunissure ne présentent aucune de ces déformations que la pénétration d'un organisme étranger produit dans les tissus du chou. Comme, en outre, MM. Viala et Sauvageau n'ont jamais vu le plasma, qu'ils considèrent comme le plasmodium du *Plasmodiophora Vitis*, se résoudre en spores, il est prudent d'attendre de nouvelles observations avant de se prononcer sur la cause de la

Brunissure, et aussi d'une autre maladie fort mal connue qui dévaste les vignobles de la Californie et que MM. Viala et Sauvageau ont attribuée par analogie à un *Plasmodiophora* qu'ils ont nommé *Plasmodiophora californica* (1).

(1) Com ptes rendus de l'Acad. des Sc., 27 juin et 4 juillet 1892, et *Journal de Botanique*, 6ᵉ année, n° 19, octobre 1892.

DEUXIÈME PARTIE

CHAMPIGNONS PARASITES

CHAPITRE III

PHYCOMYCÈTES

Les Champignons proprement dits ont un mycélium formé de filaments ou hyphes qui croissent par leur extrémité et souvent se ramifient.

Parmi les Champignons, il est un groupe important dont l'organisation présente une certaine analogie avec celle des Algues; on leur a donné à cause de cela le nom de Champignons-algues ou *Phycomycètes*.

Comme chez les Algues, on peut souvent observer chez les Phycomycètes de véritables phénomènes de fécondation. Ils ont des organes mâles et des organes femelles et on y voit un ou plusieurs œufs ou oospores se former dans une cellule femelle à la suite de l'action fécondante d'un élément mâle nettement caractérisé. De là le nom d'*Oomycètes* ou champignons à œufs qu'on leur a aussi donné.

I. CHYTRIDIÉES.

Les Chytridiées peuvent être regardées comme des Phycomycètes d'une organisation extraordinairement simple. Non seulement elles n'ont pas d'organes sexuels et ne produisent pas d'œufs, mais le mycélium y est fort réduit ou manque complètement de telle façon que la plante entière peut n'être formée que d'une coque remplie de spores.

C'est ce qui a lieu chez les *Olpidium* qui, par plus d'un point, se rapprochent beaucoup des *Plasmodiophora*.

Le plus souvent, les Chytridiées sont aquatiques et vivent en parasites sur des algues, mais il y a quelques *Olpidium* qui envahissent des plantes cultivées et y causent des dommages.

Une espèce d'*Olpidium* attaque les jeunes plants de Choux, une autre le Trèfle blanc.

Olpidium Brassicæ (Woron.) Dang.

Syn. : *Chytridium Brassicae* Woron.

Les semis de Choux faits sur couche au printemps sont parfois détruits, quand les petites plantes ont encore leurs cotylédons ou portent au plus deux ou trois paires de feuilles. La pourriture attaque les jeunes tiges au niveau du sol, au collet. La plante se courbe, se couche sur le sol, se fane et pourrit. L'examen microscopique décèle dans la racine et la partie de la tige située au-dessous des cotylédons la présence de l'*Olpidium* (fig. 22) qui est constitué simplement par une cellule arrondie se prolongeant en un tube et offrant l'aspect d'un petit ballon de chimie à col plus ou moins long, selon qu'il est placé plus ou moins profondément dans le parenchyme cortical. Ce col débouche au dehors par son extrémité.

Dans chacune de ces sortes de ballons se forment des petites masses de plasma, à peu près globuleuses et munies chacune d'un cil vibratile. Ce sont des spores agiles, des zoospores qui sortent au dehors en traversant le col du ballon. On donne le nom de sporanges aux organes dans lesquels se forment les spores. La cellule en forme de ballon qui constitue tout le corps de l'*Olpidium* est donc un sporange.

Mises en liberté, les zoospores de l'*Olpidium* (fig. 23) nagent dans les gouttes d'eau qui sont déposées sur les jeunes plants de Choux, puis se fixent à leur surface et pénètrent à leur intérieur au niveau du collet. Elles

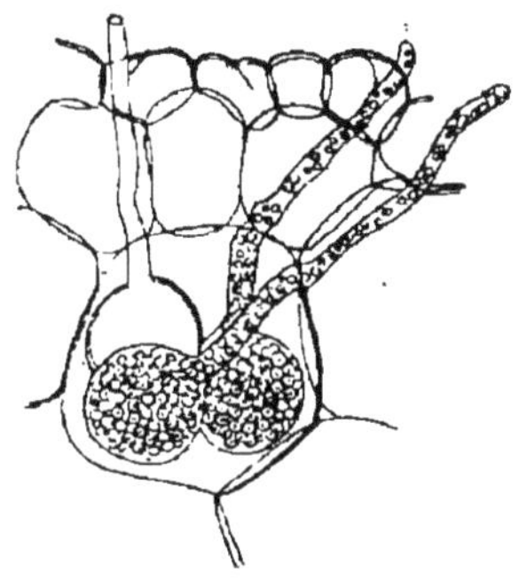

Fig. 22. — Sporanges d'*Olpidium Brassicae*.

(D'après M. Woronine.)

se glissent à travers l'épiderme jusque dans les cellules du parenchyme cortical de la petite plante nourricière. Là, elles grandissent en se nourrissant du contenu des cellules où elles se sont logées. Ce sont des masses de plasma isolées, arrondies, qui s'enveloppent d'une membrane de cellulose et atteignent la taille définitive d'un sporange vivant en parasite à l'intérieur d'une cellule de chou.

Le petit parasite se transforme ainsi directement tout entier en un sporange, tout son plasma se divisant en zoospores qui bientôt s'échappent au dehors par le tube qui du sporange s'allonge jusqu'au delà de l'épiderme.

Dans certains cas, cependant, il se développe autrement;

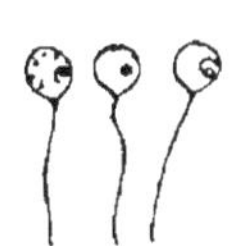

Fig. 23. — Zoospore d'*Olpidium Brassicae*.
(D'après M. Woronine.)

il épaissit beaucoup sa paroi et devient un corps dur que des saillies de sa surface rendent irrégulièrement étoilé et épineux (fig. 24). Il est destiné à rester à l'état de repos, sous cette forme, avant de repasser à la vie active et de devenir à son tour, lui aussi, un sporange en transformant tout son plasma en zoospores. C'est donc encore un sporange, mais un sporange quiescent, qui, momentanément arrêté dans son développement, ne doit l'achever qu'après une période de vie latente, quand il se trouvera dans des conditions favorables.

Olpidium Trifolii (Pass.) Schrœt.

Syn. : *Synchytrium Trifolii* Pass.

Une autre espèce d'*Olpidium* attaque les feuilles du Trèfle blanc (*Trifolium repens*), mais sans y causer de dommages importants. Pénétrant dans l'épiderme des feuilles, de leurs pétioles et des pédoncules floraux, il cause une excroissance vésiculaire des feuilles, des courbures et des callosités sur les pétioles et les pédoncules.

Les sporanges se forment ou isolément ou plusieurs, jusqu'à 20, en file dans les cellules de l'épiderme qui se gonflent ainsi que les cellules voisines. Ils sont globuleux ou elliptiques et se vident par un tube court.

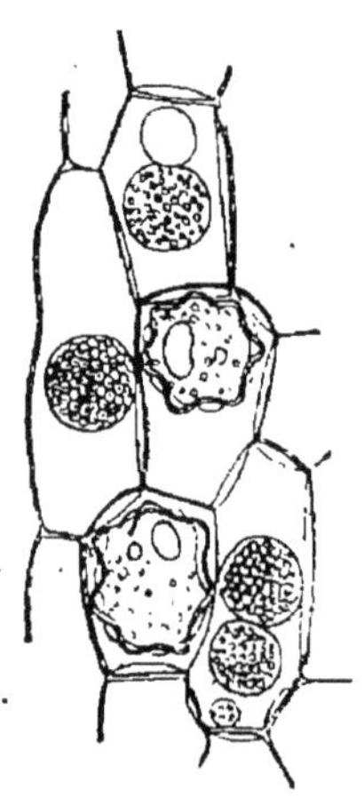

Fig. 24. — Sporanges quiescents d'*Olpidium Brassicae*.
(D'après M. Woronine.)

Les sporanges quiescents sont globuleux, elliptiques ou fusiformes bruns; leur membrane est épaisse et lisse.

Cladochytrium graminis de Bary.

Les *Cladochytrium* diffèrent des *Olpidium* en ce qu'ils ont une sorte de mycélium formé de filaments très fins ou rhizoïdes qui s'étendent dans les tissus de la plante où ils vivent en parasites. Ils forment dans les cellules où ils pénètrent des renflements qui se transforment ensuite en sporanges à zoospores ou s'entourent d'une épaisse membrane et demeurent à l'état quiescent.

Le *Cladochytrium graminis* a été trouvé par de Bary dans les cellules corticales de la racine d'une graminée. M. de Lagerheim l'a retrouvé dans le *Dactylis glomerata* et d'autres graminées fourragères. Il considère ce parasite comme un ennemi redoutable des herbes de prairie. Les plants attaqués par lui ne parviennent pas à fleurir, ils restent petits, se dessèchent et meurent. Il est facile de les reconnaître à leur aspect pâle et étiolé.

Le *Cladochytrium* produit sur les feuilles de la graminée qu'il attaque, de petites lignes parallèles d'un brun clair, non saillantes où se trouvent des quantités de sporanges quiescents à membrane brune et lisse. On n'a pas encore observé les sporanges remplis de zoospores.

II. Péronosporées.

Parmi les Phycomycètes, la famille la plus importante est celle des *Péronosporées*, à laquelle appartiennent beaucoup des plus dangereux ennemis des plantes cultivées.

Des exemples particuliers pris successivement parmi des parasites des plantes cultivées, suffiront pour faire connaître les caractères et les particularités d'organisation de cette famille.

Pythium de Baryanum Hesse.

Ce Champignon attaque les jeunes semis de différentes plantes et tout particulièrement ceux de la Cameline (*Camelina sativa*). Il a été découvert et observé d'une façon très complète par M. R. Hesse (1) sur des semis faits en pots pour des recherches physiologiques.

Les jeunes pieds de Cameline âgés de six jours s'inclinaient vers le sol et prenaient un aspect maladif; leur petite tige présentait, au-dessous de l'insertion des cotylédons, des places déprimées, des étranglements. Le microscope montra qu'en ces points l'épiderme et le parenchyme cortical étaient détruits et qu'il n'y restait plus que les éléments fibro-vasculaires de la petite tige; mais un peu au-dessus, auprès des cotylédons, tout le parenchyme était envahi par le mycélium d'un champignon qu'il reconnut être un *Pythium*.

Ce mycélium est composé de tubes (hyphes) très ramifiés, incolores et remplis de plasma (fig. 25. A.) Ils ne sont jamais divisés par des cloisons transversales avant l'apparition des organes reproductèurs. Quand ceux-ci vont se produire, l'extrémité des petits rameaux des hyphes se gonfle de façon à devenir une ampoule globuleuse où s'amasse le plasma. Ces ampoules deviennent de plus en plus grosses, puis il se forme à leur base, dans le tube qui les porte, une cloison transversale qui les isole (fig. 25. B.)

Le mycélium produit ainsi, en même temps, des centaines de cellules terminales globuleuses, remplies de plasma dense dans lequel on distingue quelques gouttelettes de matière grasse. Çà et là, il se forme aussi des dilatations sur le trajet même des tubes : elles se gonflent, se remplissent de plasma, puis s'isolent par deux cloisons qui se produisent l'une au-dessus, l'autre au-dessous d'elles. Ces cellules intercalaires sont ovoïdes, elles ne diffèrent, du reste, par rien d'essentiel des cellules terminales globuleuses qui se forment au bout des ramifications.

(1) Rudolph Hesse, *Pythium de Baryanum, ein endophytischer Schmarotzer;* Halle 1874.

Ces dilatations du mycélium qui s'isolent sont des corps reproducteurs naissants; semblables entre eux à l'origine, ils peuvent prendre en se développant des caractères différents et devenir soit des conidies, soit des zoosporanges, soit des œufs ou oospores.

On donne le nom de conidies aux corps reproducteurs

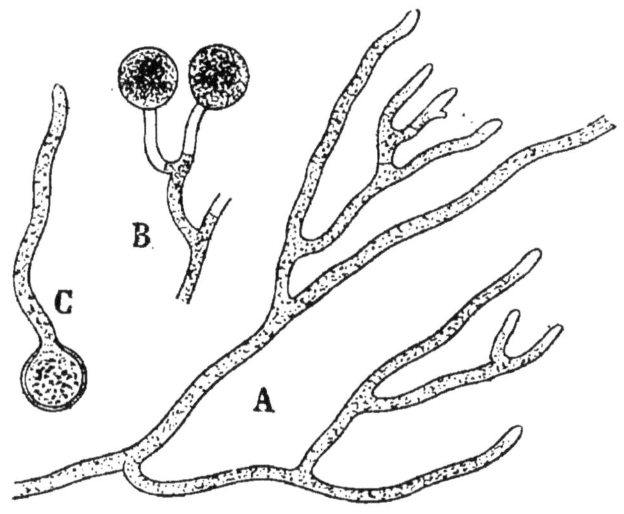

FIG. 25. — *Pythium de Baryanum.*

A. Filament ramifié de mycélium. — B. Rameau de mycélium terminé par des conidies. — C. Conidie germant.
(D'après M. Hesse.)

ou spores qui d'abord séparées des hyphes par une cloison, peuvent s'en détacher et germer dès qu'elles sont placées dans des conditions convenables. La cellule renflée qui s'est formée à l'extrémité du rameau d'une hyphe du *Pythium* et qui, sans subir aucune modification particulière reste vivante quand tout le reste du mycélium d'où elle est née, se désorganise et se détruit avec les tissus au milieu desquels il s'est développé, cette cellule qui est capable de germer est une conidie.

Placée dans l'eau, la conidie du *Pythium* (fig. 25 C.) produit sur un ou plus rarement sur deux points, un tube de germination qui s'allonge en employant à sa croissance l'abondant dépôt de plasma contenu dans la conidie. S'il rencontre dans des conditions convenables la petite tige d'une plante en germination, il y pénètre et devient une hyphe de mycélium qui va produire à son tour au milieu des tissus envahis et mourants de nouveaux corps reproducteurs.

Les conidies du *Pythium* sont capables de germer durant deux ou trois semaines et même au bout de plusieurs mois, quand, après les avoir récoltés en automne, on les conserve dans un endroit humide.

Si on place des germinations de Cameline infectées par le *Pythium* dans l'eau, sur une plaque de verre, en les recouvrant d'une cloche pour empêcher l'évaporation, on voit, au bout de quelques heures, des hyphes du champignon percer l'épiderme de la petite tige et se répandre en quantité dans le liquide qui la baigne. Bientôt ces hyphes qui se nourrissent encore aux dépens de la petite plante mais qui poussent en dehors d'elle, librement dans l'eau, donnent naissance à des corps reproducteurs dont on peut suivre le développement bien plus aisément que dans l'intérieur de la tige de la Cameline.

Une partie des cellules renflées qui terminent les ramifications des hyphes prennent dans ces conditions un caractère particulier qui les différencie de celles qui demeurent sous la forme des conidies ordinaires. Aussitôt après qu'elles se sont gonflées en boule, elles produisent sur un de leurs côtés un prolongement qui a d'abord la forme d'un cône assez court et rempli de plasma (fig. 26 A). Il s'allonge ensuite en un tube, mais sans prendre l'extension d'un tube de germination de conidie ordinaire; sa taille ne dépasse pas le diamètre de la cellule globuleuse. Ce court tube dont l'extrémité paraît comblée par une matière gélatineuse se gonfle bientôt par le bout de façon à former une vésicule globuleuse dont la membrane est en continuité avec la paroi du tube (fig. 26 B). Tout le plasma contenu d'abord dans la cellule globuleuse primitive passe dans le tube et va s'amasser dans la vésicule secondaire (fig. 26 C). Le passage du contenu de la cellule globuleuse qui se vide dans la vésicule, se fait dans l'espace d'une à deux minutes; puis la masse du plasma se divise en petites portions qui commencent à se

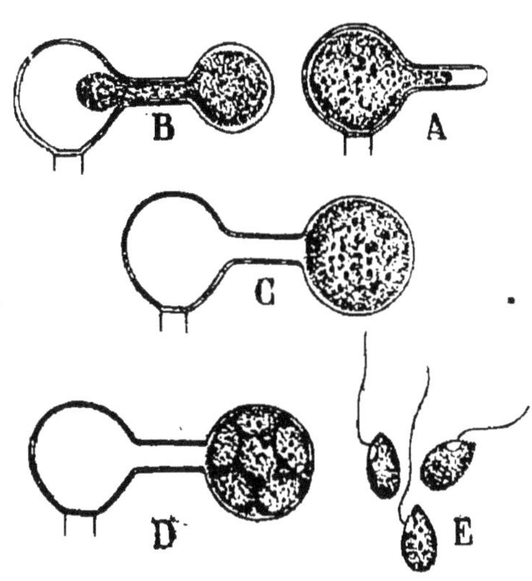

FIG. 26. — *Pythium de Baryanum.*

A. Conidie commençant à germer ou produisant un sporange. — B. Tube de germination se renflant à son extrémité. — C. Sporange formé à l'extrémité du tube. — D. Sporange rempli de zoospores. — E. Zoospores libres.

(D'après M. Hesse.)

mouvoir à l'intérieur de la vésicule (fig. 26 D), bientôt la paroi de celle-ci disparaît, elle se dissout et se déchire en laissant échapper les corpuscules isolés de plasma qui sont des zoospores. Ils s'éloignent rapidement en nageant dans l'eau dans toutes les directions.

Les zoospores du *Pythium de Baryanum* (fig. 26 E) sont de petites masses à peu près ovoïdes, mais arrondies par une extrémité et pointues par l'autre. Elles présentent sur le côté une petite tache sur le bord de laquelle se dresse un cil très fin animé de mouvements rapides et qui est l'organe moteur de la zoospore. Pour le bien distinguer, il convient de recourir à l'emploi de l'eau iodée qui l'immobilise et le colore en jaune.

La zoospore se meut en tournant autour de son axe tout en avançant; ses mouvements durent un quart d'heure ou vingt minutes; puis elle s'arrête, s'arrondit, perd son cil vibratile, s'entoure d'une membrane et commence à germer en produisant un tube de germination qui peut pénétrer dans une jeune plante nourricière et s'y développer en un mycélium.

Ainsi, dans l'eau, la conidie forme une sorte de conidie secondaire dans laquelle le plasma s'organise en zoospores et qui peut par conséquent être considérée comme un sporange.

Il ne se forme jamais de sporanges ni de zoospores que dans l'eau et non dans l'intérieur des tissus de la plante envahie par le *Pythium.* Dans un champ où les plants de Caméline sont attaqués par le *Pythium,* il ne s'en produit que quand de l'eau mouille le bas des tiges : quelques rameaux du mycélium sortent alors de la plante et produisent des sporanges. Dans l'intérieur des tissus les cellules globuleuses restent à l'état de conidies capables de produire directement un tube de germination, à moins qu'elles ne prennent le caractère de cellule femelle destinée à subir une véritable fécondation. Dans ce cas on donne à la cellule globuleuse le nom d'*oogone.*

Pareil à l'origine à la conidie, l'oogone du *Pythium* (fig. 27, A, o,) est rempli d'un protoplasma riche en globules de graisse. Peu après le moment où la cellule arrondie s'est isolée de son support par une cloison, on voit la portion granuleuse du plasma se condenser vers le milieu de l'oogone et y former une boule nettement limitée que l'on nomme l'*oosphère*. L'espace qui reste entre la surface de l'oosphère et la paroi de l'oogone est rempli par la partie hyaline du plasma, le *périplasma*. (fig. 27 B.)

Au moment où ces modifications vont commencer à se produire dans l'oogone, l'extrémité d'un petit rameau du mycélium vient rencontrer l'oogone, et s'applique sur lui. C'est l'organe fécondateur, l'*anthéridie* (fig. 27 A, a,). L'anthéridie, comme l'oogone, est une cellule formée par l'isolement de la partie terminale d'une ramification du mycélium (fig. 27 B. a.), le plus souvent d'une ramification du tube même qui produit l'oogone. Elle ne se gonfle pas en boule comme l'oogone, mais reste à peu près cylindrique et est seulement un peu courbée du côté par où elle s'applique sur la membrane de l'oogone. Son intérieur est rempli d'un plasma dense mais moins granuleux que celui de l'oogone.

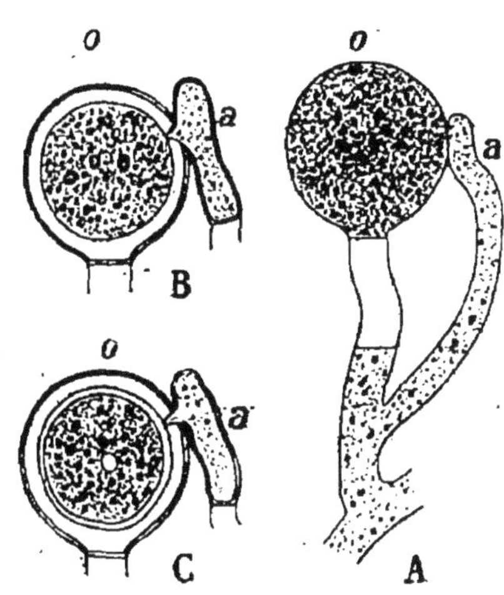

FIG. 27. — *Pythium de Baryanum.*

A. Un oogone o se forme à l'extrémité d'un filament du mycélium: un rameau *a* vient se mettre en contact avec lui. — B. L'extrémité du rameau *a* devenue anthéridie envoie un petit prolongement à travers la paroi de l'oogone *o* dans l'intérieur duquel le plasma a formé l'oosphère. — C. L'oosphère fécondée par l'anthéridie *a* est enveloppée d'une coque.

(D'après M. Hesse.)

Au point où le contact se produit entre l'anthéridie et l'oogone, l'adhérence des parois de l'une et de l'autre devient complète.

Quelques minutes après la soudure d'un point de l'anthéridie avec l'oogone, on voit, à l'intérieur de celui-ci, le plasma se concentrer pour former l'oosphère qu'entoure une zone de périplasma ; puis au bout d'un temps assez court, une demi-heure au plus, apparaît, au point où l'anthéridie est soudée à l'oogone, une saillie conique (fig. 27 B) qui pénètre dans l'intérieur de ce dernier, traverse le périplasma et atteint la surface de l'oosphère. Une partie du plasma de l'anthéridie essentiellement chargée de la fécondation, le *gonoplasma*, pénètre par le cône fécondateur jusque dans l'oosphère et la féconde.

Aussitôt l'acte opéré, l'oosphère s'enveloppe d'une membrane, on lui donne alors le nom d'*oospore* ou d'*œuf*. (fig. 27 C.)

La membrane de l'œuf après la fécondation augmente rapidement d'épaisseur et se divise en deux couches que l'on désigne, l'extérieure sous le nom d'*épispore,* l'intérieure sous celui d'*endospore.*

Protégé par son épaisse enveloppe, l'œuf est destiné à demeurer à l'état de vie latente pendant une période de repos sur le sol, au milieu des débris de la plante nourricière décomposée, avant de germer en produisant un tube de germination.

L'intensité du développement du *Pythium de Barya-num* dépend des conditions extérieures et de l'âge de la plante aux dépens de laquelle il doit se nourrir. C'est lorsque le temps est chaud et humide et que le plant de Cameline est encore dans la première phase de son développement, quand particulièrement la tige hypocotylée s'allonge encore, c'est alors que le mycélium envahit le plus rapidement tous les tissus de la petite plante à l'exception des éléments ligneux des faisceaux fibro-vasculaires. Si au contraire le plant attaqué jeune est dans un sol peu humide et dans une atmosphère qui ne contient pas beaucoup de vapeur d'eau, il peut arriver que le mal se limite, que la décomposition des tissus ne progresse pas dans la tige et que la plante parvienne à fleurir et à fructifier. De même si le *Pythium* envahit une germination dont la tige hypocotylée ne croît plus et est parvenue à sa taille définitive, il reste confiné dans un petit nombre de cellules corticales sans pénétrer au-delà, même par un temps chaud et humide. Il ne produit alors que des lésions de peu d'importance qui n'empêchent pas la plante attaquée de bien végéter et de mûrir ses graines.

Le *Pythium de Baryanum* envahit et détruit non seulement les jeunes plants de Cameline mais le Cresson alénois (*Lepidium sativum*), le Trèfle blanc (*Trifolium repens*) et la Spergule (*Spergula arvensis*). Il attaque aussi les germinations de Millet (*Panicum miliaceum*) et de Maïs (*Zea Maïs*), mais ne s'y développe pas beaucoup, même quand la température favorise sa végétation.

Les semis ne sont exposés que pendant quelques jours à l'invasion du *Pythium* et seulement quand il règne à ce moment une grande humidité. Il cause donc rarement d'importants dégâts.

Si ce parasite apparaît sur un point, il conviendra de détruire au plus vite toute la culture attaquée puis de cultiver à la place où la récolte aura été envahie par le *Pythium* une plante sur laquelle il ne puisse pas se développer.

Cystopus.

(Rouille blanche.)

La Rouille blanche qui attaque les plantes de la famille des Crucifères et particulièrement le Cresson, le Navet et

le Chou et celle qui couvre si souvent les feuilles des
Salsifis et des Scorsonères de petites pustules blanches
d'où s'échappe une poudre blanche sont dues l'une et
l'autre à des parasites de la famille des Péronosporées
appartenant au genre *Cystopus*. Malgré la très grande
analogie d'organisation qu'ils ont avec les *Peronospora*,
les *Cystopus* ont un aspect fort différent et tout particulier qu'a traduit le nom de Rouille blanche que l'on
donne à l'altération qu'ils produisent et qui les avait fait
anciennement considérer comme appartenant à la famille des Urédinées.

Cystopus candidus (Pers.) Lév.
(Rouille blanche des Crucifères.)

Syn. : *Uredo candida* Persoon. — *Cystopus sphaericus* Bonorden.

Le *Cystopus candidus* envahit les plantes qu'il attaque dans toutes leurs parties et fructifie à la surface
des feuilles, des tiges, des inflorescences, des fleurs et des
fruits qui souvent subissent par suite de la présence du
parasite des boursouflements et des déformations singulières (fig. 28). Toutes ces parties plus ou moins gonflées
et contournées se couvrent de pustules d'un blanc d'i-
voire dont la surface lisse est formée par l'épiderme fort
tendu sous lequel sont accumulés des amas d'une poudre
blanche qui se répand au dehors seulement quand la
pellicule qui les recouvre se déchire.

Léveillé a montré que le parasite qui produit les conidies blanches qui s'amassent sous l'épiderme des plantes attaquées de la Rouille blanche est fort différent des
véritables Rouilles, que c'est à tort que De Candolle le
désignait sous le nom d'*Uredo candida* et qu'il doit être

rapporté à un genre particulier auquel il a donné le nom de *Cystopus* (1).

Si on fait une coupe mince des parties attaquées, que l'on reconnaît à ce qu'elles sont gonflées et déformées, on voit que les hyphes du mycélium du *Cystopus* se glissent entre les cellules de la plante nourricière et y enfoncent de nombreux suçoirs qui s'y gonflent en ampoules globuleuses. Cette organisation du mycélium est fort analogue à celle du *Peronospora* de la vigne.

Les filaments mycéliens du *Cystopus* qui sont voisins de l'épiderme de la plante nourricière produisent de nombreux rameaux qui se dressent perpendiculairement à la surface de l'organe envahi et prennent là le caractère spécial de filaments fertiles ou *conidiophores*. Ce sont

Fig. 28. — Grappe de fleurs de chou envahie et déformée par le *Cystopus candidus*.

de gros tubes en forme de massue courte dont les parois sont très épaisses surtout dans leur partie inférieure et qui produisent successivement à leur extrémité plusieurs conidies rondes et blanches naissant en file les unes au dessous des autres. Elles forment la poudre

(1) Léveillé, *Sur la disposition méthodique des Urédinées*, Ann. des Sc. Nat., série III, t. 8. — Tulasne, 2ᵐᵉ *mémoire sur les Urédinées*, Ann. des Sc. Nat. Botan., série IV, t. 2, p. 208, pl. 7. — De Bary, *Recherches sur le développement de quelques champignons parasites*, Ann. des Sc. Nat. Bot., série IV, t. 20.

blanche qui s'amasse sous l'épiderme et le soulève en cloque.

Les conidies restent unies en files liées les unes aux autres par des sortes de petits disques très courts (fig. 29 A).

Ces conidies sont produites par l'isolement de la partie supérieure du conidiophore qui se sépare du reste par un étranglement au niveau duquel se forme une cloison d'une matière particulière, la callose, qui sépare du conidiophore la conidie en formation. Celle-ci s'arrondit et devient globuleuse. Au-dessous d'elle se forme une autre conidie par un procédé semblable. Il se produit ainsi au sommet de chaque conidiophore un chapelet de conidies globuleuses séparées les unes des autres par des disques de callose.

La callose est une substance ordinairement insoluble et très résistante mais qui peut éprouver une modification chimique qui lui donne la propriété de se dissoudre dans l'eau. Cette modification se produit dans la cloison séparative des conidies de *Cystopus* et les disques de callose, se dissolvant sous l'influence de l'air humide et de la rosée, mettent les conidies en liberté (1).

Les chapelets de conidies en s'allongeant pressent de leur extrémité l'épiderme qu'ils soulèvent et distendent et qui finit par se déchirer, exposant à l'air les conidies qui se dissocient et se disséminent librement au dehors.

Les conidies germent en produisant à leur intérieur des zoospores, quand elles tombent dans une goutte d'eau. C'est sur la Rouille blanche que ces petits corpuscules animés ont été découverts au commencement de ce siècle par Bénédict Prévost qui a décrit le premier la

(1) Mangin, *Sur la désarticulation des conidies des Péronosporées, Bull. de la Soc. Botanique*, t. XXXVIII, 1891.

germination des conidies des *Cystopus* avec une préci-
sion et une sûreté qui doivent paraître vraiment mer-
veilleuses si on se reporte à l'état des connaissances en
de telles matières en 1807 (1).

Mouillées par l'eau, les conidies se gonflent (fig. 29 B.)
le centre d'une de leurs extrémités s'allonge en une pa-

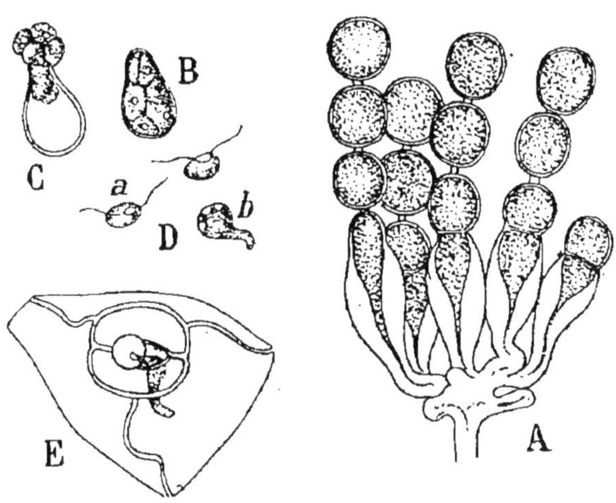

Fig. 29. — *Cystopus candidus.*

A. Filaments conidiophores en forme de massue produisant à leur extrémité
des files de conidies. — B. Conidie germant et remplie de zoospores. —
C. Zoospores sortant de la conidie. — Zoospores libres et mobiles *a*. Zoospore fixée et germant *b*. — E. Zoospore fixée sur un stomate et y germant.

(D'après de Bary.)

pille large et obtuse, tandis qu'à leur intérieur le plasma
se partage en 5 à 8 portions qui sont des zoospores. Peu
après la papille que Bénédict Prévost comparait au col
d'un flacon dans lequel seraient contenus les petits corpuscules s'ouvre (fig. 29 C) et les zoospores poussées
au dehors une à une sans se mouvoir d'elles-mêmes

(1) Bénédict Prévost, *Mémoire sur la cause immédiate de la Carie*, Montauban, 1807, pp. 33-35.

encore, se groupent devant l'ouverture de la conidie sous forme d'une masse globuleuse. Bientôt elles s'animent et se séparent pour nager librement dans le liquide à l'aide de deux cils vibratiles, dont l'un plus court est dirigé en avant pendant la marche de la zoospore et l'autre en sens inverse (fig. 29 D. a.).

Après avoir nagé deux ou trois heures, les zoospores s'arrêtent, deviennent globuleuses, s'entourent d'une membrane de cellulose, puis émettent un tube de germination qui entre dans les feuilles en y pénétrant par les stomates (fig. 29 D. b.). La zoospore se fixe toujours au bord extérieur du stomate ; son tube de germination rempli de plasma s'allonge et s'enfonce dans l'ostiole, tandis qu'elle demeure à la surface sous forme d'une vésicule fort ténue qui disparaît bientôt (fig. 29 E).

De Bary a fait, à maintes reprises, des ensemencements de conidies sur des feuilles et des tiges de plantes qui sont ordinairement attaquées par le *Cystopus candidus* et il y a observé la pénétration dans les stomates des tubes de germination des zoospores, mais le développement n'allait pas au delà ; les tubes de germination ne se prolongeaient pas en mycélium au milieu des tissus et ne produisaient jamais l'infection.

Ce n'est que quand l'ensemencement était fait sur les cotylédons, que les germes produisaient un mycélium qui se ramifiait et prenait un développement considérable. Les hyphes pouvaient alors non seulement produire des conidies sur les cotylédons mais se répandre dans tous les organes de la plante pendant sa croissance et l'envahir en entier.

Ainsi le *Cystopus candidus* ne peut causer l'infection des Crucifères qu'en s'introduisant par les stomates dans les cotylédons au moment de la germination.

Cela explique pourquoi on voit dans les cressonnières

çà et là des pieds de Cresson couverts des pustules blanches du *Cystopus* dont les conidies se répandent en abondance sur tous les pieds voisins sans que le mal s'étende. Le Cresson est alors trop avancé pour pouvoir être infecté.

Le *Cystopus* a, comme le *Pythium,* des spores durables et quiescentes qui se forment à la suite d'une véritable fécondation. Le mycélium contenu dans l'intérieur de la plante nourricière forme, vers la fin de la végétation, à l'extrémité des rameaux de ses hyphes des vésicules renflées qui sont des oogones. Le plasma de chacune d'elles se concentre en une oosphère qui est fécondée à la suite du contact de l'extrémité d'un autre rameau devenue une anthéridie, le phénomène de la fécondation y présente tout à fait le même caractère que dans le *Pythium.*

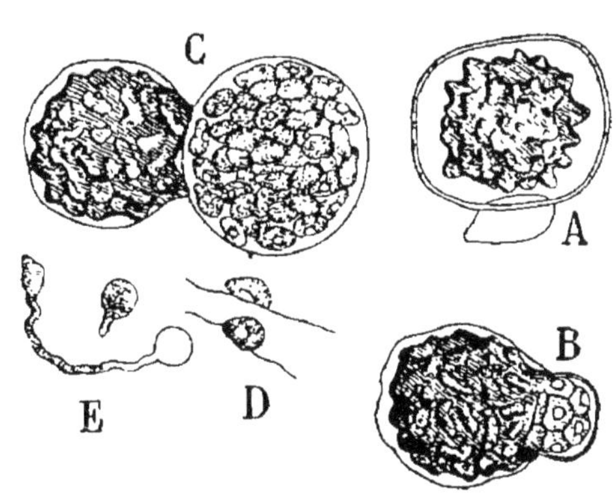

FIG. 30.

A. Œuf encore contenu dans l'oogone. — B. Œuf commençant à germer, l'endospore contenant les zoospores fait hernie à travers l'épispore rompue. — C. Endospore sortie de la coque formée par l'épispore et contenant les zoospores. — D. Zoospores isolées agiles. — E. Zoospores fixées et germant.

(D'après de Bary.)

Les œufs du *Cystopus candidus* (fig. 30 A.) ont une membrane externe ou épispore très résistante, d'un brun jaunâtre et qui porte à sa surface des verrues brunâtres grosses et obtuses tantôt isolées, tantôt unies en crêtes, irrégulières. Ils ne peuvent germer qu'après un repos de plusieurs mois; quand alors on les place dans une goutte d'eau on voit l'épispore, se rompre irrégulièrement sur un point quelconque et l'endospore qui est en dessous faire hernie en poussant au dehors une courte dilatation qui bientôt se renfle en une sorte de vésicule (Fig. 3o B.) Le plasma contenu dans l'œuf se divise en petites masses tout à fait comme le plasma des conidies au moment de la germination; puis quand la vésicule formée par l'endospore se dilate, elle est remplie par les jeunes zoospores et sort de l'intérieur de l'œuf (Fig. 3o C.)

D'abord groupées en une masse globuleuse à l'intérieur de la vésicule, les zoospores s'isolent ensuite, se meuvent et rendues bientôt libres par la rupture de la fine membrane qui les contenait se dispersent dans l'eau ambiante.

Les zoospores des œufs sont tout à fait semblables à celle des conidies (fig. 3o D.) et une fois mises en liberté ne s'en distinguent plus; elles se fixent de même après avoir nagé pendant deux ou trois heures, et germent de la même façon (fig. 3o E.).

Les œufs se trouvent en abondance dans les inflorescences de Crucifères hypertrophiées par la rouille blanche quand la végétation de la plante nourricière touche à sa fin.

Les dommages causés par la Rouille blanche sur le Cresson, les Navets et les Choux, sont assez restreints à cause de la résistance absolue des plantes adultes à l'infection. Les pieds attaqués restent isolés.

Le Câprier est aussi attaqué par une Rouille blanche. Le *Cystopus Capparidis* qui la cause paraît n'être qu'une forme du *Cystopus candidus*, car M. Pirotta a vu dans des essais d'infection le tube de germination des zoospores du *Cystopus* du Câprier pénétrer dans les germinations du *Lepidium sativum*.

Cystopus cubicus (Pers.) de Bary.
(Rouille blanche des Composées.)

Syn. : *Uredo cubica* Strauss. — *Uredo candida var.* Pers. —
Cystopus Tragopogonis (Pers.) Schrœter.

Il produit la Rouille blanche des plantes de la famille
des Composées. Il couvre très souvent de ses pustules
blanches les feuilles de tous
les pieds de Scorsonère et
de Salsifis d'une planche,
envahissant à la fois tout
le semis. Les dommages

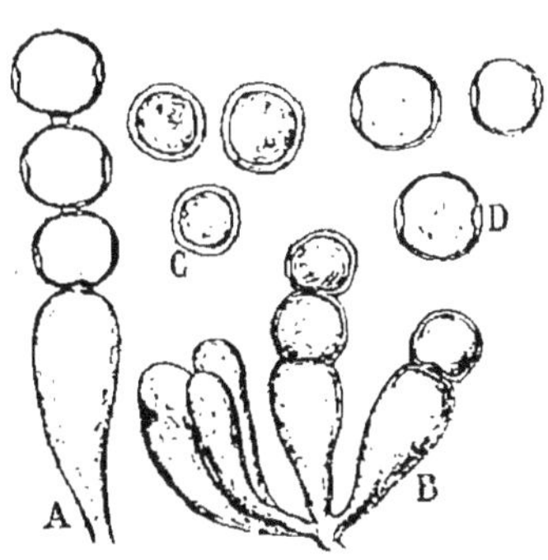

Fig. 31. — *Cystopus cubicus.*

A. Conidiophore portant une file de conidies.
— B. Touffe de conidiophores à divers degrés de développement. — C. Conidies terminales à épaississement général. — D. Conidies intermédiaires à épaississement localisé
ou anneau.

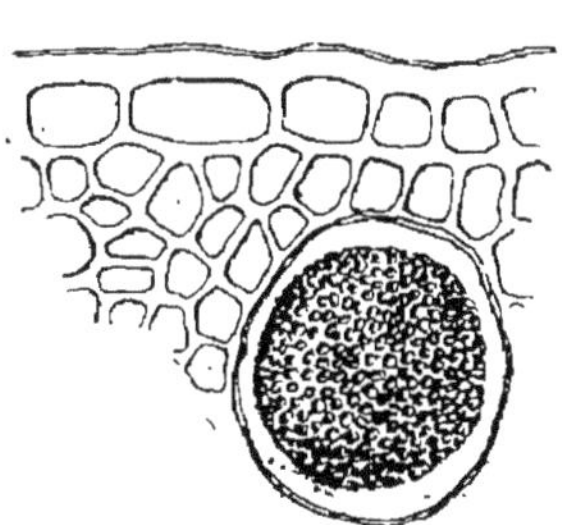

Fig. 32. — *Cystopus cubicus.*
Œuf.

qu'il cause alors dans les potagers ne sont pas sans
importance.

Les conidies du *Cystopus cubicus* sont de deux
formes (fig. 31 C et D); celle qui termine la file a
une membrane plus épaisse sur toute sa surface; celles qui suivent ont une membrane mince présentant
seulement, sur la partie médiane, une bande transversale d'épaississement formant un anneau. La conidie terminale épaissie presse contre l'épiderme, quand la

file grandissante des conidies le repousse, le tend et finit par le déchirer ; elle protège les conidies plus jeunes qui se forment au-dessous d'elle. Les œufs (fig. 32) se produisent très souvent et en quantité sur la Scorsonère cultivée, et on les y trouve accompagnant presque toujours les conidies sur les pédoncules des capitules défleuris.

Ils diffèrent de ceux du *Cystopus candidus* : au lieu de porter à la surface de leur épispore de grosses verrues irrégulières, ils sont chargés de très fines papilles tuberculeuses.

Phytophthora.

De Bary a détaché du genre *Peronospora* et désigné sous le nom générique de *Phytophthora*, un certain nombre d'espèces dans lesquelles la disposition des conidiophores et la production des conidies présentent une particularité spéciale.

Dans les *Pythium* les conidies sont directement portées par des rameaux du mycélium non différenciés en conidiophores. Dans les *Cystopus* les conidiophores sont courts et renflés en massue. Dans les *Phytophthora* et les *Peronospora*, les conidiophores sont des hyphes qui s'élèvent au dehors de la plante nourricière dans laquelle s'étend le mycélium et se ramifient en forme d'arbres ou d'inflorescences dont chaque rameau se termine par une conidie.

La différence qu'il y a entre les conidiophores des *Phytophthora* et ceux des *Peronospora* est la même que celle qu'il y a entre une inflorescence en cyme, à végétation déterminée, et une inflorescence en grappe.

Nous étudierons ici deux espèces de *Phytophthora*, l'une le *Phytophthora omnivora* qui présente le type complet de l'organisation du *Phytophthora* et a des spores d'été (conidies) et des spores d'hiver (œufs) ; l'autre, le *Phytophthora infestans*, le parasite de la Pomme de terre qui a causé de si terribles désastres dans toute l'Europe. Ayant un mycélium vivace, qui hiverne dans les tubercules, il est dépourvu de spores d'hiver.

Phytophthora omnivora de Bary.
(Maladie des semis de Hêtre.)

Syn. : *Peronospora Cactorum* Cohn et Lebert. — *Peronospora Fagi* Hartig. — *Peronospora Sempervivi* Schenck.

Les semis de Hêtre sont parfois attaqués par une maladie qui a pour symptôme l'apparition de taches noires soit sur la radicule, soit sur la tige à la base des cotylédons, soit sur les cotylédons eux-mêmes. Les tissus en ces points s'altèrent profondément et bientôt ils se dessèchent, ou ils pourrissent, selon que le temps est sec ou humide, et la petite plante meurt.

Quand les pieds sont rapprochés les uns des autres, la maladie se propage de proche en proche autour de ceux qui ont été infectés les premiers. C'est surtout par les temps pluvieux et quand la température de l'air est élevée, que le mal fait de rapides progrès.

Dans les tissus d'une plante qui montre les premiers symptômes de la maladie, on peut voir, non seulement dans les portions dont la couleur est altérée, mais au delà, dans celles qui paraissent encore saines, le mycélium du parasite auquel M. Rob. Hartig (1) a donné le nom de *Phytophthora Fagi*, l'ayant étudié spécialement sur les semis de Hêtre ; mais on a reconnu que le

(1) R. Hartig, *Der Buchenkeimpilz, Untersuchungen aus dem Forstbotanischen Institut zu München*, I, p. 33 et ss. 1880.

même champignon attaque aussi un grand nombre d'autres plantes de familles très diverses, des plantes d'ornement des jardins : *Schizanthus, Clarkia*, Joubarbes (*Sempervivum*), Cactées (*Cereus, Melocactus*), aussi bien que le Sarrazin (*Fagopyrum marginatum* et *tataricum*) et les semis de divers arbres forestiers autres que le Hêtre, soit feuillus (*Acer platanoides* et *pseudoplatanus*), soit résineux, Pins (*Pinus sylvestris, Laricio, Strobus*), Mélèze (*Larix Europœa*) et Sapin (*Abies pectinata*), et de Bary a proposé de changer le nom de *Phytophthora Fagi* en celui de *Phytophthora omnivora* (1).

Le mycélium de ce *Phytophthora* est formé de tubes ramifiés qui, contrairement à ce que l'on voit d'ordinaire dans les Péronosporées, sont divisés par des cloisons transversales nombreuses. De taille assez variable, ils rampent le long des cellules de leur plante nourricière et y enfoncent de très nombreuses et très petites ampoules, *suçoirs* à l'aide desquels le parasite tire sa nourriture des cellules qu'il épuise et qu'il tue. Les grains de fécule qu'elles contenaient disparaissent, puis la matière verte s'altère à son tour et tout le tissu meurt.

Quand le *Phytophthora* a attaqué les parties souterraines de la petite plante et l'a fait tomber mourante sur le sol, le mycélium se développe au dehors sur la terre humide. On peut, en plaçant une germination de Hêtre mourante ou morte sur une plaque de verre trempant dans l'eau, observer aisément non seulement le développement du mycélium, mais encore la production des diverses sortes de corps reproducteurs qu'il peut former au dehors de la plante nourricière comme nous l'avons vu pour le *Pythium*. Le *Phytophthora* peut de même

(1) De Bary, *Zur Kenntniss der Peronosporeen. Botan. Zeitung*, 1881, n° 37 et n° 38.

produire ou des conidies germant par un tube, ou des conidies à zoospores, ou des œufs.

Surtout quand le temps est humide, on voit apparaître, aussi bien à la face supérieure qu'à la face inférieure des cotylédons des plantes infectées, de nombreux filaments dressés portant des conidies (fig. 33). Ces conidiophores sortent ordinairement de l'intérieur de la plante en passant entre les cellules de l'épiderme et en perçant la cuticule après avoir un peu rampé entre elles et la surface supérieure de l'épiderme. Dressés perpendiculairement, ils se renflent à leur extrémité pour produire une conidie qui prend la forme

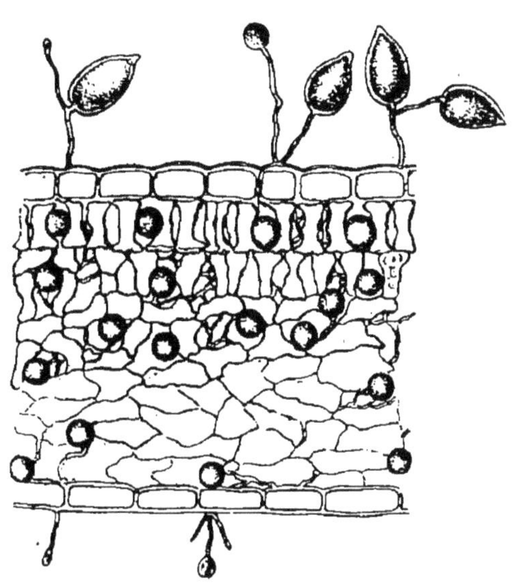

Fig. 33. — *Phytophthora omnivora.*

Feuille de Hêtre envahie par le parasite et portant à sa surface des conidiophores et à son intérieur des œufs.

(D'après M. R. Hartig.)

d'une poire retournée. Elle tient à son support par sa base arrondie et est terminée en pointe à son sommet. Aussitôt que la conidie a terminé sa croissance et s'est séparée de son support par une cloison formée de callose, comme les disques qui séparent les files de conidies des *Cystopus,* l'extrémité du conidiophore, immédiatement au-dessous de la cloison, croît inégalement, de façon à déjeter sur le côté la conidie mûre et s'allonge pour produire une nouvelle conidie à son sommet. La conidie mûre se détache, l'humidité de l'air dissolvant la cloison de callose devenue soluble au moment de la maturité.

A l'air libre, chaque conidiophore ne produit que deux

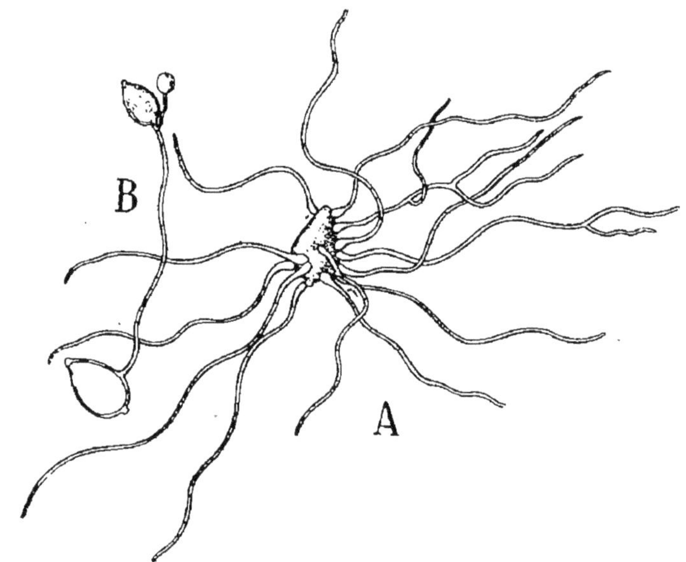

Fig. 34. — *Phytophthora omnivora.*

A. Zoospores germant à l'intérieur d'une conidie et émettant de nombreux tubes de germination à travers sa paroi. — B. Conidie germant en produisant un conidiophore terminé par des conidies secondaires.

(D'après M. R. Hartig.)

conidies, ce n'est que dans les cultures faites dans l'eau que l'on voit parfois s'en former un plus grand nombre.

Quand les conidies tombent dans une goutte d'eau déposée sur une feuille, elles y peuvent germer de deux façons différentes : ou bien elles produisent directement plusieurs tubes de germination (fig. 34 A), qui sont capables de percer l'épiderme de la plante nourricière et de se développer à son intérieur en y formant un mycélium, ou bien leur plasma se divise en un grand nombre, parfois jusqu'à une trentaine, de petites masses globuleuses qui commencent à se mouvoir dans la conidie et en sortent par une petite ouverture qui se fait à son extrémité pointue (fig. 35 A, B, a).

Ce sont des zoospores munies d'un très petit cil vibratile qui nagent pendant quelques heures avant de se fixer et qui produisent ensuite un ou même plusieurs petits tubes de germination (fig. 35 B, b).

Il arrive parfois que ces petits zoospores germent à l'intérieur même de la conidie et que leurs tubes de germination en percent la paroi pour sortir au dehors. Cela arrive surtout quand les conidies germent non dans l'eau, mais dans l'air humide.

Les tubes de germination des zoospores pénètrent dans la plante nourricière qu'ils vont infecter en se perçant le plus souvent un chemin dans l'intervalle de deux cellules épidermiques; il est rare qu'ils s'enfoncent à l'intérieur d'une cellule de l'épiderme. Au bout de trois ou quatre jours la plante où a pénétré le tube de germination peut être assez fortement infectée pour porter à sa surface des conidies nouvelles.

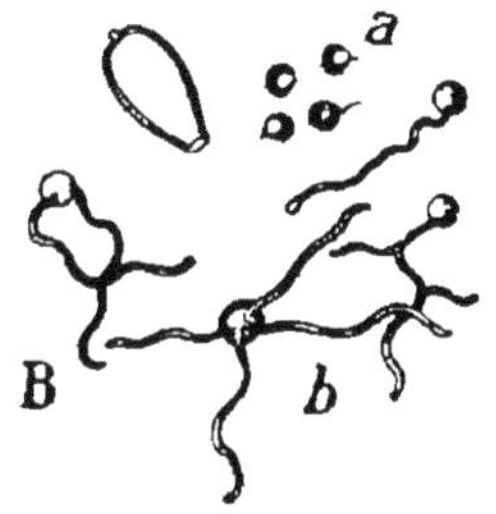

Fig. 35. — *Phytophthora omnivora.*

A. Conidie contenant des zoospores. — B. Conidie vide et zoospores, les unes agiles *a* et les autres germant *b*.

(D'après M. R. Hartig.)

Enfin il peut arriver qu'une conidie germe en produisant un tube donnant lui-même directement des conidies secondaires ou en d'autres termes un conidiophore (fig. 34 B).

Les œufs, qui sont des spores d'hiver, se développent après les conidies dans l'intérieur des tissus de la plante infectée quand la température est pluvieuse. De courts rameaux du mycélium qui s'allongent entre les cellules se renflent en oogones (fig. 36 o). Chaque oogone se sépare par une cloison du filament qui le porte. L'extrémité, isolée de même, mais moins dilatée, d'un rameau voisin devient une anthéridie (fig. 36 a) irrégulièrement globuleuse qui s'applique contre la paroi de l'oogone. Elle produit un petit tube par où le plasma fécondateur pénètre jusqu'au plasma de l'oogone condensé en oosphère. Aussitôt la fécondation opérée l'œuf s'en-

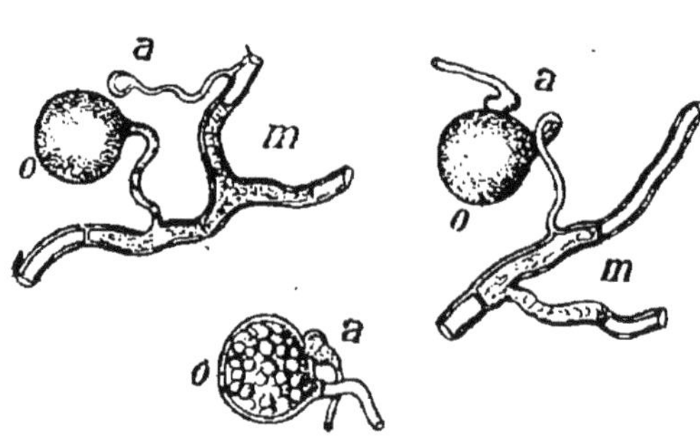

FIG. 36. — *Phytophthora omnivora.*
Mycélium portant des oogones o et des anthéridies a.
(D'après M. R. Hartig.)

toure d'une membrane de cellulose qui bientôt s'épaissit beaucoup mais reste lisse et incolore. Au moment de la maturité elle occupe environ les deux tiers de la cavité de l'oogone qui forme autour d'elle une sorte de vessie.

Les œufs, quand la pourriture envahit les tissus où ils se sont formés, restent à nu sur le sol; la paroi de l'oogone déjà brune au moment de la maturité de l'œuf est d'ordinaire bientôt détruite.

Ces spores d'hiver demeurent à la surface de la terre ou sont entraînées plus ou moins profondément par les pluies. Elles peuvent conserver pendant plusieurs années la faculté de germer. Des expériences faites par M. R.

Hartig ont montré qu'un sol où se trouvaient depuis quatre ans des œufs du *Phytophthora* du Hêtre infectaient encore les jeunes plants qu'on y semait, à condition qu'on y maintînt une grande humidité au moment du développement du semis.

De Bary a observé la germination des œufs du *Phytophthora omnivora*; il les a vus émettre un long tube de germination qui, sans se ramifier, s'est directement changé en conidiophore et a porté à son sommet des conidies (fig. 37).

Les conidies sont emportées au loin soit par le vent, soit par les passants et les animaux; les zoospores qu'elles produisent propagent la maladie du mois de mai au mois de juillet. Les œufs en conservent les germes non seulement d'une année à l'autre mais, même durant plusieurs années.

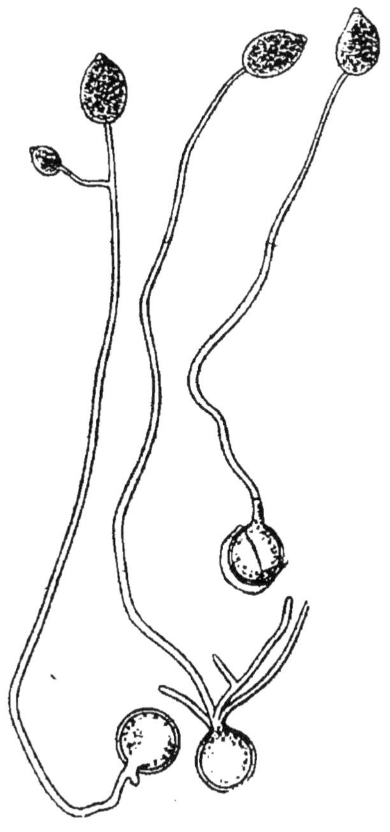

Fig. 37. — *Phytophthora omnivora.*
Œufs germant en produisant un conidiophore.
(D'après de Bary.)

Pour mettre obstacle à la propagation du mal, il convient de ne plus consacrer à des semis les terrains où la maladie s'est manifestée précédemment et dont le sol est infecté.

Si elle apparaît dans un semis, on doit tout d'abord enlever tous les abris qui peuvent mettre obstacle à l'évaporation rapide des gouttes d'eau qui peuvent se déposer sur les jeunes plants et arracher tous les pieds morts ou malades. Tels sont les conseils que donne M. Hartig ; mais il est permis de penser que les procédés employés aujourd'hui avec succès pour arrêter l'extension du *Peronospora* de la vigne se montreront efficaces pour combattre la maladie des semis de Hêtre comme celle de la Pomme de terre, causées l'une et l'autre par des *Phytophthora* dont les conidies germent de même en produisant des zoospores.

Phytophthora infestans (Mont.) De Bary.
(Maladie de la Pomme de terre.)

SYN. : *Botrytis infestans* Montagne. — *Botrytis devastatrix* Libert. — *Peronospora trifurcata* Unger. — *Peronospora infestans* Caspary.

Une maladie inconnue jusqu'alors apparut sur les Pommes de terre en Europe vers 1840. Elle n'attira sans doute pas aussitôt l'attention ; on la signala d'abord çà et là en 1842, et de Martius, dès cette année, en fit une étude particulière (1) et affirma qu'elle était due à l'invasion d'un champignon parasite ; mais on s'en préoccupait fort peu, et rien ne faisait prévoir qu'elle allait bientôt devenir pour toute l'Europe un fléau terrible.

C'est en 1845 qu'elle prit le caractère d'une violente épidémie, qu'elle envahit toutes les cultures de Pommes

---

(1) Von Martius, *die Kartoffelepidemie der letzten Jahre*. München, 1842. Verlag der Kön. Bayr. Akad. der Wissenschaften.

de terre et qu'elle commença à causer les effroyables désastres qui signalèrent surtout les premières années de l'invasion de 1845 à 1850.

Ce ne fut pas sans de longues contestations que l'on finit par reconnaître que le Champignon que l'on voyait sur les feuilles des pieds malades de Pommes de terre et que Mlle Libert (1) rapporta au genre *Botrytis*, est bien parasite et est la véritable cause de la maladie non pas seulement des feuilles, mais des tubercules. Cette opinion fut victorieusement soutenue par Montagne qui donna au redoutable parasite le nom de *Botrytis infestans*.

Plus tard Unger reconnut que le Champignon devait être rapporté au genre *Peronospora* (2) et longtemps il porta le nom de *Peronospora infestans;* enfin de Bary en fit le type de son genre *Phytophthora* et il porte depuis 1876 le nom de *Phytophthora infestans* (3).

La maladie que cause le *Phytophthora infestans* et que l'on nomme tout spécialement la *maladie de la Pomme de terre* attaque les feuilles, les tiges et les tubercules de la plante.

C'est sur les feuilles et les tiges qu'elle apparaît d'abord. Souvent, dès le mois de juin, on voit çà et là au milieu d'un champ le feuillage de quelques pieds se couvrir de taches brunes. Elles se montrent n'importe sur quelle partie des folioles, grandissent et se multiplient rapidement, surtout quand le temps est humide et chaud, envahissant les pétioles et les tiges aussi bien que les

---

(1) Mlle Libert, *Lettre sur la Maladie de la Pomme de terre, Journal de Liège*, 19 août 1845. V. *Histoire de la Maladie de la Pomme de terre en 1845*, par J. Decaisne. Librairie agricole Dusacq, 1846.

(2) Il lui donna le nom de *Peronospora trifurcata. Botan.Zeitung*, 1847.

(3) De Bary, *Researches into the nature of the Potato fungus, Journal of R. agric. soc. of England*, vol. XII, 1876.

feuilles encore saines. Les parties brunes se fanent et se dessèchent en se crispant ; tout le feuillage des pieds malades paraît grillé.

Sur la face inférieure des feuilles, on voit autour des taches brunes, surtout par un temps humide, une sorte d'auréole blanchâtre. Le petit duvet blanc qui la forme est produit par les conidiophores du *Phytophthora* dont le mycélium, en se développant à l'intérieur du tissu de la feuille, a frappé de mort les cellules et produit les taches qui manifestent au dehors la profonde altération des parties envahies.

Le mycélium du *Phytophthora infestans* qui prend un grand développement dans les feuilles de la Pomme de terre, se glisse entre les cellules contre lesquelles se serre fortement sa membrane ténue, mais il n'y plonge pas de suçoirs comme le *Phytophthora omnivora*. Dans le parenchyme compacte des pétioles et des tiges on voit quelquefois cependant, des rameaux courts du mycélium déprimer les parois des cellules. Selon les observations de de Bary (1), parfois ces rameaux perforent les membranes des cellules, mais cette disposition est tout à fait exceptionnelle ; le mycélium du *Phytophthora infestans* est presque toujours entièrement dépourvu de suçoirs.

Il diffère en outre de celui du *Phytophthora omnivora* en ce qu'il n'est jamais divisé par des cloisons (fig. 38 A). Il est formé d'hyphes ramifiées qui s'étendent dans les parties vivantes en rayonnant à partir des points les premiers attaqués et où les cellules sont déjà mortes.

Peu après qu'ils ont été envahis, les tissus de la feuille s'amollissent, les cellules y perdent leur turgescence,

(1) *Ann. des Sc. nat. Bot.*, série IV, t. XX, p. 35.

se contractent, leur couleur verte s'altère, leur contenu se désorganise et brunit. Dans le tissu mort, on ne trouve plus le mycélium du parasite vivant. Il croît et se développe seulement au milieu des cellules vivantes, se nourrit à leurs dépens, cause leur altération et leur mort, mais ne continue plus d'y vivre quand elles sont tuées. Il n'est jamais saprophyte. Ce n'est donc pas sur les taches noires, mais autour d'elles que le champignon prospère et fructifie; c'est là qu'il émet des conidiophores qui sortent au dehors, le plus souvent en traversant les stomates. C'est pour cela que les co-

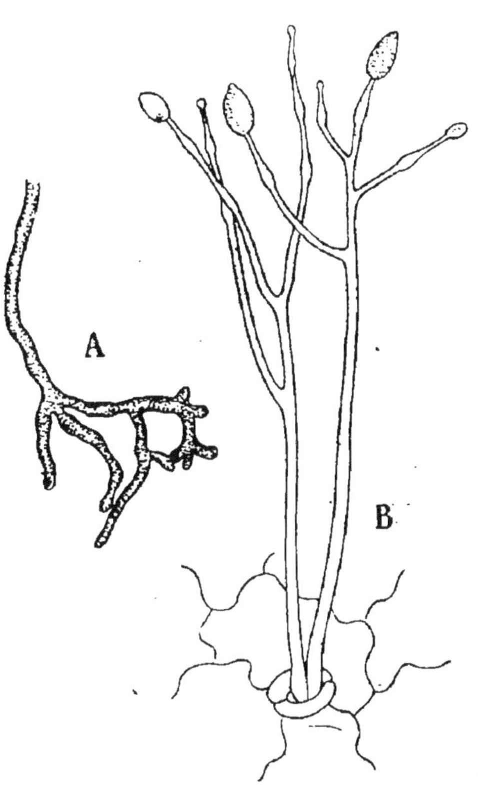

FIG. 38. — *Phytophthora infestans.*

A. Mycélium. — B. Conidiophores sortant par un stomate.

nidiophores se montrent sur la face inférieure de la feuille. Ils peuvent cependant parfois se glisser comme ceux du *Phytophthora omnivora* entre les cellules épidermiques disjointes et se montrer sur des parties dépourvues de stomates.

Les conidiophores du *Phytophthora infestans* (fig. 38 B.) sortent d'ordinaire par touffes et prennent un bien plus grand développement que ceux du *Phytophthora omnivora*. Ils se ramifient à deux ou trois reprises et les branches peuvent se diviser elles-mêmes; chacune d'elles produit à son extrémité comme le conidiophore du *Phytophthora omnivora*, une conidie qui a de même la forme d'une poire retournée ou d'un citron. Quand elle s'est séparée par une cloison du bout du rameau, celui-ci se renfle un peu en rejetant la conidie sur le côté et s'allonge dans le prolongement de la branche primitive, puis son extrémité se dilate pour produire à son tour une deuxième conidie et ainsi de suite.

Les conidies se détachent avec une extrême facilité dès qu'elles sont mûres et les très faibles dilatations des rameaux conidiophores qui se sont formées au point où elles étaient attachées restent les seules traces de leur production.

Les conidies du *Phytophthora infestans* ont la même forme et la même organisation que celle du *Ph. omnivora*, elles sont seulement notablement plus petites. Elles peuvent aussi germer de deux façons, soit en produisant des zoospores, soit en émettant un tube de germination, mais le premier cas est de beaucoup plus fréquent et peut être considéré comme le mode normal de multiplication du champignon.

Chaque conidie placée dans l'eau produit environ une dizaine de zoospores (fig. 39 A. B.) de forme irrégulièrement ovale, pointues à une extrémité, marquées près de la pointe d'un petit point clair et portant deux cils vibratiles dirigés en sens inverse, l'un en avant, l'autre en arrière (fig. 39 C.). Elles sortent par l'extrémité pointue de la conidie où se fait une ouverture et nagent dans l'eau en roulant autour de leur axe pendant une demi-heure avant de se fixer.

Elles s'arrondissent alors en boule et s'entourent d'une membrane; elles germent aussitôt après (fig. 39 D.) en produisant un tube de germination qui pénètre dans les feuilles ou les tiges en perçant d'abord les cellules de l'épiderme. Parvenu dans leur intérieur le tube de germination s'y dilate avant de s'allonger en une hyphe de mycélium qui va s'étendre et se ramifier entre les cellules du mésophylle ou du parenchyme cortical.

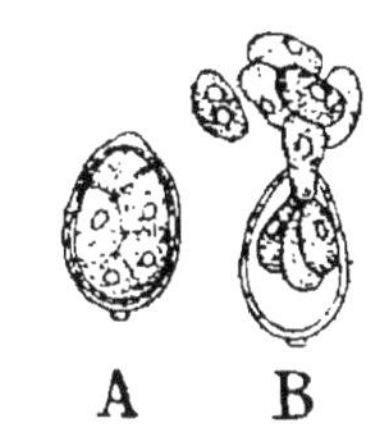

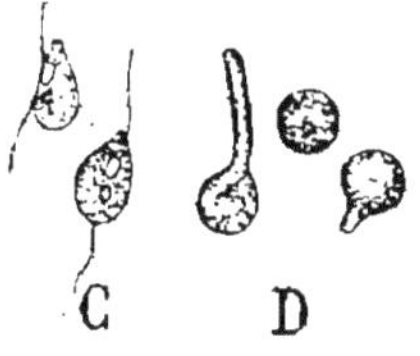

Fig. 39. — *Phytophthora infestans.*

A. Conidie renfermant des zoospores. — B. Zoospores sortant de la conidie. — C. Zoospores libres, agiles. — D. Zoospores fixées et commençant à germer.

Les zoospores peuvent pénétrer aussi dans les tubercules jeunes et encore sous terre ou très récemment arrachés. Quand ils sont plus âgés et que leur surface s'est desséchée à l'air, la pénétration devient très difficile.

Les altérations des tubercules sont analogues à celles que l'on observe dans les feuilles. C'est quand elle atteint les tubercules que la maladie des pommes de terre est particulièrement nuisible au cultivateur auquel elle enlève souvent une notable partie de sa récolte.

L'altération des tubercules se manifeste d'abord par des taches brunes qui apparaissent à leur surface. Si on coupe la pomme de terre en un point où est une tache, on voit que la coloration brune pénètre plus ou moins dans la chair du tubercule, envahissant d'abord sa partie corticale, puis gagnant de plus en plus profondément.

Si on examine au microscope les places attaquées, on y voit un mycélium qui rampe entre les grandes cellules remplies d'amidon, comme dans les feuilles. C'est surtout autour des places brunes, là où ni le plasma des cellules ni leurs parois n'ont encore bruni que le mycélium est en pleine croissance et là encore on a bien la preuve que le champignon ne se développe pas dans les tissus altérés mais bien au milieu des cellules vivantes dont il cause l'altération.

Les hyphes du mycélium du tubercule peuvent produire des conidies aussi bien que celles des feuilles. Si on coupe une tranche de Pomme de terre malade et qu'on la place à l'humidité sous une petite cloche de verre on la voit bientôt se couvrir, plus ou moins rapidement selon la température, d'un duvet blanc formé de conidiophores et tout pareil à celui que l'on voit autour des taches noires des feuilles (fig. 40).

Il est donc absolument établi que les taches brunes des Pommes de terre, premier symptôme de la maladie des tubercules, sont dues à la pénétration dans leur tissu du parasite qui produit les taches noires et le desséchement des feuilles et des tiges. Quand son mycélium a pénétré par un point de la surface du tubercule, il gagne de proche en proche dans toute la pulpe en produisant rapidement derrière lui le brunissement, le ramollissement et la désorganisation du tissu. Les Pommes de terre tuées par le *Phytophthora* sont en outre bientôt envahies par de nombreuses végétations saprophytes et en particulier par des Bactéries qui en hâtent beaucoup la décomposition et causent tout particulièrement la Gangrène humide, maladie qui peut se produire aussi sur des tubercules qui n'ont pas été attaqués par le *Phytophthora*.

Les feuilles et les tiges sont attaquées les premières, l'infection se propage ensuite le plus souvent des parties aériennes aux tubercules. Toutefois la maladie des tubercules n'est pas nécessairement la conséquence de l'invasion des feuilles par le *Phytophthora*. Il n'est pas rare de trouver des tubercules sains au pied d'une touffe dont les feuilles sont desséchées et noircies par la maladie.

On avait d'abord pensé que le mal développé dans les feuilles gagnait de proche en proche et se propageait en descendant de la tige aux tubercules (1). L'examen seul des premiers symptômes de l'apparition du mal dans les tubercules contredit absolument cette supposition. Ce n'est pas à l'endroit par où ils communiquent avec la tige, mais sur des points de leur surface souvent très éloignés de leur point d'attache, qu'apparaissent les taches brunes. Le mycélium du champignon ne pénètre pas de la tige malade dans les tubercules : ce sont les conidies produites en nombre infini sur les feuilles, quand le temps est humide, qui

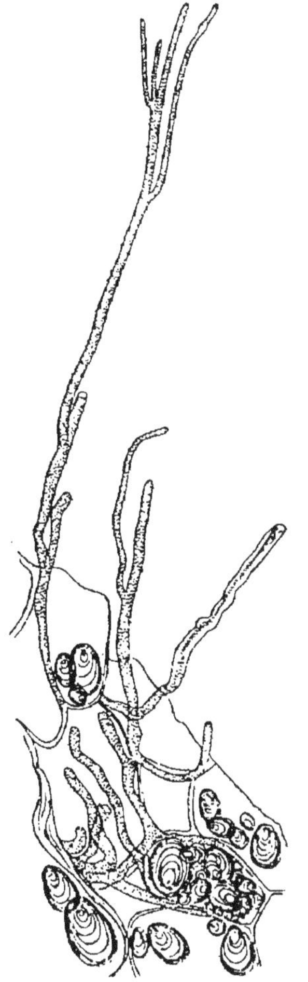

Fig. 40. — *Phytophthora infestans.*

Mycélium d'un tubercule de Pomme de terre produisant un conidiophore. (D'après M. Frank.)

(1) Ch. Morren, *Instructions populaires sur les moyens de combattre la maladie actuelle de la Pomme de terre.* Bruxelles-Gand-Liège, 1845.

seules sont chargées de la propagation de la maladie des parties aériennes aux tubercules.

Tombant dans une goutte de pluie ou de rosée, elles germent rapidement en émettant chacune une dizaine de zoospores; quand le temps est pluvieux, l'eau qui tombe sur le sol après avoir mouillé les feuilles emporte, en grand nombre, soit les conidies soit les zoospores et quand le sol est meuble et poreux, elle entraîne en y coulant des corps reproducteurs du *Phytophthora* qui vont germer à la surface de jeunes tubercules et y faire pénétrer l'infection.

De nombreuses expériences ont démontré que l'on peut infecter facilement les tubercules avec des conidies des feuilles, soit en répandant sur le sol où on a planté des tubercules sains, de l'eau dans laquelle on a trempé des fanes de Pomme de terre couvertes de taches de maladie, soit en semant directement des conidies sur la surface humide des tubercules (1).

La température et le degré d'humidité de l'air ont sur la production des conidies du *Phytophthora infestans* une influence considérable. Tous les cultivateurs savent que c'est par les temps humides et chauds que la maladie fait les plus grands et les plus rapides progrès dans les champs de Pommes de terre. M. Jensen a fait, au sujet de l'influence qu'a la température sur la formation et la germination des conidies du *Phytophthora,* des expériences fort intéressantes.

Il plongeait des rondelles de Pomme de terre dans de l'eau contenant en suspension de nombreuses conidies de *Phytophthora,* puis après les avoir infectées ainsi, il

____

(1) J. L. Jensen, *Moyens de combattre et de détruire le Peronospora de la pomme de terre. — Mémoires de la société n^{ale} d'Agriculture,* t. CXXXI, Paris 1887.

les renfermait dans des flacons à large col bouchés avec du coton et les exposait à des températures diverses variant entre 2° et 26° ou 28°.

Il reconnut ainsi qu'il ne se forme pas de nouvelles conidies à une température inférieure à 5°; qu'au-dessus de 7° le champignon fructifie avec une rapidité qui croît, avec l'élévation de la température, jusqu'à 22° 5; à partir de ce point on remarque un ralentissement, puis au delà les spores meurent; elles sont tuées par la chaleur, et cela d'autant plus rapidement que la température est plus élevée; à 40° deux heures suffisent pour les faire périr. La température de 18° à 20° est tout à fait favorable à la multiplication du parasite quand, bien entendu, l'air est saturé d'humidité, comme cela avait lieu dans les expériences de M. Jensen.

A l'air sec, aucune fructification ne se produirait.

Les spores disséminées par un temps sec perdent fort rapidement la propriété de germer. En général, dans de telles conditions, les conidies formées à la fin de la nuit sont déjà mortes au bout de la journée suivante. Dans la terre humide elles peuvent conserver pendant plusieurs jours leur pouvoir germinatif.

Les conidies produites sur les feuilles des Pommes de terre dans les champs, peuvent infecter les tubercules soit dans la terre quand elles, ou les zoospores qui en proviennent, sont amenées à leur surface par l'eau qui s'infiltre dans le sol après les pluies, soit sur le sol au moment de l'arrachage.

Dans le sol, ce sont toujours les tubercules qui sont placés à une faible profondeur qui sont le plus fréquemment infectés par la maladie.

La terre arrête au passage un grand nombre des conidies qui peuvent tomber à sa surface. M. Jensen a fait de nombreuses expériences pour déterminer quelle épaisseur doit avoir une couche de terre, pour qu'elle filtre complètement de l'eau portant en suspension des conidies ou des zoospores de *Phytophthora infestans*.

Il examinait d'abord quelques gouttes de l'eau à employer pour l'expérience et dans laquelle il avait trempé des fanes couvertes de taches, et comptait combien il y trouvait de conidies ou de zoospores dans l'étendue du champ du microscope. Puis il versait l'eau sur de la terre tassée dans des tubes sur une épaisseur déterminée, et quand, après avoir traversé la couche de terre, elle s'écoulait du bout des tubes, il y comptait de même le nombre de conidies ou de zoospores qui y étaient encore contenues. Opérant ainsi, il a trouvé pour une terre de consistance moyenne que de l'eau contenant, quand on la versait, 100,000 conidies, n'en contenait plus, après avoir traversé une couche de terre de

2 centimètres d'épaisseur,		que	6,289
4 —	—	—	598
8 —	—	—	18,
10 —	—	—	0

Un sol léger arrête mieux encore les conidies, une couche de moindre épaisseur y serait donc suffisante pour préserver les tubercules contre l'infection.

M. Jensen a cherché à tirer de ces expériences un moyen de protéger les Pommes de terre des atteintes du *Phytophthora*, et il a proposé de les recouvrir, à l'aide d'un buttage spécial qu'il nomme buttage de protection, d'une couche de terre assez épaisse pour que tous, ou du moins presque tous les corps reproducteurs du parasite que l'eau peut entraîner, soient arrêtés dans le sol sans atteindre la surface des tubercules. Cette couche serait de 12 à 14 centimètres au moment du buttage et se réduirait de 10 à 12 par le tassement.

Il est clair que, pour être efficace, le buttage de protection doit être fait avant que des millions de conidies n'apparaissent sur les feuilles et ne se disséminent à la surface du sol, mais il est à craindre d'autre part que ce buttage de protection ne gêne la végétation normale de la Pomme de terre. Dans les expériences faites dans les champs, on a maintes fois constaté que bien que la proportion des tubercules malades fût notablement moindre dans les pièces soumises au buttage préventif, le rendement total était néanmoins diminué. M. Jensen pense cependant, qu'en évitant de faire le buttage de protection au moment de la floraison de la Pomme de terre, on peut obtenir des résultats pleinement satisfaisants et il propose d'effectuer toujours l'opération aussitôt que possible et avant l'époque de la floraison.

Ce n'est pas toujours dans l'intérieur de la terre qu'a lieu l'infection des tubercules; maintes fois il arrive que des Pommes de terre que l'on a retirées saines du sol se couvrent plus tard de taches brunes et pourrissent en magasin ou en silo. Elles peuvent aisément être infectées au moment de l'arrachage par les temps humides quand il y a encore, au moment de la récolte, des fanes vivantes et couvertes de fructifications de *Phytophthora*. Des conidies peuvent dans ces conditions être répandues en grand nombre à la surface des tubercules mis à nu et une ou deux semaines après, l'effet se manifestera, surtout si la température est un peu chaude. On reconnaîtra que les conidies ont germé sur les tubercules amoncelés en tas, et qu'une proportion parfois notable de la récolte se gâte en présentant les caractères bien connus de la maladie. Il n'est pas rare que l'on ait occasion de voir dans les cultures les tubercules arrachés prématurément, à un moment où les fanes étaient couvertes de fructifications de *Phytophthora*, pourrir en grande quantité, tandis que ceux que l'on a laissés plus longtemps en terre et que l'on récolte tardivement, après que les feuilles et les tiges sont desséchées, demeurent saines et se conservent fort bien.

On devra donc s'imposer comme règle de n'arracher les Pommes de terre que l'on se propose de conserver, que quand on n'aura plus à craindre qu'elles soient infectées au sortir de terre par les conidies portées par les feuilles. Si on ne peut retarder jusque-là l'arrachage, il conviendra de couper les fanes malades et de les brûler, puis d'attendre encore 5 à 6 jours avant d'opérer la récolte. Au bout de ce laps de temps toutes ou presque toutes les conidies tombées sur le sol seront mortes.

Enfin il sera bon de ne faire l'arrachage que par un temps sec et de préférence dans l'après-midi. L'action de la sécheresse agit en effet d'une façon doublement favorable; elle tue rapidement les spores et rend, d'autre part, le tubercule plus impénétrable aux germinations du parasite.

Si en outre la récolte est placée dans un local assez aéré et où la température reste basse, les tubercules infectés ne pourront pas produire de fructifications nouvelles et le mal ne se propagera pas.

Toutes ces précautions qu'il convient de prendre pour éviter autant que possible que les conidies des parties aériennes ne viennent infecter les tubercules, ne sont bien évidemment que des palliatifs pour conjurer les plus graves dommages d'un mal que l'on est impuissant à guérir; mais il est bien certain qu'il y a le plus grand avantage à arrêter la maladie dès qu'elle commence à se manifester sur les feuilles.

La grande efficacité des sels de cuivre pour mettre obstacle à la propagation du *Peronospora* de la vigne, dont le mode de reproduction est le même que celui du

Phytophthora de la Pomme de terre, est depuis plusieurs années mise hors de doute; les traitements préventifs contre la maladie du Mildiou de la Vigne sont d'un usage général. Les mêmes procédés sont efficaces aussi pour la Pomme de terre.

Dès 1885, M. Jouet a fait usage avec succès de la bouillie bordelaise dont nous indiquerons plus loin la composition et l'emploi en étudiant le *Peronospora* de la Vigne, pour traiter les Tomates qui sont attaquées comme les Pommes de terre par le *Phytophthora infestans*. En répandant sur toutes les parties aériennes la substance cuprique dont la moindre trace suffit pour tuer les zoospores, il a obtenu à Saint-Julien-de-Médoc de belles récoltes de Tomates dans un jardin où tous les fruits pourrirent sur les pieds qui n'avaient pas été traités (1). Aujourd'hui le traitement est pratiqué en grand avec un plein succès dans toute la vallée de la Garonne, où la culture de la Tomate a une importance considérable.

La première expérience précise sur l'emploi des préparations cupriques au traitement de la maladie de la Pomme de terre a été faite en 1888 (2). Bien que portant sur un petit nombre de pieds, elle donna des résultats très nets. Traités le 5 août, dès la première apparition de quelques touffes de conidiophores de *Phytophthora* sur les feuilles, 9 pieds traités produisirent 115 tubercules tous entièrement sains, 6 pieds non traités conservés comme témoins produisirent 53 tubercules dont 17 étaient malades. Ainsi, tandis qu'un tiers

<hr>

(1) Prillieux, *Rapport sur l'emploi de la chaux et du sulfate de cuivre contre le Mildiou*, dans le *Bulletin du ministère de l'Agriculture*, 5ᵉ année, p. 28, 1886.

(2) Prillieux, *Expériences sur le traitement de la maladie de la Pomme de terre. Comptes rendus de l'Acad. des sciences*, t. CVII, 1888, p. 417.

de la récolte (32, 07 pour 100) était détruite par la maladie, tous les pieds traités avaient été complètement protégés.

On ne peut s'attendre à obtenir en grande culture un résultat aussi complet des traitements, mais de nombreux essais ont déjà donné des résultats satisfaisants (1), et il n'est plus douteux que le remède appliqué en temps utile, c'est-à-dire dès l'apparition des premières taches de maladie sur les feuilles, puisse, sous le climat de la France, arrêter l'extension du mal sur les parties aériennes de la Pomme de terre et, par suite, sur les tubercules.

Les conidies qui sont des spores d'été germant aussitôt qu'elles sont produites et perdant au bout de quelques jours le pouvoir de se développer sont les seuls corps reproducteurs connus du *Phytophthora infestans*.

On a bien annoncé il y a plusieurs années la découverte des œufs du *Phytophthora infestans*. Un botaniste anglais, W. G. Smith (2), avait vu dans les feuilles des pommes de terre malades, des œufs, oogones et anthéridies qu'il avait cru appartenir au *Phytophthora*, mais cette manière de voir a été contestée, et de Bary a établi que ces prétendus corps reproducteurs du *Phytophthora* étaient les œufs d'une autre Péronosporée, d'un *Pythium* vivant en saprophyte dans les tissus altérés. Ce *Pythium* inoffensif et dont le mode de vie diffère complètement de celui du *Phytophthora,* a reçu de de Bary le nom de *Pythium vexans* (3).

(1) Aimé Girard, *Du Traitement de la maladie des Pommes de terre au moyen des sels de cuivre. Bulletin des séances de la Société Nationale d'Agriculture*, 1890, p. 106.

(2) W. G. Smith, *The resting spores of the Potato disease. Gardener's Chronicle*, Jul. 1875.

(3) De Bary, *Researches into the nature of the Potato Fungus. — Journ. of R. Agric. Soc. of England*, vol. XII, 1876.

Si le *Phytophthora infestans* ne se propage pas, à
l'aide d'œufs, d'une année à l'autre, comme les autres
Péronosporées, il peut traverser l'hiver en demeurant
vivant à l'intérieur des tubercules malades. Au printemps, il va pénétrer dans les jeunes pousses naissant
des tubercules infectés et y produire des conidies nouvelles qui, se desséminant de très bonne heure, répan-
dront la maladie sur les plantes saines croissant autour
d'elles.

Plantés en terre au printemps, les tubercules portant
des taches de maladie et partiellement attaqués, mais
non tués, contiennent à leur intérieur le mycélium bien
vivant du parasite. Ils produisent tantôt des pousses
saines, tantôt des pousses plus ou moins chétives qui souvent n'ont même pas la force de percer la terre et de se
montrer au dehors. Cela dépend de l'état dans lequel
se trouve la partie du tubercule où est inséré l'œil d'où
émane la pousse. Plusieurs des pousses débiles dans lesquelles ont pénétré quelques filaments du mycélium
qui a hiverné dans le tubercule peuvent prendre cependant un certain développement. Sur leur épiderme se
montrent des lignes longitudinales brunes dues à la
maladie. En ces places le *Phytophthora* émet au dehors
des conidiophores. Les conidies qu'ils produisent vont
tomber sur les feuilles saines du voisinage et y forment
les premiers foyers d'où l'infection s'étend rapidement
sur tous les champs du voisinage, si les conditions météorologiques favorisent l'active propagation du parasite.

Les pousses les plus fortement atteintes par la maladie et qui ne peuvent parvenir jusqu'à la surface du sol
n'en sont pas moins capables de produire des conidies
dans la terre et d'infecter, grâce aux zoospores qu'elles
produisent et qui se meuvent dans l'eau qui baigne les

particules du sol, la base des pousses saines qui auront, elles, la force de végéter assez longtemps pour se charger de conidies dans leurs parties aériennes et pour devenir de redoutables foyers de propagation du mal.

C'est donc aux tubercules malades, employés comme semence, qu'est due l'infection qui reparaît chaque année dans les champs.

Le triage des pommes de terre destinées à être resemées doit donc être fait avec un soin scrupuleux. Mais on ne peut empêcher qu'il n'y ait quelques tubercules qui, bien que portant des taches de maladie, échappent à l'attention, et ils suffisent pour infecter des champs entiers. M. Jensen a proposé de désinfecter les tubercules-semences par la chaleur; il a montré qu'en les chauffant à une température convenable, on peut tuer à leur intérieur le mycélium du *Phytophthora infestans* sans altérer en rien leur pouvoir germinatif.

Dans de nombreuses expériences qu'il a faites pour étudier l'influence de la chaleur sur la végétation de ce champignon, il a reconnu qu'une température peu élevée suffit pour tuer non seulement les spores, mais les hyphes du mycélium du parasite.

Quand on place sous une cloche un tubercule récemment infecté et où le mycélium est en pleine végétation, après en avoir enlevé la peau sur certaines places, on voit s'y produire en quantité des conidiophores quand la température est de 15° à 20°; mais si préalablement on a exposé le tubercule à une température suffisamment élevée, il ne se développe pas de conidiophores, et on peut s'assurer que le mycélium est mort. — Déjà à une température qui ne dépasse pas 35°, il est tué en 16 heures; à 40°, il est tué en moins de 4 heures dans les tubercules malades qui sont ainsi désinfectés par la chaleur, sans avoir perdu la faculté de germer. Bien au contraire, les tubercules chauffés paraissent, d'après les expériences de M. Jensen, germer un peu plus vite.

M. Jensen a pensé que l'on pourrait trouver dans l'emploi de la chaleur le meilleur moyen de préserver les cultures de la réinvasion de la maladie en désinfectant ainsi d'une façon complète tous les tubercules de semence. Il suffirait de les maintenir durant 4 heures dans une sorte d'étuve à 40° pour être assuré de ne pas mettre en terre des semences pouvant émettre des pousses malades, capables de devenir des foyers d'infection.

La constatation faite expérimentalement par M. Jensen de l'influence mortelle d'une température relativement peu élevée sur le *Phytophthora* de la Pomme de terre, lui a permis d'expliquer d'une façon fort ingénieuse le fait si surprenant de l'apparition soudaine en Europe, vers 1840, d'une maladie inconnue jusque-là dans nos pays, bien qu'on y cultivât la pomme de terre depuis des siècles.

Il a admis, avec toute vraisemblance, que la maladie existait de temps immémorial dans les Andes, aux environs de Quito, là où on s'accorde à placer le premier lieu d'origine de la Pomme de terre. Grâce à la grande altitude de ces pays, il y règne une température douce et égale qui est particulièrement favorable à la végétation de la Pomme de terre. Mais ces points à climat très tempéré sont isolés au milieu d'une immense région ou règne la température tropicale. Quand on a transporté les tubercules de Pomme de terre du haut des Andes en Europe, s'il s'en trouvait quelques-unes portant des taches de maladie, elles ont dû être désinfectées durant la route, le parasite cause du mal ne pouvant supporter sans mourir un long voyage durant lequel il était exposé à la chaleur qui règne au niveau de la mer, dans la zone des tropiques.

Le *Phytophthora* est donc resté longtemps confiné dans les Andes sans pouvoir se répandre dans le reste du monde. Ce n'est que quand les voyages sont devenus plus rapides, grâce à la navigation à vapeur, et que l'on a pris des précautions particulières pour que les voyageurs aient moins à souffrir de la chaleur, que quelques pommes de terre malades placées sans doute dans un magasin voisin d'un dépôt de glace destiné à faire rafraîchir les boissons pour l'usage des passagers, auront pu franchir la zone préservatrice en échappant à l'action de la chaleur. Le mycélium du *Phytophthora* aura pu ainsi, grâce à ces circonstances exceptionnelles, être apporté vivant en Europe et dans l'Amérique du Nord probablement vers 1840. En 1840 et 1842 la maladie de la Pomme de terre était signalée çà et là à Boston, en Amérique, en Norwège et en Danemark ; Martius l'étudiait en Bavière en 1842, et en 1845 elle éclatait par toute l'Europe avec une intensité inouïe.

Le *Phytophthora infestans* attaque la Tomate comme la Pomme de terre ; il produit sur ses feuilles des lésions semblables à celles des fanes de la Pomme de terre. Elles se marquent de taches brunes qui se dessèchent. Les fruits se tachent de même et pourrissent. Dans les jardins de la région où l'on cultive la Pomme de terre, dans le nord et le centre de la France aussi bien que dans le midi où la culture de la Tomate prend dans les champs une extension considérable, la maladie a fréquemment détruit toute la récolte ; mais on est assuré aujourd'hui de la combattre avec succès par les traitements cupriques.

On a vu le *Phytophthora infestans* se développer sur la Douce-amère (*Solanum dulcamara*) et sur diverses solanées exotiques, et aussi sur des plantes exotiques de la famille des Scrofularinées ; mais sur aucune de ces plantes, pas plus que sur la Tomate ni sur la Pomme de terre, il n'a produit de spores d'hiver.

Peronospora.

Les *Peronospora* ne diffèrent des *Phytophthora* que par le mode de développement de leurs conidiophores. Tandis que dans les *Phytophthora* les conidies sont formées successivement et que chaque filament fructifère est composé de ramifications successives qui poussent dans le prolongement l'une de l'autre, dans les *Peronospora*, l'arbre conidiophore, souvent fort ramifié, porte en une seule fois toutes ses conidies à l'extrémité de ses ramules qui ne s'allongent plus après avoir porté fruit. Du reste, les *Peronospora*, comme les *Phytophthora*, outre les conidies qui germent tantôt en produisant des tubes, tantôt en donnant naissance à des zoospores, forment aussi à l'arrière-saison des spores d'hiver qui sont des œufs produits à la suite d'une véritable fécondation sexuelle.

Peronospora viticola (Berk. et Curt.) de Bary.
(Mildew ou Mildiou).

Syn. : *Botrytis viticola* Berk et Curt. — *Plasmopara viticola* Berl. et de Toni.

Le *Peronospora* de la Vigne est un champignon d'origine américaine comme le *Phytophthora* de la Pomme de terre. Il causait des dégâts considérables dans les vignobles du Nouveau-Monde avant d'avoir été introduit dans ceux de notre pays. Désigné d'abord sous le nom de *Botrytis viticola* par Berkeley et Curtis, il a été exactement observé et décrit sous le nom de *Peronospora viticola* en 1863 par de Bary sur des échantillons américains.

Quand on a eu recours à de nombreuses importations de cépages américains pour remplacer les Vignes françaises détruites par le Phylloxera, on savait déjà quel dommage le *Peronospora viticola* causait en Amérique; on put prévoir le danger de l'introduction de ce dangereux parasite des vignes américaines, mais non le prévenir.

En 1878 Planchon, qui avait vu le Mildew en Amérique, constatait avec certitude sa présence dans plusieurs localités du sud-ouest de la France. Il le reconnaissait d'abord sur des feuilles d'un cépage américain, le Jacquez, envoyé de Coutras par le Dr Deluze, puis sur des échantillons adressés de Nérac par Lespiault. L'invasion était encore, à ce qu'il semble, très circonscrite en France sur des Jacquez et dans un petit nombre de localités de la partie sud-ouest du territoire.

En 1879 Planchon faisait connaître à l'Académie des sciences que la maladie s'était montrée en septembre à Saintes, chez le Dr Menudier, et dans le Beaujolais, chez M. Pulliat (1). La même année on signalait son apparition à Mancey, à Chambéry et dans plusieurs localités du Doubs (2) et d'Italie. M. Pirotta écrivait à l'Académie des sciences que le parasite américain venait d'être découvert près de Voghera, dans la province de Pavie (3).

Il était dès lors introduit d'une façon générale sur notre territoire. En 1881, il se développait en Algérie dès le printemps avec une intensité telle que les viticulteurs redoutèrent un instant que le nouveau fléau venu

---

(1) *Comptes rendus de l'Acad. des Sc.*, t. LXXXIX, 6 octobre 1879.
(2) Vaisset, *Courrier Franc-comtois*, 21 octobre 1879.
(3) *Comptes rendus de l'Acad. des Sc.*, 27 octobre 1879.

d'Amérique ne rendît impossible la culture de la Vigne en ce pays (1).

En Amérique, on désignait sous le nom de moisissure (*Mildew*), la maladie causée aux vignes par le *Peronospora viticola*. Quand Planchon l'observa en France, il proposa d'adopter pour la désigner la dénomination américaine, tout en l'écrivant à la française, de façon à rendre la prononciation du mot anglais Mildew. Ce nom a été très généralement adopté par les viticulteurs, mais on l'écrit indifféremment Mildiou ou Mildew.

Le *Peronospora viticola* attaque surtout les feuilles des Vignes, et on l'a d'abord considéré comme exclusivement parasite des feuilles, mais il envahit aussi les jeunes rameaux, les grappes et les fleurs, et plus tard les grains de raisin. Il cause alors des altérations dés grains que l'on avait bien observées en Amérique, mais que l'on y considérait comme des maladies spéciales que l'on désignait sous le nom de *Grey Rot* ou de *Brown Rot*.

C'est sur le feuillage que l'invasion du *Peronospora* se manifeste d'abord et de la façon la plus frappante. Les Vignes attaquées par le Mildiou se reconnaissent au loin par leur couleur brune feuille morte. Les feuilles vertes se couvrent de taches brunes et desséchées à contours fort irréguliers qui grandissent et se multiplient avec une rapidité effrayante quand la température favorise la végétation et la multiplication du champignon parasite, et bientôt elles tombent desséchées et crispées sur le sol. Souvent alors le limbe seul se détache de l'extrémité du pétiole qui reste quelque temps

_____

(1) Prillieux, *Le Mildiou, maladie de la Vigne produite par l'invasion du Peronospora viticola*. Rapport au Ministre de l'Agriculture. *Journal officiel* et *Annales de l'Institut N^{al} agronomique*, 4e année, n° 5, publié en 1882.

encore fixé au rameau dépouillé. Les ceps dépourvus de feuilles demeurent chargés de raisins qu'ils ne peuvent plus nourrir et qui ne parviennent pas à une maturité complète.

Les places où les feuilles commencent à être envahies par le *Peronospora* sont d'abord marquées par une couleur plus jaune, assez visible sur la face supérieure. C'est le premier indice de l'invasion de la maladie. Bientôt les petites taches jaunâtres s'accusent plus nettement, elles grandissent et deviennent d'un brun roux, de la couleur que prennent d'ordinaire les feuilles mortes; le tissu de la feuille, en effet, est mort et desséché en ces points.

Quand on retourne les feuilles ainsi attaquées, on voit sur leur face inférieure, surtout le long des nervures, une sorte d'efflorescence blanche ayant un éclat qui la fait ressembler assez à un dépôt de gelée blanche. Ce sont les conidiophores épanouis au dehors du *Peronospora*, dont le mycélium se glisse entre les cellules du parenchyme de la feuille qu'il épuise et qu'il tue.

Le mycélium du *Peronospora* de la Vigne est formé d'hyphes non cloisonnées, variant beaucoup de grosseur, selon qu'elles ont plus ou moins d'espace pour se développer. Elles glissent entre les cellules et y plongent seulement des suçoirs globuleux (fig. 41). Elles présentent de nombreuses ramifications naissant sous des angles divers, mais qui souvent se rapprochent de l'angle droit. L'observation du mycélium du *Peronospora* est difficile dans les feuilles. On le peut voir bien plus facilement dans la pulpe des grains, mais il présente là parfois des particularités spéciales. M. Viala a proposé, pour obtenir des préparations du mycélium des feuilles, de faire macérer les feuilles malades dans l'eau à une température de 30° pendant 15 jours. Sous l'action du *Bacillus*

Amylobacter, les cellules sont dissociées, la feuille est réduite en bouillie et le mycélium resté intact peut être aisément étudié.

Quand le mycélium végète activement au milieu du

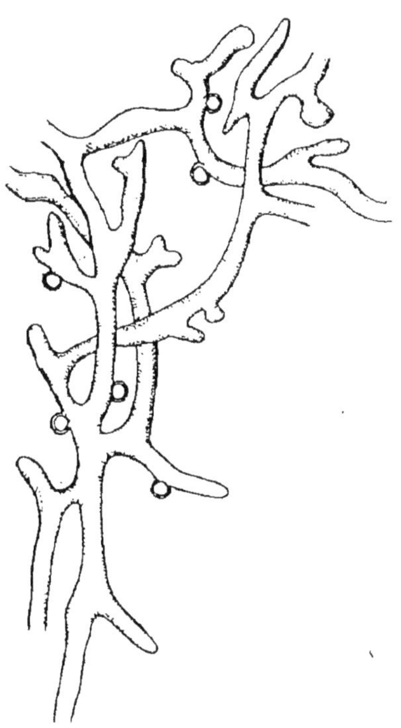

FIG. 41. — *Peronospora viticola.*
Mycélium ramifié portant des suçoirs globuleux.

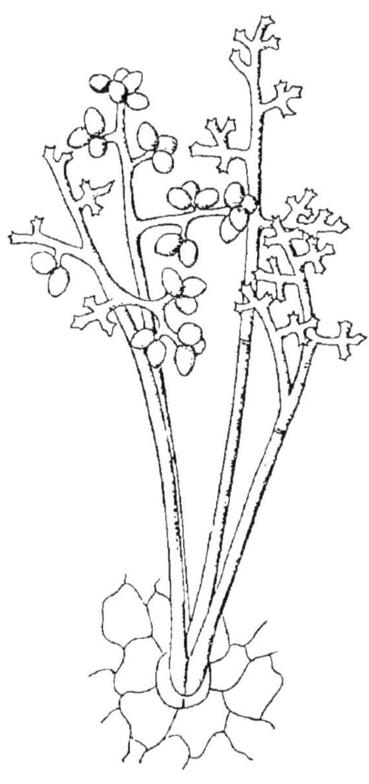

FIG. 42. — *Peronospora viticola.*
Touffe de quatre conidiophores sortant par un stomate et portant des conidies.

tissu de la feuille qu'il épuise en plongeant ses suçoirs dans les cellules vivantes, il émet des rameaux qui s'engagent dans les stomates et sortant au dehors prennent l'apparence de petits arbres ramifiés qui se chargent de conidies (fig. 42). Il est rare qu'il ne sorte par un stomate qu'un seul conidiophore, il s'en produit le plus souvent une touffe de 3 à 5 par stomate. Ils poussent d'abord droits, en forme de tronc, et n'émettent de branches au nombre de 4 à 5 le plus souvent que dans leur tiers supérieur. Les branches inférieures sont les plus longues, elles se ramifient elles-mêmes en portant de courts rameaux. La flèche du petit arbre et tous ses rameaux portent les conidies par groupe de trois à l'extrémité de petites pointes, que l'on nomme stérigmates, et qui sont les ramules ultimes du conidiophore.

Les rameaux de tout ordre du conidiophore naissent à angle droit les uns des autres. Les branches de premier ordre s'étendant dans un plan, le plan de ramification des rameaux de second ordre est perpendiculaire au premier celui des rameaux de troisième ordre à ceux des rameaux de premier et second ordre. Cette disposition des branches écartées toutes à angle droit donne aux arbres conidiophores du *Peronospora viticola* un aspect très caractéristique. Parfois cependant la branche la plus inférieure au lieu de s'étendre horizontalement se redresse et fait flèche pour ainsi dire, de telle façon que le tronc semble se bifurquer, mais, à part ce cas exceptionnel, les ramifications sont toujours à angle droit.

Les arbres conidiophores se développent très rapidement. Dans l'espace d'une nuit, non seulement ils achèvent leur croissance, mais ils se couvrent de conidies qui sont mûres avant le matin. Le plasma qui remplit d'abord le jeune conidiophore se concentre à son sommet abandonnant le tronc qui se vide et il s'y produit, au dessous de la branche la plus inférieure, une cloison transversale qui l'isole des ramifications.

Les stérigmates qui se forment à l'extrémité des rameaux sont normalement au nombre de trois, un terminal et deux latéraux; parfois cependant il en avorte quelques-uns et le rameau peut être bifurqué et non trifurqué.

L'extrémité de chaque stérigmate se gonfle, s'arrondit de façon à ressembler à une tête d'épingle; c'est une conidie naissante qui, en grossissant davantage s'allonge, devient ovoïde, puis s'isole du stérigmate par une cloison. Ces conidies parvenues à maturité sont lisses et incolores; elles sont ovoïdes bien qu'un peu variables de forme et souvent un peu plus étroites par un côté.

Parfois, dans le midi, quand la végétation du *Peronospora* est peu active surtout à l'arrière-saison, on voit apparaître des petits bouquets de conidies très différentes des conidies ordinaires et par leur taille qui est deux fois plus grande et par leur forme qui rappelle celle d'une poire très allongée (fig. 43). Leurs conidiophores sont aussi tout à fait différents de ceux qui se forment d'ordinaire sur les feuilles. Ce sont des filaments qui

Fig. 43. — *Peronospora viticola.*

Grosses conidies piriformes (macroconidies) (au même grossissement que la fig. 52).

tantôt restent simples et ne portent qu'une seule grosse conidie, tantôt se ramifient mais seulement en se bifurquant à plusieurs reprises. Ils forment des touffes au dessus de l'ouverture des stomates; chaque petit tronc qui reste très court ne porte que 4 à 5 grosses conidies.

Ces grosses conidies paraissent être une forme intermédiaire entre les conidies ordinaires et les oogones qui se produisent à l'intérieur des tissus dépérissants (fig. 45 a).

Les conidies ordinaires dont les conidiophores se sont développés pendant le cours de la nuit sont mûres et se détachent dès l'aube. Leur extrême ténuité rend leur transport à distance par le vent très facile : quand elles tombent sur les feuilles trempées de rosée ou mouillées par la pluie elles y germent aussitôt en produisant de 5 à 8 zoospores assez semblables à celles du *Phytophthora* de la Pomme de terre. Le protoplasma de la conidie se sépare en petites masses irrégulièrement ovoïdes qui sont munies de deux cils vibratiles dirigés en sens inverse. Elles sortent par l'extrémité de la conidie où se produit une étroite ouverture (fig. 44 a et b). Pour la traverser les petits corps se resserrent au passage puis reprennent leur forme au dehors de la conidie. On en trouve parfois quelques-uns qui ne peuvent traverser l'orifice trop étroit et restent emprisonnées dans la cavité de la conidie où on les voit se mouvoir, mais on ne les y a pas vus germer comme les zoospores du *Phytophthora omnivora*. La germination se fait très vite. Elle

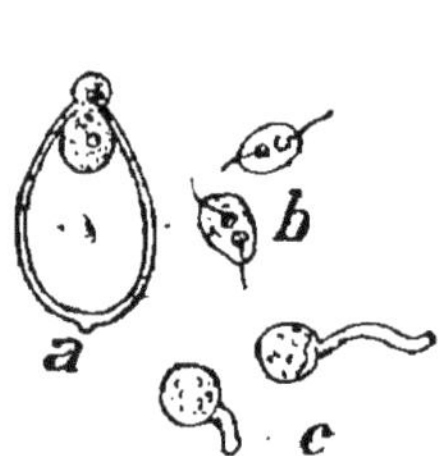

Fig. 44. — *Peronospora viticola.*

a. Conidie émettant une zoospore. — b. Zoospores agiles. — c. Zoospores fixées et germant.

s'opère en été dans un espace d'environ trois quarts d'heure. Au sortir de la conidie les zoospores nagent très vivement en tournant tantôt dans un sens tantôt dans un autre; les changements de direction sont fréquents. Par moment, surtout quand ils se ralentissent les mouvements se font par petites saccades très marquées. Après une demi-heure ou plus de course en tout sens dans la goutte d'eau où était tombée la conidie, les zoopores se fixent. Devenues immobiles, elles prennent une forme globuleuse, puis émettent un petit tube de germination (fig. 44 c) qui est capable de percer l'épiderme d'une feuille de Vigne et de pénétrer à son intérieur pour y devenir un mycélium. Détachées des

conidiophores qui couvrent la face inférieure des feuilles,
les conidies tombent ordinairement sur la face supérieure
d'une feuille située plus bas et y germent quand elles
sont mouillées par la rosée du matin, les brouillards,
ou la pluie.

D'après les observations de M. Viala (1) les conidies
du *Peronospora viticola* peuvent aussi germer en produisant directement à leur extrémité un tube de germination, mais ce
mode de germination
paraît exceptionnel et
très rare.

A l'arrière-saison,
il se forme dans les
feuilles mourantes et
à demi desséchées des
œufs fort semblables à
ceux du *Phytophthora
omnivora* (fig. 45).
Leur mode de for-
mation est le même.
Des hyphes du mycé-

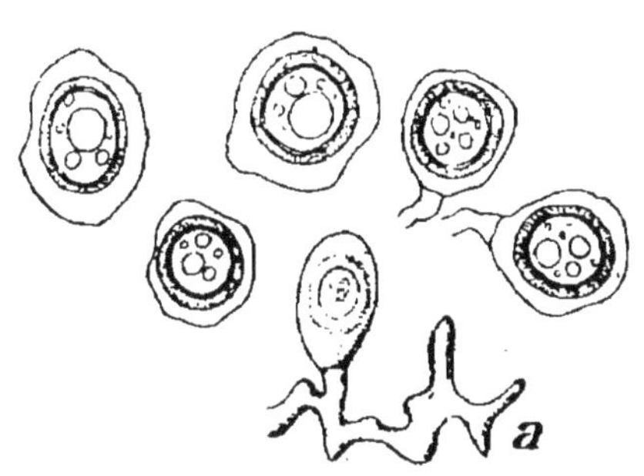

Fig. 45. — *Peronospora viticola.*

Œufs isolés encore contenus dans leur oogone. En *a*
une oogone allongée rappelant les grandes conidies
piriformes.

lium qui rampent entre les cellules du parenchyme se
gonflent en une sorte de vessie piriforme ou sphérique
qui est un oogone. Le plasma s'y accumule et l'oogone se
sépare du filament par une cloison. Un rameau voisin
se renfle en anthéridie et vient s'accoler à la paroi de
l'oogone à l'intérieur duquel le plasma condensé de
l'oosphère se trouve fécondé. C'est l'œuf qui après la
fécondation s'entoure d'une coque qui devient épaisse,
dure et résistante. On désigne d'ordinaire ces œufs du
nom de *spores d'hiver*. Ils se forment en abondance à

____

(1) Viala, *les Maladies de la vigne*, 3ᵉ éd. 1893, p. 93, fig. 32.

l'arrière saison dans toutes les parties de la feuille
(fig. 46).

Ils ont été bien décrits par de Bary d'après des échantillons recueillis en Amérique. Durant les premières
années de l'introduction du Mildiou en France on ne
les a pas observés et on a douté qu'ils se produisissent
sur les Vignes françaises ; mais, quand on les a cherchés
avec soin, on les a trouvés partout sur les feuilles à demi

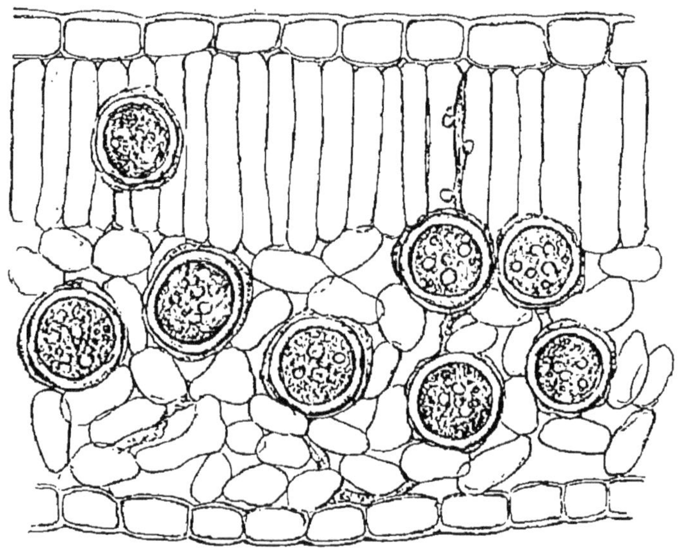

Fig. 46. — Coupe transversale de feuille de Vigne remplie d'œufs de
Peronospora viticola.
(D'après M. Ravaz.)

desséchées par la maladie. Seulement, comme rien en
dehors ne trahit leur présence dans l'intérieur des parties mortes des feuilles, il faut souvent de longues
recherches pour les y découvrir. On les voit ordinairement réunis en groupes fort nombreux entre les cellules

mortes ou mourantes de la feuille. On en peut soúvent compter plus de deux cents par millimètre carré de feuille. Pour les observer, le plus aisé est de faire bouillir pendant quelques instants dans une solution concentrée de potasse, de petits morceaux d'une feuille que le Mildiou a grillée. Le tissu s'en désagrège alors aisément et on voit au milieu des cellules dissociées les oospores faciles à reconnaître à la grande épaisseur de leur paroi brunâtre et transparente et qui sont encore renfermées à l'intérieur d'une grande vésicule mince qui est l'oogone (fig. 45).

Les feuilles de Vigne desséchées et qui contiennent à leur intérieur des myriades de spores d'hiver tombent à la surface dù sol; elles y pourrissent rapidement et les spores d'hiver restent au milieu de leurs débris sur la terre pendant toute la mauvaise saison sans en souffrir.

Elles germent au printemps suivant quand les jeunes feuilles des Vignes se développent.

On a été longtemps fort incertain sur la façon dont germent les œufs de *Peronospora*. Il est fort difficile de pouvoir les observer après l'hiver quand les feuilles qui les contenaient ont pourri. On a supposé, par analogie avec ce que de Bary a observé pour les œufs du *Cystopus candidus*, que ceux du *Peronospora* de la Vigne produisent de même des zoospores qui ne peuvent infecter que les pépins germant. M. Millardet (1) guidé par cette supposition a semé des pépins de raisin avec des feuilles de Vigne fortement attaquées par le Mildiou dans six pots; dans deux d'entre eux il a vu les cotylédons des jeunes plants couverts au printemps de conidiophores de *Peronospora* et il a exprimé la

(1) *Journal d'agriculture pratique*, 6 juillet 1882.

pensée que l'infection doit se faire toujours ainsi, que dans les vignes il n'y a que les cotylédons sortant des pépins qui puissent être infectés par les spores d'hiver et que c'est toujours sur eux qu'apparaissent les premières conidies qui emportées par le vent sur les feuilles y apportent la maladie.

On sait cependant qu'il n'y a pas, du moins en ce qui touche l'infection par les conidies, d'analogie entre le *Cystopus candidus* et le *Peronospora viticola* et que les Vignes adultes ne sont malheureusement pas comme les pieds de Cresson, à l'abri des attaques du parasite. D'autre part, il n'y a que bien peu de pépins qui germent dans les Vignes chaque année au printemps et il semble que s'il n'y avait que les germinations qui pussent être infectées par les spores d'hiver la réinvasion annuelle du mal serait bien difficile.

En fait, il est certain que les œufs du *Peronospora viticola* germent souvent, sinon toujours, autrement qu'en produisant des zoospores.

M. Fréchou (1) à Nérac a vu, il est vrai, des zoospores nager dans l'eau où il avait mis des spores d'hiver de *Peronospora* depuis quelques jours, mais il semble que le plus souvent l'œuf germe en émettant un ou plusieurs tubes de germination qui peuvent se redresser et prendre le caractère d'un conidiophore muni de rameaux et tout à fait semblable à ceux qui se produisent sur les feuilles (fig. 47). Les œufs du *Peronospora viticola* offrent donc dans leur germination la plus frappante analogie avec ce qu'a observé de Bary pour ceux du *Phytophthora omnivora* (2).

----

(1) *Comptes rend. de l'Ac. d. Sc.*, février 1883.
(2) Prillieux, *Germination des zoospores du Peronospora viticola, Bull. de la Soc. Bot.*, t. 30, 1883, pp. 183 et 228.

M. d'Arbois de Jubainville (1) a fourni quelques données intéressantes sur les débuts de l'invasion produite
chaque année par les spores d'hiver. Il a remarqué dans les environs de Neufchâteau, que plus
d'un mois avant l'apparition des
premiers conidiophores du *Peronospora* de très petites taches
rougeâtres larges comme la tête
d'une épingle se montraient à
la face supérieure des feuilles de
la base des pousses et que, visà-vis de ces taches, se trouvaient
sur leur face inférieure quelques
parcelles de terre. Le mois suivant des conidiophores de *Peronospora viticola* se montrèrent sur la face inférieure des
feuilles de Vigne à partir des taches rouges.

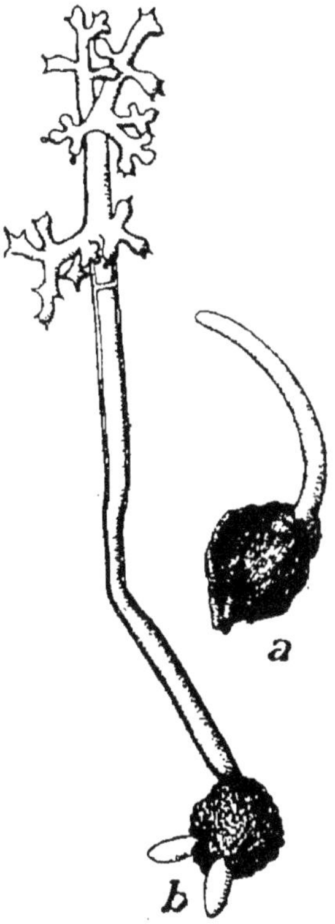

Il semble bien naturel d'admettre que lors des pluies d'orage les spores dormantes, restées à la surface du sol avec les
débris des feuilles pourries, ont
été projetées sur les jeunes feuilles avec la boue qui les a éclaboussées. Elles y ont germé et
ont produit autant de foyers
d'infection où le mycélium s'est
développé et qui, quelque temps
après, se sont couverts de conidiophores.

FIG. 47. — *Peronospora
viticola.*

Œufs germant. — *a.* Œuf encore
recouvert de l'oogone émettant un
tube de germination. — *b.* Œuf
ayant émis trois tubes dont l'un
est un conidiophore bien caractérisé.

(1) D'Arbois de Jubainville, *Peronospora viticola* de By, Neuchâteau
1883.

Cette observation explique le fait souvent remarqué que les pousses basses qui traînent sur le sol sont attaquées les premières. Mais les éclaboussures produites par les pluies d'orage ne sont pas seules à transporter les spores d'hiver sur les vignes; il ne paraît pas douteux que les limaçons si communs, aident aussi à la dissémination des spores d'hiver. Elles s'attachent à leur pied quand ils rampent sur le sol et quand ensuite ils grimpent sur les ceps et même sur les arbres où les vignes sont enlacées ils les portent jusqu'aux plus hautes branches, où elles restent collées et germent.

L'apparition du Mildiou peut avoir lieu de très bonne heure, dès les mois de mai ou de juin dans les contrées méridionales; on l'a constatée du 10 au 20 mai aux environs d'Alger. Dans le Lot-et-Garonne, la Gironde et l'Hérault, elle se produit très souvent en juin ou au moins dans la première quinzaine de juillet.

A cette première apparition, le *Peronospora viticola* peut très bien attaquer non seulement les feuilles, mais les grappes en fleurs et les jeunes grains à peine noués, que l'on peut voir couverts de l'efflorescence blanche que forment les touffes de conidiophores du *Peronospora*. Dans ce cas, le parasite produit la chute d'une grande quantité de jeunes grains. La coulure peut donc être la conséquence d'une invasion précoce des grappes par le Mildiou vers l'époque de la floraison.

Souvent après la première invasion printanière le mal est arrêté par la température sèche de l'été. Les taches brunes et desséchées des feuilles ne s'étendent pas, il ne s'en forme pas de nouvelles. Le parasite ne produit plus de conidiophores, il est engourdi dans l'intérieur de la feuille et ne gêne en rien l'active végétation de la Vigne; mais qu'un orage survienne, que le temps devienne humide et tiède, le *Peronospora* renaît aussitôt, les petites forêts de conidiophores réapparaissent sur le pourtour des taches desséchées du printemps et elles ressèment en si grande quantié les conidies autour d'elles qu'il se produit alors de ces invasions foudroyantes qui brûlent en quelques jours tout le feuillage et font disparaître toute verdure dans le vignoble. Dépouillés de la plus grande partie, quelquefois même de la totalité de leurs feuilles, quand les raisins sont encore verts, les ceps ne peuvent que languir pendant les derniers mois de leur végétation, les grappes ne mûrissent pas ou mûrissent mal; le bois même des pousses ne se forme pas comme d'ordinaire; il n'est encore qu'incomplètement lignifié quand l'hiver arrive et bien souvent, même en Provence, les pieds de Vigne qui ont été fortement attaqués par le Mildiou ont beaucoup à souffrir du froid en hiver.

Ce n'est pas du reste seulement indirectement, par la destruction des feuilles qui doivent nourrir les grappes et permettre aux grains de se gonfler et de se remplir de sucre que le *Peronospora* réduit la récolte et lui enlève la plus grande partie de sa valeur; il a encore une action directe sur les grains qu'il attaque aussi bien que les feuilles et dans lesquels son mycélium se développe très puissamment en causant la mort et la désorganisation des cellules de leur chair qui brunit et se dessèche ou pourrit.

Avant l'introduction du *Peronospora* dans les vignobles d'Europe on connaissait en Amérique des maladies des grains que l'on y désignait sous le nom de *Rot*. D'ordinaire la destruction des grappes par le Rot était signalée là où les feuilles des vignes étaient envahies par le Mildiou : on avait reconnu que les mêmes conditions météorologiques favorisaient le développement du

Mildiou et du Rot. Du reste on distinguait vaguement sous les noms de Rot gris (*grey Rot*) Rot brun (*brown Rot*) Rot sec (*dry Rot*) et Rot noir (*black Rot*) plusieurs maladies des raisins.

Quand le Mildiou commença à se développer en France on ne pensa pas tout d'abord que le *Peronospora* pût attaquer les grains. On ne considéra que la brûlure des feuilles, et ses conséquences. Quand on voyait les grappes se dessécher sur les pieds dépouillés de feuilles on pensait qu'elles étaient grillées par le soleil contre l'ardeur duquel elles n'avaient plus d'abri. Mais quand on vit sur des pieds de Jacquez ayant encore un feuillage épais, bien que fortement attaqué par le Mildiou, les grappes bien abritées contre le soleil se dessécher, leurs grains se rider et tomber à la moindre secousse, on dut bien admettre que dans de telles conditions les grains altérés n'étaient pas grillés par le soleil et il était naturel de se demander s'ils n'étaient pas eux-mêmes atteints par le *Peronospora*. On put alors reconnaître à l'intérieur bruni de la pulpe des grains malades la présence d'un mycélium formé de tubes variqueux dépourvus de cloisons qui se glissent entre les cellules et y plongent des suçoirs en forme d'ampoules. Il présente les mêmes caractères que le mycélium du *Peronospora* des feuilles, mais avec certaines particularités singulières et toutes spéciales. Ses rameaux sont plus dilatés, plus bizarrement ramifiés ; ils s'étalent parfois à la surface des cellules en produisant une quantité de petites ramifications disposées comme les barbes d'une plume (fig. 48). Il n'y a pas à douter cependant de l'identité du mycélium des grains et des feuilles. On peut en trouver une preuve directe en ouvrant un grand nombre de grains attaqués ; on en voit de temps en temps quelques-uns qui présentent à leur intérieur, surtout sur le point où sont attachés les pépins et sur les pépins eux-mêmes, un duvet fin formé par des conidiophores pareils à ceux qui se développent normalement sur les feuilles et chargés de conidies. Ils naissent de l'extrémité de branches du mycélium très courtes, très nombreuses, qui rappellent un peu l'aspect de branches de corail et se pelotonnent en petites masses dans l'étroite loge où sont serrés les pépins (fig. 49). Les conidies se forment ainsi quelquefois spontanément, mais exceptionnellement, à l'intérieur des grains. On peut en faciliter la production en

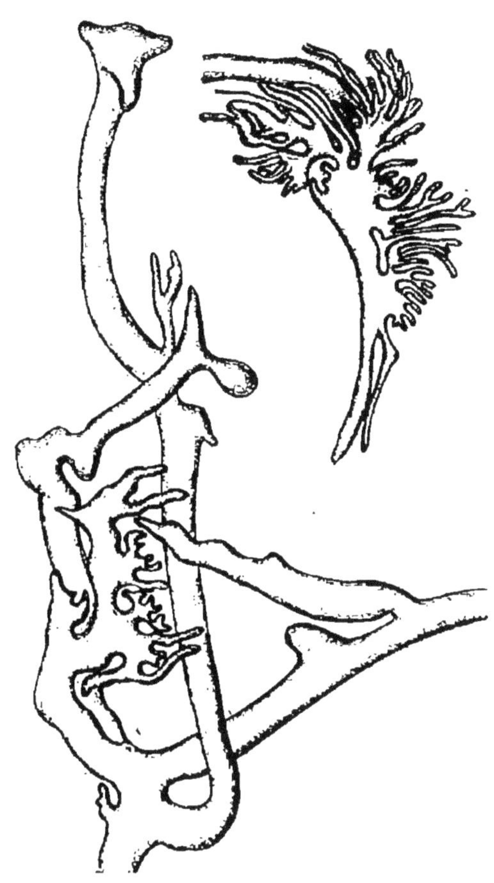

Fig. 48. — *Peronospora viticola.*

Mycélium du parasite dans la chair d'un grain de raisin atteint du Rot brun.

coupant les grains altérés et les plaçant à l'humidité sous une petite cloche de verre (1).

(1) Prillieux, *Rapport au Ministre de l'Agriculture*, août 1882. *Bulletin*

Il peut, en outre, d'après des observations faites à Nérac par M. Fréchou, se produire des œufs dans l'intérieur des grains attaqués par le *Peronospora*. Il est probable que de ces œufs contenus dans des grains destinés à des semis ont servi, sans qu'on l'ait jamais soupçonné, au transport de la maladie d'Amérique en Europe.

Cette altération des grains produite par le *Peronospora* est la maladie que l'on désignait en Amérique sous les noms de Rot brun (*brown Rot*), de Rot gris (*grey Rot*) et de Rot juteux (*soft Rot*). D'après les renseignements recueillis par M. Viala, les Américains nomment Rot gris le Mildiou des grains jeunes et Rot brun ou

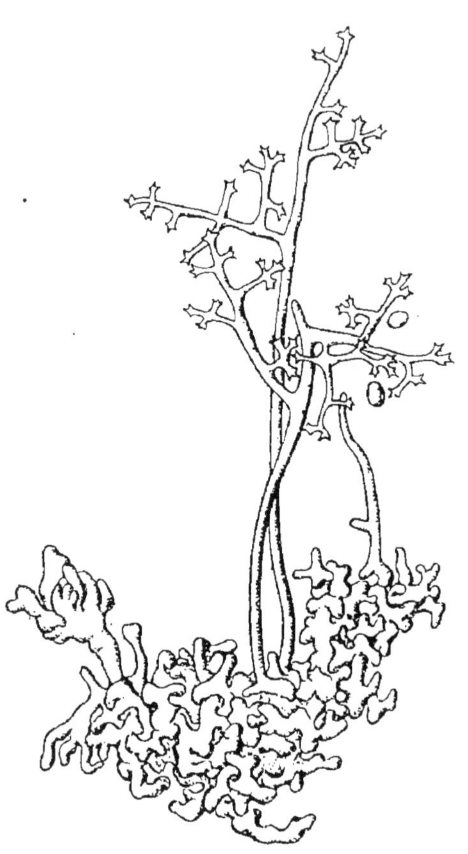

Fig. 49. — *Peronospora viticola.*

Mycélium coralloïde contenu à l'intérieur d'un grain atteint de Rot brun et y produisant des conidiophores.

du *Ministère de l'Agriculture*, I, p. 54 et *Annales de l'Institut N²¹ agronomique*, 6ᵐᵉ année, nᵒ 7. — Millardet, *Le Mildiou dans le Sud-Ouest en 1882*. *Journal d'agriculture pratique*, 24 août 1882.

Rot juteux celui qui attaque les grains à un état de développement avancé peu avant la véraison (1).

L'infection des grains peut en effet avoir lieu à toute époque et ils peuvent être attaqués avant d'être parvenus à leur taille définitive.

Le mal ne se propage pas de la rafle aux grains mais est directement produit par les conidies qui tombent à leur surface.

Au point où a pénétré le tube de germination de la zoospore apparaît sur la peau, au bout de quelques jours une tache livide et déprimée. En cette place la chair au dessous de la peau du grain est desséchée; elle devient dure et cartilagineuse, tandis que le reste du grain s'amollit, brunit, puis se ride et enfin se dessèche et tombe.

Dans certaines années la perte produite par le Mildiou des grains peut être fort considérable à l'arrière-saison quand la température chaude et humide favorise la multiplication incessante du *Peronospora*.

Les ravages causés par le Mildiou, soit en tuant les feuilles soit en attaquant directement les raisins, ne prennent une intensité redoutable que quand les conditions extérieures favorisent la production et la germination des conidies. Quand la température est voisine de 20°, si l'air est humide, il se produit chaque nuit sur les feuilles de nouvelles forêts de conidiophores.

L'eau déposée par les brouillards et les rosées est la condition de la germination des conidies et de la dissémination des zoospores.

Selon que le temps est sec ou humide la maladie reste stationnaire ou fait des progrès effrayants.

Dans les jardins, les abris peuvent protéger les treilles

(1) Viala, *loc. cit.*, p. 70.

contre l'invasion du *Peronospora*, mais dans les champs on ne peut songer à empêcher la rosée, le brouillard et la pluie de se déposer sur les feuilles des vignes et d'y permettre l'éclosion des zoospores, on a cependant trouvé le moyen de les empêcher de germer : on les y empoisonne.

Remèdes contre le Mildiou.

En 1884 on remarqua en Bourgogne dans les environs de Beaune et dans le Mâconnais au milieu des champs de Vigne dépouillés de leurs feuilles par le *Peronospora*, au mois de septembre, certaines places où des ceps avaient conservé leur verdure et se montraient relativement épargnés par la maladie. Partout où cette préservation singulière s'était manifestée on reconnaissait que la Vigne restée saine était accolée à un échalas qui avait été récemment imprégné de sulfate de cuivre : (c'est le procédé que l'on emploie d'ordinaire pour préserver les échalas de la pourriture). Dans les Vignes où il y avait une place entièrement garnie d'échalas nouvellement sulfatés, ce que les vignerons de Beaune appellent une boîte, ou bien une ligne entière uniquement munie de ces échalas, la différence entre les ceps qui y étaient liés et le reste de la Vigne était marquée de façon à frapper tous les yeux. C'était la première fois que l'on constatait nettement l'action efficace d'un remède sur le développement d'un *Peronospora*.

L'observation fut faite en même temps par beaucoup de personnes autour de Beaune et dans le Mâconnais et annoncée dans les journaux locaux (1); elle fut com-

(1) Louis Bidault, à Chaudenay. Saône-et-Loire. (*Progrès de Saône-et-Loire*, 19 septembre 1884). — J. Ricard, Beaune. Gust. Paulin, Beaune. (*Revue Bourguignonne*, 20 septembre 1884). — Arth. Montoy, Beaune. (*Journal de Beaune*, 23 septembre 1884.)

muniquée à l'Académie des sciences par M. Perrey qui avait observé le fait dans le département de Saône-et-Loire (1).

« Puisque le hasard a désigné le remède, je suis persuadé, disait l'un des premiers observateurs, M. Gust. Paulin, qu'il y aurait de grandes chances de combattre avec succès cette nouvelle maladie de la Vigne par le badigeonnage ou l'échaudage des ceps à l'eau sulfatée ».

L'année suivante en effet on ne se contenta pas de sulfater les échalas ni même de tremper dans un bain de sulfate de cuivre comme le conseilla M. Prosper de Lafite (2) les liens, soit de paille, soit de peau d'osier, dont on se servait pour palisser ou accoler aux échalas les pousses de Vigne; on répandit directement sur le feuillage une dissolution plus ou moins étendue de sulfate de cuivre et on en obtint d'excellents résultats.

A l'autre extrémité de la France, au centre de la région où l'on produit les vins les plus renommés du Médoc, un fait analogue, au fond, à celui qui était remarqué par les vignerons de Bourgogne frappait les observateurs bordelais.

Il était d'usage, depuis bien longtemps dans les communes de Margaux, de Saint-Julien et de Pauillac, d'asperger les Vignes qui bordent les chemins avec du lait de chaux auquel on ajoutait du sulfate de cuivre. Cette opération avait pour but d'empêcher les enfants et les maraudeurs de cueillir les raisins mûrs qui sont le plus à leur portée. Ils craignaient de manger ces grappes qui pendent aux vignes éclaboussées d'un sel de cuivre et les respectaient par prudence. On traitait de cette façon une bordure d'environ cinq à six ceps d'épaisseur.

(1) Ad. Perrey, *Compt. Rend. de l'Acad. des Sciences*, 29 sept. 1884.
(2) *Comptes-Rendus de l'Acad. des S.*, 3 novembre 1884.

Quand le Mildiou se développa dans le Médoc avec une assez grande intensité, on remarqua, non sans étonnement que les bordures des pièces de Vigne couvertes de taches de chaux et de cuivre étaient moins fortement atteintes par la maladie que le milieu qui n'avait pas subi le même traitement. Dès 1882 déjà, on put constater ce fait dans les parties du Médoc qui furent le plus violemment attaquées à l'arrière-saison, mais ce fut surtout en 1884 que la préservation des bordures éclaboussées de chaux et de sel de cuivre apparut avec une frappante netteté, quand, autour de Saint-Julien, la maladie se développa avec une grande intensité. Tandis que partout les feuilles envahies par le *Peronospora* se desséchaient et tombaient prématurément, le long des chemins elles restaient vertes et les raisins pouvaient mûrir.

Ces faits frappaient tous les yeux et leur importance ne pouvait échapper aux habiles vignerons du Médoc (1). Aussi, en 1885, des essais de traitement furent-ils faits sur bien des points avec un incontestable succès chez M. Johnston, à Beaucaillou sous la direction de M. Millardet, professeur à la faculté des sciences de Bordeaux, à Léoville et à Langoa par M. Jouet, au Château Mouton d'Armailhac, chez M. de Ferrand, au Château Salle de Pez, à Saint-Estèphe, etc. (2). L'efficacité du mode de préservation des vignes contre le Mildiou si heureusement découvert à Saint-Julien était dès lors reconnue et contrôlée par la pratique des viticulteurs du Médoc.

M. Millardet fut des premiers à constater l'influence du mélange de chaux et de sulfate de cuivre sur les bor-

(1) Dès la fin de l'automne de 1884 M. le Baron Chatry de La Fosse en donnait connaissance à la Société d'Agriculture de la Gironde.

(2) Prillieux, *Rapport sur l'emploi de la chaux et du sulfate de cuivre contre le Mildew*. Octob. 1885. *Bulletin du Ministre de l'Agriculture.*

dures des vignes attaquées par le Mildiou, à conseiller l’emploi du nouveau remède, à guider les viticulteurs et à les éclairer de ses conseils (1). En collaboration avec M. Gayon, son collègue de la Faculté des sciences de Bordeaux, il fit une étude approfondie du mode d’action de ce remède qui reçut du public le nom de *bouillie bordelaise* (2).

L’efficacité des composés cuivreux et particulièrement du sulfate de cuivre pour détruire la germination de certains champignons avait été depuis bien longtemps reconnue par Bénédict Prévost (3). Les expériences qui l’ont conduit à sulfater les semences de blé pour les préserver de la Carie ont montré dès les premières années de ce siècle que des traces à peu près inappréciables de cuivre, telles que celles que peut abandonner à l’eau une plaque de ce métal décapée qu’on laisse tremper dans un verre d’eau, suffisent pour empêcher la germination du Champignon de la Carie. Il évaluait à un quatre cent-millième du poids de l’eau, la quantité de sulfate de cuivre nécessaire pour enlever à la Carie la propriété de germer à une température peu élevée. MM. Millardet et Gayon ont constaté qu’une quantité plus faible encore suffit à empoisonner les très délicates zoospores du *Peronospora*. Ils assurent qu’elles sont immobilisées et tuées par une dissolution de sulfate de cuivre ne contenant que deux à trois dix-millionièmes de cuivre.

Dans le traitement employé en Médoc le liquide que l’on répand sur les Vignes contient, non du sulfate de cuivre, mais le produit de la réaction, de la chaux sur le

(1) *Journal d’Agriculture pratique*, 8 octobre et 3 décembre 1885, 4 nov. 1886.

(2) *Journal d’Agriculture pratique*, 29 oct. et 12 novembre 1885, et 19 mai 1887.

(3) Bénédict Prévost, *Mémoire sur la cause immédiate de la Carie ou Charbon des Blés*, Montauban 1807.

sulfate de cuivre c'est-à-dire de l'hydrate d'oxyde de cuivre (1).

Dans le traitement bordelais comme dans le traitement bourguignon, c'est le sel de cuivre qui est l'agent actif de la destruction des conidies qui tombent sur les feuilles. La très petite quantité de matière toxique qu'abandonne à l'eau de la rosée ou de la pluie la poussière d'hydrate d'oxyde de cuivre qui reste adhérente à l'épiderme quand l'eau où elle était en suspension s'est évaporée, suffit pour que les conidies ne puissent y verser de zoospores vivantes.

Les nombreux traitements de Vignes effectués en 1886 et dans les années suivantes ont tous prouvé que l'emploi des sels de cuivre permet de lutter victorieusement contre l'invasion du Mildiou et de sauver plus ou moins complètement la récolte. Mais on a dû expérimenter l'emploi du sulfate de cuivre en dissolution à des doses diverses, et faire varier la composition de la bouillie bordelaise et aussi étudier divers autres modes de traitement soit par des liquides, soit par des poudres qui ont paru avoir quelques avantages spéciaux et dans lesquels le cuivre est toujours la substance efficace.

Solution de sulfate de cuivre. — Les proportions de sulfate de cuivre proposés pour le traitement des Vignes, ont varié depuis 10 à 15 de sulfate de cuivre pour 100 d'eau jusqu'à moins de 1 pour 100.

On commença par employer les doses élevées. M. Müntz, en 1885, s'est servi dans ses expériences des solutions à 10 pour 100 (2), mais quand la liqueur n'est pas répandue en très fines gouttes par un très bon pulvéri-

---

(1) Le sulfate de cuivre est décomposé; son acide sulfurique se porte sur la chaux et produit du sulfate de chaux. Le cuivre reste à l'état d'hydrate d'oxyde de cuivre.

(2) *Comptes-rendus de l'Académie des sciences*, 2 nov. 1885.

sateur conduit rapidement, on produit souvent des brû-lures des feuilles qui, sans avoir une grande gravité, nuisent d'une façon sensible à la végétation de la vigne. On a, à cause de cela, réduit de plus en plus les doses de sulfate de cuivre à 3 pour 100, à 1 pour 100 et même à 3 pour 1000. M. Bouchard de Beaune (1) a proposé d'employer seulement des liquides contenant 300 gram-mes de sulfate de cuivre par hectolitre. Des traitements faits ainsi ont donné des résultats satisfaisants. D'après M. Ricaud (2), la proportion de 300 à 500 grammes par hectolitre peut suffire dans tous les cas.

Les traitements faits avec des solutions de sulfate de cuivre même faibles, à 1 pour 100 par exemple, ont ce-pendant encore brûlé parfois les Vignes quand la liqueur était déposée en grosses gouttes par un brillant soleil. Le liquide, en effet, s'évapore, se concentre et devient très corrosif.

Le sulfate de cuivre a été aussi répandu d'une façon indirecte et assez imparfaite du reste, à l'aide de liens de paille dont on se sert d'ordinaire en Bourgogne pour accoler les vignes aux échalas et que l'on a soin de tremper préalablement pendant douze heures environ dans une solution de sulfate de cuivre à 15 pour 100. Ce mode de traitement, bien qu'insuffisant quand la maladie se développe avec une certaine violence, n'est pas sans effet et il est si peu coûteux qu'il doit être recommandé dans les pays où on lie les vignes à des échalas.

Bouillie bordelaise. — Le mélange que l'on dé-signe sous le nom de bouillie bordelaise a été fait à des proportions fort diverses. On a proposé d'employer des

____

(1) *Bulletin du Comité de l'arrondissement de Beaune*, octobre 1885.

(2) Ricaud, *la Lutte contre le Mildiou en Bourgogne*. — *La Vigne amé-ricaine*, 10ᵉ année, n° 11, nov. 1886.

bouillies bordelaises différant beaucoup les unes des autres.

A l'origine, on a employé des bouillies épaisses; M. Jouet traitait les Vignes à Léoville avec des bouillies contenant de 8 à 12 pour 100 de chaux et autant de sulfate de cuivre.

M. Millardet a proposé de mettre une dose de chaux double de celle de sulfate de cuivre : 15 kilos de chaux et 8 kilos de sulfate de cuivre par hectolitre. C'est la formule qui a été le plus généralement suivie durant les premières années. MM. Millardet et Gayon pensaient alors qu'un excès de chaux était utile et contribuait à l'efficacité de la bouillie bordelaise.

La fabrication de la bouillie bordelaise est facile. On fait un lait de chaux avec 15 kilos de chaux vive, si on suit la première formule de Millardet et Gayon, que l'on verse dans une solution étendue contenant 8 kilos de sulfate de cuivre; il se forme un dépôt bleuâtre qui est la bouillie, on y ajoute la quantité d'eau nécessaire pour compléter l'hectolitre et on répand, après l'avoir bien agité, le liquide qui est assez épais. On s'est d'abord servi pour cela de petits balais de bruyère. Puis on a employé des pulvérisateurs, instruments qui font un travail bien plus rapide et plus parfait, mais qui s'engorgent facilement, quand ils servent à pulvériser un liquide contenant en suspension une bouillie à 15 pour 100 de chaux. Aussi M. Millardet proposait-il dès 1886 de réduire dans la formule de la bouillie, la quantité de chaux de moitié, les quantités d'eau et de sulfate de cuivre restant les mêmes, afin que l'emploi en fût plus facile (1), puis en 1887, renonçant à attribuer à la chaux libre dans la bouillie bordelaise un rôle utile, MM. Millardet et

____

(1) *Journal d'agriculture pratique*, 1886, vol. 2, p. 878.

Gayon ont réduit la dose à ce qui est nécessaire pour décomposer tout le sulfate de cuivre employé et diminué en outre considérablement la quantité de sulfate de cuivre par hectolitre, proposant comme bouillie d'application générale 3 kilos de cuivre et 1 kilo de chaux par hectolitre (1) et même au moins à titre d'expérience, des bouillies ne contenant que 2 pour 100 ou même 1 pour 100 de sulfate de cuivre et la quantité de chaux proportionnelle.

Il est admis aujourd'hui qu'il n'est pas nécessaire qu'il y ait dans la bouillie un excès de chaux, il suffit d'en mettre la quantité nécessaire pour décomposer le sulfate de cuivre, mais il ne faut pas oublier que souvent les cultivateurs ont à employer des chaux impures, parfois mal cuites ou en partie éteintes. Aussi convient-il d'augmenter un peu, de peur d'accident, la quantité de chaux à prescrire. Bien des fois on voit affirmer que la bouillie bordelaise a causé des brûlures graves aux feuilles des plantes que l'on a voulu traiter; cet accident est dû à ce que tout le sulfate de cuivre n'a pas été décomposé. La bouillie étant faite, quand on la laisse déposer, le liquide ne doit pas être bleu. On peut, du reste, s'assurer bien aisément à l'aide d'un papier de tournesol si le liquide est acide et éviter que faute d'une quantité suffisante de chaux la bouillie ne soit corrosive.

Les proportions de 3 pour 100 de sulfate de cuivre et 2 pour 100 de chaux sont souvent employés avec succès.

On peut d'ailleurs obtenir exactement les mêmes effets avec une bouillie contenant moitié moins de matières par hectolitre, si on en répand sur chaque plante une quantité double. La façon dont le traitement est effectué peut

(1) *Journal d'agriculture pratique*, 1887, vol. 1, p. 704.

permettre de faire varier la composition du liquide à employer.

Eau céleste. — On a fait à la bouillie bordelaise le reproche d'une part, d'être difficile à répandre avec un pulvérisateur surtout quand elle est un peu épaisse : elle encombre le tube et le bec qu'il faut fréquemment déboucher, elle se dépose dans le réservoir de la plupart des instruments. En outre, le dépôt qu'elle laisse sur les feuilles n'y est pas très adhérent et peut être assez aisément lavé par les pluies. On a cherché à obtenir d'autres substances analogues à la bouillie bordelaise mais qui pussent être répandues sur les feuilles à l'état liquide.

M. Audoynaud, alors professeur à l'École d'agriculture de Montpellier, a proposé de décomposer le sulfate de cuivre, non par la chaux, mais par l'ammoniaque (1). Quand on verse de l'ammoniaque dans une solution de sulfate de cuivre il se forme du sulfate d'ammoniaque qui reste dissous et de l'oxyde de cuivre hydraté qui se précipite d'abord, mais aussitôt que l'ammoniaque est en léger excès, ce précipité se redissout en formant une liqueur d'un très beau bleu, c'est l'eau céleste des pharmaciens.

Quand une goutte d'eau céleste est déposée sur une feuille de Vigne, l'ammoniaque en excès disparaît très vite et l'hydrate d'oxyde de cuivre forme un dépôt qui adhère très fortement à l'épiderme.

L'eau céleste très limpide se distribue avec la plus grande facilité avec tous les pulvérisateurs, sans que l'on ait à craindre l'engorgement de l'instrument comme avec la bouillie bordelaise.

On a obtenu de bons effets du traitement à l'eau céleste

(1) Audoynaud, *Le Mildiou et les composés cupriques*. — *Le Progrès agricole et viticole*, 3ᵉ année nᵒ 13, Montpellier 1886.

en l'employant à faibles doses. On a beaucoup traité les Vignes à l'eau céleste à l'époque où l'on préconisait la Bouillie bordelaise à 15 pour 100 de chaux, mais on a dû reconnaître qu'elle est corrosive, même à la dose de 1 k° de sulfate de cuivre et 1 litre d'ammoniaque par hectolitre. A la dose de 1/2 pour 100 elle est insuffisante pour combattre une invasion intense de Mildiou.

Bouillie bourguignonne (cuprosodique). — M. Masson, alors professeur à l'école de viticulture de Beaune, a proposé de décomposer le sulfate de cuivre par la soude en se servant pour cet usage des cristaux de carbonate de soude que l'on peut se procurer à très bon marché dans tous les villages et souvent plus aisément que la chaux vive (1).

Le dépôt cuprique en suspension dans le liquide n'est pas sableux comme celui de la bouillie cuprocalcaire, il est gélatineux, coule bien dans le pulvérisateur sans l'encombrer et forme sur les feuilles un dépôt plus adhérent que celui de la bouillie bordelaise.

Pour obtenir la bouillie bourguignonne, on fait dissoudre d'une part 2 kilos de sulfate de cuivre dans 3 litres d'eau, de l'autre 3 kilos de cristaux de carbonate de soude dans 5 litres d'eau ; on mélange les solutions et on complète les 100 litres d'eau.

Bouillie Perret au saccharate de cuivre. — En ajoutant de la mélasse dans la fabrication de la bouillie bordelaise, M. Michel Perret (2) obtient le cuivre non à l'état d'oxyde hydraté mais à l'état de saccharate. Ce saccharate de cuivre mélangé à du sulfate de chaux forme une bouillie absolument inoffensive pour la

---

(1) Masson, *Un nouveau procédé bourguignon contre le Mildew. La Vigne américaine*, 1887.

(2) Michel Perret, *Bullet. de la soc. nat⁰ d'agr.*, 23 mars 1892.

plante que l'on traite, si délicates que soient ses feuilles, très coulante dans le pulvérisateur et qui forme un dépôt extrêmement adhérent.

Les essais de traitement faits avec la bouillie au saccharate de cuivre ont donné des résultats excellents.

Pour obtenir la formation du saccharate de cuivre, on doit d'abord combiner le sucre à la chaux et former un saccharate de chaux qui ensuite, en présence du sulfate de cuivre produit du sulfate de chaux insoluble et du saccharate de cuivre soluble. Il est indispensable de maintenir un excès de chaux dans le mélange des deux éléments, afin que la liqueur reste basique.

On opère de la façon suivante : on délaye dans 80 litres d'eau, après l'avoir éteinte, 2 kilos de chaux pesée vive. On y ajoute 2 kilos de mélasse délayée dans 10 litres d'eau, en remuant vivement; et enfin on y verse une solution de 2 kilos de sulfate de cuivre dans 10 litres d'eau. On obtient ainsi 100 litres d'une bouillie légère qui dépose lentement et n'encombre pas les pulvérisateurs.

Verdet gris. — Le verdet est de l'acétate bibasique de cuivre que l'on a proposé d'employer en solution dans l'eau pour combattre le Mildiou. Il ne cause jamais de brûlure aux feuilles, adhère bien à leur surface. Employé à raison de 2 kilos par hectolitre d'eau, il a produit de très bons effets et il est probable que si le prix de cette substance ne s'élève pas, **elle** sera à l'avenir beaucoup plus employée qu'elle ne l'a été jusqu'ici.

Adhérence des bouillies aux feuilles. — Il était intéressant de comparer entre elles les diverses bouillies employées pour protéger les feuilles, au point de vue de leur adhérence à l'épiderme et de leur résistance à l'action des pluies. On sait en effet que bien souvent une forte pluie survenue après un traitement à la bouillie bordelaise en amoindrit beaucoup les effets.

M. Aimé Girard (1) a fait à ce sujet une intéressante expérience en soumettant à des pluies artificielles d'une intensité et d'une durée calculée des feuilles de Pomme de terre traitées par diverses compositions cuivriques et déterminant la quantité de cuivre qu'elles perdaient ainsi par le lavage.

Les pertes exprimées en centièmes de cuivre déposé sur les feuilles par le traitement ont été les suivantes :

	Pluie d'orage de 22 minutes.	Forte pluie de 6 heures.	Pluie douce de 24 heures.
Bouillie bordelaise à 2 %	50,9	34,5	13,2
Bouillie bourguignonne (cupro-sodique)...........................	19,7	15,9	7,7
Bouillie Perret au saccharate de cuivre...........................	11,2	0	0
Verdet............................	17,2	17,3	10,2

On voit combien est grande à ce point de vue la supériorité de la bouillie au saccharate de cuivre. Elle résiste à l'action des pluies d'une façon tout à fait inattendue.

Poudres cupriques. — Dès les premières années où on employa le sulfate de cuivre pour combattre le Mildiou, on a pensé à substituer aux dissolutions, ou aux bouillies liquides, des poudres contenant une certaine quantité du sel de cuivre, et comme les vignerons avaient déjà l'habitude de répandre à l'aide d'un soufflet la fleur de soufre dans les vignes pour combattre l'Oïdium, on a seulement ajouté du sulfate de cuivre pulvérisé au soufre en vue de combattre à la fois par un même traitement le Mildiou et l'Oïdium, ou bien on a

(1) Aimé Girard, *Comptes rendus de l'Acad. des Sc.*, février 1892.

mélangé au sulfate de cuivre pulvérisé de la chaux en poudre ou une poudre inerte.

La poudre Skawinski contenant 10 parties de sulfate de cuivre mêlées à 90 de soufre ou d'une poudre inerte a donné parfois de bons résultats, mais les effets en sont irréguliers comme ceux de toutes les poudres qui adhèrent peu aux feuilles quand elles sont déposées à leur surface par la sécheresse et qui sont aisément lavées et entraînées par les pluies. On peut cependant les employer utilement surtout pour des traitements supplémentaires destinés à atteindre les fruits quand le feuillage est très épais.

Pour pulvériser aisément le sulfate de cuivre dont les cristaux ne pourraient être que difficilement broyés il suffit de les chauffer. Ils perdent à la chaleur leur eau de cristallisation et se réduisent en une poussière blanche qui se mélange très bien avec le soufre trituré.

· Parmi les diverses poudres dans lesquelles le sulfate de cuivre est l'élément actif, il en est une qui a une constitution toute spéciale : le sel de cuivre, au lieu d'y être en fins grains de poussière mêlés à une autre poudre, est déposé à la surface des particules très ténues de poudre de talc. On a donné à cette poudre le nom de sulfostéatite cuprique (1). Pour l'obtenir, on verse sur de la poudre de talc une solution saturée de sulfate de cuivre et on en fait une pâte qui, séchée, est passée à la meule et au blutoir pour lui faire reprendre son état physique primitif ; c'est une poudre blanche légèrement bleuâtre très légère qui contient en moyenne 10 pour 100 de sulfate de cuivre. Elle se répand à l'aide du soufflet comme les autres poudres. Grâce à sa grande finesse et à sa légè-

(1) *Peronospora et sulfostéatite cuprique*, par le Dr B. Napias. Bordeaux, 1887.

reté, elle pénètre facilement jusqu'au milieu des touffes les plus épaisses et adhère bien aux feuilles. Dans les traitements expérimentaux faits à l'école de Montpellier pour essayer la valeur relative des différentes poudres employées pour le traitement des vignes, la sulfostéatite et le soufre Skavinski ont donné les meilleurs résultats (1). Ils ont permis d'assurer complètement la préservation de la Vigne.

Emploi des remèdes. Époque des traitements. — Quelle que soit la valeur relative des divers remèdes employés pour combattre l'invasion du Mildiou, tous agissent de la même façon. Ils ne détruisent pas le mycélium du *Peronospora* dans l'intérieur de la feuille et ne l'empêchent même pas de produire incessamment des touffes de conidiophores, comme on peut s'en assurer aisément, en plaçant à l'humidité sous une cloche des feuilles malades qui ont été traitées, mais ils mettent obstacle à la multiplication du parasite en tuant toujours sinon les conidies, du moins les zoospores qui en pourraient sortir. Ils protègent seulement la Vigne contre une invasion ultérieure du *Peronospora*. On comprend dès lors la nécessité de faire le premier traitement au plus tard dès la première apparition de la maladie, puisqu'il ne peut guérir le mal produit, mais seulement l'empêcher de s'étendre.

On doit donc conseiller de faire des traitements préventifs. Selon les régions, la première apparition du Mildiou peut avoir lieu plus ou moins tôt; dans le Midi au moins, elle se produit souvent du 10 mai au 1er juin. C'est donc à ce moment qu'il conviendra de faire le premier traitement; mais si on opère ainsi de très bonne heure, peu de feuilles encore seront développées et si l'inva-

(1) *Progrès agricole*, 16 février, 1890.

sion du Mildiou tarde quelque peu à se déclarer, quand elle apparaîtra, il y aura beaucoup de feuilles nouvelles qui se seront épanouies et auront grandi sans avoir subi de traitement préservatif. Elles risquent, n'ayant pas été traitées, d'être fortement envahies par le *Peronospora*. Il faut donc, pour assurer leur conservation, faire un traitement qui sera le plus important de tous, dès que des taches de Mildiou se montrent çà et là sur leurs feuilles. C'est ordinairement un peu après la floraison. En cas de besoin, on le fera suivre d'un ou de plusieurs autres traitements à trois semaines ou un mois d'intervalle. On ne peut donner de règle absolue ; le nombre et la fréquence des traitements devront varier selon les années et les localités. On les multipliera quand les conditions extérieures favoriseront particulièrement la végétation et la multiplication du parasite. En général, trois traitements bien exécutés et faits aux époques convenables suffiront pour préserver les Vignes contre le Mildiou.

Innocuité du traitement des raisins par les sels de cuivre. — On a exprimé la crainte que les traitements des vignes par les sels de cuivre n'introduisent dans le vin une substance vénéneuse et ne soient un danger pour la santé publique. Les analyses nombreuses faites par des chimistes de grande valeur tels que MM. Raulin, Gayon et Müntz doivent dissiper toute inquiétude à ce sujet. Les vins et les piquettes provenant des vignes traitées ne contiennent que des proportions de cuivre à peine appréciables, 2 à 3 dixièmes de milligramme par litre d'après les analyses de MM. Crolas et Raulin (1). La plus grande partie de la faible quan-

(1) Crolas et Raulin. *Traitement de la vigne par les sels de cuivre contre le Mildiou. Comptes rendus de l'Acad. des sc.*, C. III. n° 22. 29 novembre 1886.

tité de cuivre déposée sur les grappes reste dans la lie et on ne trouve dans le vin que des traces absolument inoffensives de sels de cuivre.

Dans certaines analyses, MM. Gayon et Millardet (1) ont trouvé une proportion un peu plus forte de cuivre ; 2 milligrammes 3 dixièmes a été le maximum de la quantité de cuivre pour les vins rouges, 1 milligramme pour les vins blancs. Mais dans d'autres échantillons, la quantité de cuivre n'atteignait pas un centième de milligramme par litre. Même à ne considérer que les maxima, il est certain que la présence d'un à deux grammes de cuivre dans dix mille litres de vin et même dans mille litres ne saurait inspirer la moindre inquiétude.

Diverses autres espèces de *Peronospora* attaquent des plantes dont la culture, bien que moins importante que celle de la vigne, ne laisse pas que d'être grandement digne d'intérêt.

Peronospora nivea de Bary.
(Mildiou du Persil et du Cerfeuil.)

Syn. : *Botrytis macrocarpa* Unger. — *Peronospora Umbelliferarum* Caspary. — *Peronospora macrocarpa* Rabenh. — *Peronospora Conii* Tul. — *Plasmopara nivea* Schrœt.

Ce *Peronospora*, dont les conidies germent comme celles du *Peronospora* de la Vigne en produisant des zoospores, se montre assez communément, soit au printemps, soit à l'automne sur le Persil, le Cerfeuil, le Panais et l'Angélique et sur diverses Ombellifères sauvages (*Pimpinella, Anthriscus, Selinum* etc.).

(1) Gayon et Millardet, *Le cuivre dans les récoltes des vignes.* — *Compt. rend. de l'Acad. d. sc.*, C. III. n° 25, 20 décembre 1886.

Il occupe sur les feuilles des places circonscrites qui ne s'étendent que peu et lentement, et qu'il couvre d'un velouté de conidiophores d'un blanc de neige.

Le mycélium du *Peronospora nivea* est formé de tubes cylindriques variqueux qui portent de très nombreux suçoirs en forme de vésicules sphériques ou obovales développées dans l'intérieur des cellules nourricières. Les conidiophores qui se dressent par touffes au-dessus de l'épiderme sont ramifiés: ils forment une flèche où ils se bifurquent une ou deux fois. Ces pousses, obliquement dressées, portent à leur tiers supérieur de 1 à 4 rameaux horizontaux, de 1 à 3 fois bifurqués. Les rameaux ultimes sont subulés et portent chacun une conidie ovoïde ou presque globuleuse (fig. 50 A).

Elles germent en produisant de 6 à 14 zoospores qui s'échappent par un pore qui se fait au sommet de la conidie comme pour le *Peronospora viticola,* mais d'après les observations de de Bary (1), leur mode de pénétration dans la plante nourricière présente une particularité toute spéciale (fig. 50 B). Le tube de germination qu'émettent ces zoospores quand elles se sont fixées ne perce pas les cellules épidermiques mais pénètre seulement dans les feuilles par les stomates comme cela a lieu chez les *Cystopus.* Le tube de germination entré par l'ostiole du stomate se renfle en vésicule. Celle-ci s'allonge bientôt en un tube cylindrique qui s'applique contre la paroi interne d'une des cellules épidermiques voisines du stomate. Puis, son extrémité atténuée tournée vers cette cellule, s'y enfonce et prend la forme d'une vésicule arrondie et pédonculée. Celle-ci ne s'accroît plus, elle est le premier suçoir du mycélium naissant et ne diffère des suçoirs qu'on trouve plus tard que par sa grandeur et sa

---

(1) De Bary, *Ann. des sc. nat.* 4me série 2-20 p. 42.

membrane plus délicate. Bientôt après la formation de cet organe, le tube situé sous l'épiderme émet des rameaux qui croissent dans les méats intercellulaires pour y prendre la forme du mycélium. Si les zoospores ne trouvent pas de stomates, jamais l'infection de la plante n'a lieu.

Les œufs du *Peronospora nivea* sont assez gros, globuleux ; leur coque d'un jaune brun est mince et lisse ou légèrement rugueuse.

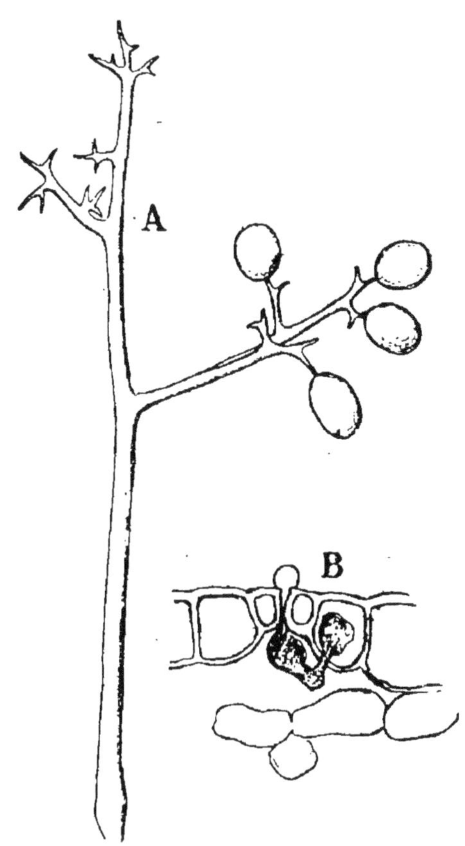

Fig. 5o. — *Peronospora nivea.*

A. Conidiophore.
B. Zoospore sortie d'une conidie et germant sur un stomate. (D'après de Bary.)

Peronospora gangliformis (Berk.) de Bary.
(Meunier des Laitues.)

Syn. : *Peronospora ganglioniformis* Tul. — *Bremia Lactucae* Regel.— *Bremia ganglioniformis* Berkeley.

Le *Peronospora gangliformis* cause une maladie des

salades bien connue et fort redoutée des horticulteurs qui la désignent sous le nom de *Meunier*.

Dans les jardins où on cultive en grand les salades et particulièrement les Laitues que l'on force sur couche pour les vendre comme primeurs, on les voit souvent envahies par le Meunier. Les feuilles des salades se couvrent, en dessous surtout, d'efflorescences blanches qui sont fort semblables à celles que portent les feuilles de Vigne atteintes du Mildiou. Ce sont ces taches blanches quelque peu farineuses qui ont fait donner à la maladie ce nom de Meunier. Elles sont produites par de nombreux bouquets d'arbres conidiophores qui sortent par l'ouverture des stomates soit isolément, soit réunis par deux ou trois (fig. 51 A). Un tronc élancé porte à son tiers supérieur des branches qui se ramifient en se bifurquant à plusieurs reprises. Les derniers rameaux se terminent chacun par un renflement que l'on a comparé à un ganglion et d'où émanent les stérigmates à l'extrémité desquels naissent les conidies. Chaque renflement terminal porte de 3 à 6 stérigmates.

Les conidies qui sont ainsi réunies par petits groupes de 3 à 6 sont courtement ovales, presque globuleuses. Quand elles se détachent elles portent à la base un petit tronçon de l'extrémité du stérigmate.

Elles germent très facilement, non pas en produisant des zoospores comme celles du *Peronospora* de la Vigne mais en émettant à leur sommet un tube de germination (fig. 51 B). Dans l'intérieur de la feuille, d'où sortent les touffes de conidiophores du *Peronospora gangliformis*, s'étendent et se ramifient entre les cellules du parenchyme, les hyphes de son mycélium. Ils sont d'un diamètre assez variable; ils rampent contre la paroi des cellules et y plongent des suçoirs comme les filaments du mycélium du *Peronospora* de la Vigne; seulement, ces suçoirs au lieu d'être globuleux sont un peu allongés, en forme de poire ou de figue. (fig. 51 C).

Épuisées par le parasite les parties des feuilles où il pénètre jaunissent, meurent, se dessèchent ou pourrissent. Le temps doux, la température humide favorisent la végétation du parasite, la production de nouveaux conidiophores et la germination de conidies sur les feuilles; dans ces conditions la maladie fait de rapides progrès; au contraire le temps froid et la sécheresse en arrêtent le développement. On comprend que l'atmosphère constamment humide et tiède qui règne sous les châssis et sous les cloches où l'on force les salades favorise tout particulièrement les rapides progrès du Meunier.

Le *Peronospora gangliformis* n'attaque pas seulement les Laitues mais diverses autres plantes de la famille des Composées. Les Chicorées, les Artichauts en pleine terre en sont parfois très fortement endommagés dans les années humides. Les Cinéraires dont la culture

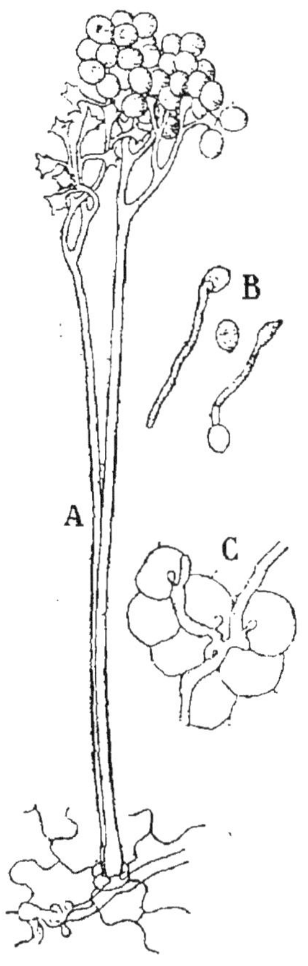

Fig. 51. — *Peronospora gangliformis.*

A. Conidiophores. — B. Conidies germinant. — C. Mycélium.

comme plantes d'ornement a pris une extension considérable peuvent être très fortement atteintes par le Meunier. Il envahit aussi beaucoup de mauvaises herbes des jardins : le Chardon (*Cirsium arvense*), le Laiteron (*Sonchus oleraceus*), la Lampsane (*Lampsana communis*), le Seneçon des oiseaux (*Senecio vulgaris*).

Comme les autres *Peronospora*, le *Peronospora gangliformis* a deux sortes de corps reproducteurs : les conidies qui germent sur les feuilles aussitôt après qu'elles se sont détachées des conidiophores, et des œufs qui se forment à la façon ordinaire dans l'intérieur des feuilles mourantes et qui sont des spores dormantes, ne germant qu'après une période de repos. C'est à elles qu'est due la réapparition du parasite dans les nouvelles cultures après un intervalle plus ou moins long.

M. Cornu, qui a fait du Meunier des Laitues une étude spéciale (1) n'a jamais vu ces œufs se développer sur les Laitues bien qu'ils se forment en abondance sur des plantes qui poussent spontanément en grande quantité dans les jardins maraîchers et tout particulièrement sur le Seneçon des oiseaux; mais depuis, M. Mangin, les a observés dans les salades sur les jeunes plantes qui se flétrissent succombant à la maladie. Il y a trouvé les œufs en grande quantité et à divers états de développement dans les feuilles qui ont pris une teinte brune et sont en grande partie desséchées et à leur base (2).

Ces œufs sont globuleux d'un jaune brun; leur enveloppe est légèrement rugueuse.

On a conseillé, pour diminuer les chances d'extension de la maladie dans les cultures de salade d'enlever et de détruire avec soin toutes les plantes attaquées, ainsi que toutes les mauvaises herbes qui peuvent être envahies

____

(1) Cornu, *Le Meunier des laitues dans : Observations sur le Phylloxéra et les maladies parasitaires de la vigne par les délégués de l'Académie,* Paris 1881.

(2) Mangin, *Bulletin de la Société botanique de France,* t. XXXVII, séance du 12 décembre 1890.

par le *Peronospora gangliformis*. Les débris des feuilles malades des plantes arrachées qui peuvent contenir des spores dormantes ne seront jamais jetés au fumier et ne devront pas servir à faire des terreaux; ils pourraient infecter les cultures. Au repiquage on veillera à enlever les feuilles fanées que le *Peronospora* aura atteintes et on cultivera les plantes dans un terrain neuf n'ayant jamais servi à la culture des Laitues(1). Toutes ces précautions ne sont certainement pas à négliger, mais on aurait bien plus d'action pour entraver la multiplication du *Peronospora* sur les Laitues s'il était avéré que le traitement des jeunes plants par des sels de cuivre peut sans altérer les feuilles qui sont extrêmement délicates empêcher la germination des conidies à leur surface dans le milieu humide et chaud où elles se développent.

Malheureusement jusqu'ici les résultats des essais de traitement tentés sur les jeunes laitues n'ont pas répondu à l'espoir que l'on avait formé, soit que les tubes de germination des conidies soient plus difficiles à tuer que les zoospores, soit pour toute autre cause les pieds traités ont continué de se couvrir de Meunier dans le milieu extraordinairement favorable à la maladie où sont placées les salades forcées.

C'est l'abaissement de la température qui fournit aux maraîchers le meilleur remède contre le Meunier. Bien souvent la maladie commence à se montrer et se développe avec intensité sur les jeunes plants au commencement de février quand la température devient douce puis s'arrête tout à coup quand le temps redevient froid. Le *Peronospora gangliformis* est extrêmement sensible à l'abaissement de la température et quand la gelée se forme toutes les nuits sur les châssis et les

(1) Cornu, *loc. cit.*

cloches, il disparaît complètement dans les bâches.

Peronospora Schachtii Fuck.

(Mildiou de la Betterave.)

Les cultures de la Betterave sont parfois ravagées
par le développement d'un *Peronospora* qui attaque les
feuilles jeunes, celles du cœur principalement, arrête
ainsi la végétation et souvent entraîne même la mort des
Betteraves. Dans le cas où l'invasion s'arrête sous l'influence de conditions météorologiques défavorables à la
multiplication du parasite comme cela se produit quand
le temps est sec en été, les Betteraves peuvent continuer
à végéter et même reprendre une croissance active après
avoir été fortement atteintes; des touffes de jeunes feuilles
se développent à la place de celles qui sont mortes, mais
les effets du mal persistent en partie et la quantité de
sucre contenu dans les racines des plantes qui ont subi
une attaque du *Peronospora* est toujours considérablement diminuée (1).

Le Mildiou des feuilles du cœur de la Betterave s'est
montré en France avec une dangereuse intensité par
intervalles en divers points : il a été signalé particulièrement en 1852 dans les environs de Valenciennes, en 1866
dans le Limousin, en 1882 aux environs de Paris. Il est
probablement beaucoup plus commun qu'on ne le croit
et est souvent la cause véritable de la pourriture du cœur
de la Betterave que l'on a maintes fois attribuée à de
petits champignons noirs voisins des *Alternaria* qui se
développent sur les jeunes feuilles quand elles ont été

(1) Aimé Girard, *Bulletin de la société nationale d'agriculture*, 1882,
p. 536.

tuées par le *Peronospora* dont on n'a pas d'abord observé l'apparition.

Les feuilles attaquées par le *Peronospora Schachtii* sont contournées, déformées, un peu épaissies et cassantes ; elles présentent d'ordinaire des boursouflures sur leur face supérieure, et en dessous, aux places correspondantes, elles sont couvertes d'un revêtement d'apparence pulvérulente d'un gris lilas, dû aux conidiophores chargés de conidies de cette couleur qui sortent par les stomates. Le revêtement lilas peut couvrir toute la face inférieure des jeunes feuilles et même les deux faces de celles du cœur qui sont le plus fortement atteintes.

Le mycélium du *Peronospora* de la Betterave est formé comme celui du *Peronospora* de la Vigne, des Laitues, etc., de tubes ramifiés non divisés par des cloisons et fort irrégulièrement dilatés par place. Ces tubes rampent entre les cellules de la feuille et y enfoncent des suçoirs très différents de ceux des *Peronospora* de la Vigne et de la Laitue (fig. 52 D); ce ne sont pas des ampoules plus ou moins allongées, mais de véritables petits rameaux qui pénètrent dans les cellules nourricières et s'y bifurquent à plusieurs reprises, de façon à former une petite touffe de tubes ramifiés.

Les branches du mycélium qui rencontrent des stomates sortent par ces ouvertures naturelles et deviennent au dehors de petits troncs conidiophores (fig. 52 A). Ils se montrent soit isolés, soit deux ou trois ensemble par stomate.

Comme dans la Betterave l'épiderme de la face supérieure de la feuille n'est pas dépourvu de stomates, les conidiophores s'y montrent souvent, mais ils y sont moins nombreux toutefois que sur la face inférieure.

Un peu dilatés à leur base, les troncs conidiophores se ramifient en se bifurquant plusieurs fois; les ramifications sont ascendantes et se terminent par des ramuscules en alène qui sont des stérigmates et portent à leur

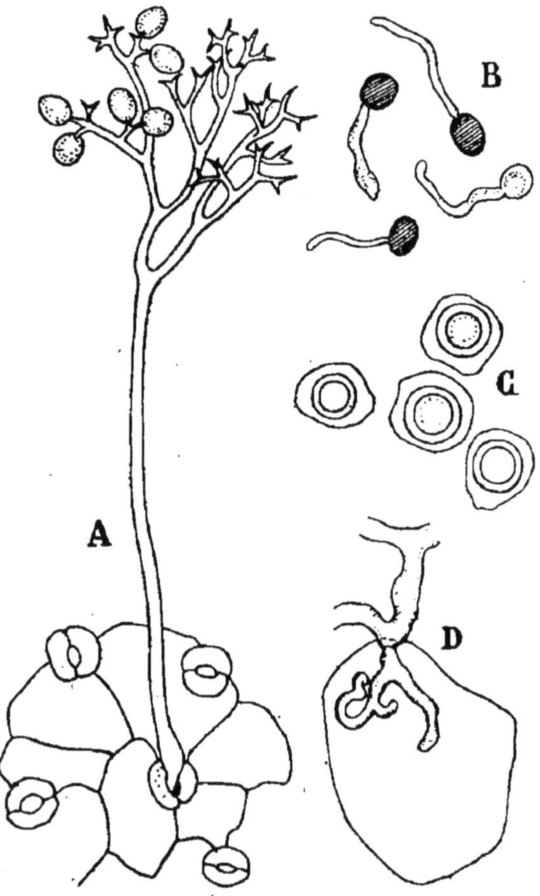

Fig. 52. — *Peronospora Schachtii.*

A. Conidiophore. — B. Conidies germant. — C. Œufs. — D. Fragment de mycélium portant un suçoir.

extrémité les conidies qui sont ovoïdes-globuleuses et de couleur gris-lilas.

Placées dans l'air humide ou dans l'eau, ces conidies

germent avec une grande facilité en émettant sur un point quelconque de leur surface un tube de germination qui peut pénétrer dans la feuille en perçant l'épiderme. La germination se fait très rapidement; en quatre ou cinq heures l'infection est opérée.

Les feuilles envahies par le mycélium du *Peronospora Schachtii* meurent rapidement et se dessèchent ou pourrissent. On y peut trouver en abondance des œufs globuleux à parois épaisses et lisses, lâchement renfermés dans des oogones(fig. 52 C). Ils offrent une très grande ressemblance avec ceux du *Peronospora* de la Vigne (1).

L'existence de ces spores dormantes dans les feuilles mortes des Betteraves attaquées par le *Peronospora* permet d'expliquer très simplement la propagation du parasite d'une année à l'autre, sans recourir à la supposition émise par M. Kühn (2) qui n'ayant pas vu les œufs du *Peronospora* de la Betterave, et ne croyant pas à leur formation, admettait que c'est uniquement, comme cela a lieu pour le *Phytophthora* de la Pomme de terre, grâce à son mycélium hivernant dans le collet des tubercules conservés pour fournir des porte-graine, qu'il revit l'année suivante et produit de nouveaux conidiophores sur les Betteraves replantées au printemps.

Il était bien difficile d'admettre que les cultivateurs choisissent particulièrement pour en faire des porte-graine des plantes atteintes d'une maladie dont les caractères sont extrêmement apparents. La découverte des œufs dans les feuilles mortes montre que le mal doit se propager tout autrement qu'on ne l'avait supposé.

---

(1) Prillieux, *Sur une maladie de la Betterave. Comptes rendus de l'Acad. des Sc.*, 1882, p. 536.

(2) Kühn, *Zeitschr. d. landwirthsch. Centralver. d. Prov. Sachsen*, 1872.

Il conviendra de veiller avec grand soin à ce que les feuilles des betteraves malades ne soient pas portées à l'étable ni au fumier; sans cette précaution on courrait risque de rapporter les germes de la maladie dans les champs où on devra cultiver la Betterave l'année suivante.

L'alternance des cultures met heureusement grand obstacle à la propagation du *Peronospora Schachtii* et empêche que la maladie qu'il produit ne se perpétue d'une manière continue comme cela a lieu pour le *Peronospora* de la Vigne.

Peronospora effusa (Grev.) Rabenh.
(Mildiou de l'Épinard.)

Syn. : *Botrytis effusa* Grev. — *Botrytis farinosa* Fries. — *Botrytis epiphylla* Pers. — *Peronospora Chenopodii* Schlecht.

Ce *Peronospora* attaque les plantes de la famille des Chénopodées, l'Épinard, l'Arroche, les *Chenopodium Bonus-Henricus, hybridum, album,* etc. Les feuilles, sur des pousses entières, sont recouvertes d'un velouté serré de conidiophores chargées de conidies d'un gris violet. Elles s'épaississent, se déforment et s'enroulent. Sur les Épinards le parasite produit sur les feuilles des taches où le tissu se décolore, s'infiltre et se détruit rapidement.

Les conidiophores sortent par touffes des stomates; ils sont épais et se ramifient en se bifurquant cinq à six fois (fig. 53 A). Les conidies sont ellipsoïdes, de couleur gris-lilas. Elles germent par un tube comme celles du *Peronospora Schachtii* (fig. 53 C).

Le *Peronospora effusa* produit en abondance des

œufs de couleur brune qui portent à leur surface des plis saillants très marqués (fig. 53 B) et diffèrent ainsi nettement de ceux du *Peronospora Schachtii*, auquel le *Peronospora effusa* ressemble du reste beaucoup.

Peronospora Schleideni Ung.

(Mildiou de l'Oignon.)

Syn. : *Peronospora destructor* Caspary. — *Peronospora Alliorum* Fuckel. —*Botrytis destructor* Berk.

Ce *Peronospora* produit des dommages importants dans les cultures d'Oignon. Les pieds attaqués par ce parasite jaunissent et languissent, les feuilles présentent des places jaunâtres, desséchées qui sont des foyers d'où le mal se répand, et qui déjà ont été tuées par le mycélium.

Les conidiophores (fig. 54 A) sortent par les stomates le plus souvent isolés, parfois au nombre de deux ou de trois. Ils sont épais, robustes et se ramifient en se bifurquant de quatre à six fois, il portent

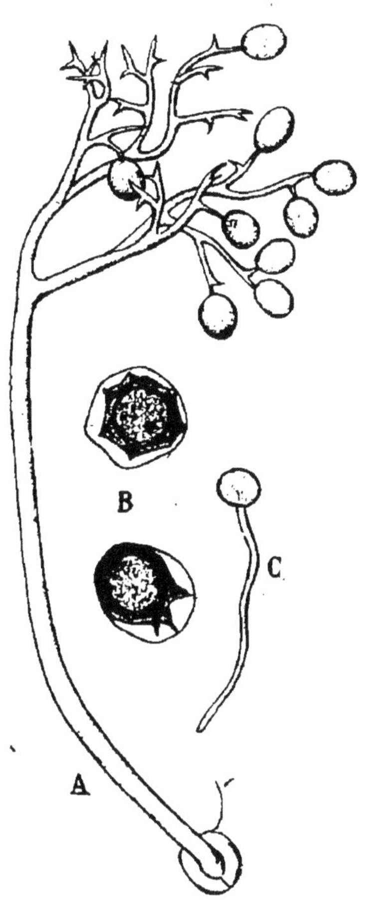

Fig. 53. — *Peronospora effusa.*
A. Conidiophore. — B. Œufs.
C. Conidie germant.

de deux à cinq branches, les inférieures étant les plus grandes. Les rameaux ultimes sont en forme de poinçon un peu courbés. Ils portent à leur extrémité les conidies qui sont extraordinairement grandes (fig. 54 B), tandis que celles du *Peronospora* de la Betterave, par exemple, ont de 20 à 24 μ de long, celles du *Peronospora* de l'Oignon ont de 44 à 52 μ; elles sont ovales un peu piriformes et pointues à leur base, de couleur gris violet.

Les œufs du *Peronospora Schleideni* (fig. 54 C) se forment sur les places desséchées des feuilles des Oignons où il a précédemment montré ses conidiophores; ils sont globuleux et ont une enveloppe mince et lisse.

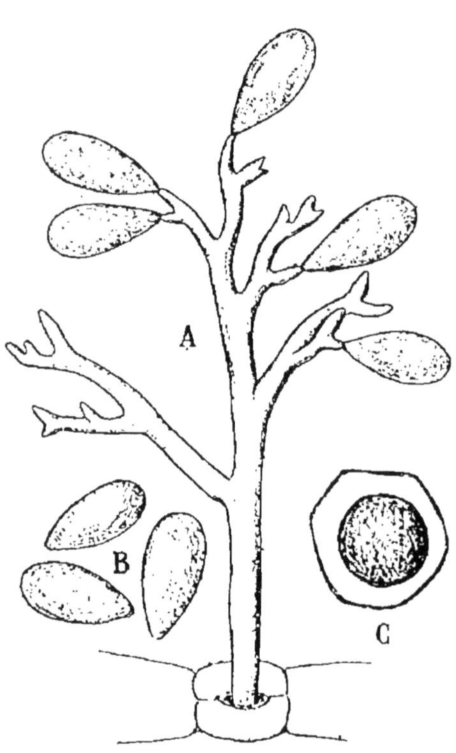

Fig. 54. — *Peronospora Schleideni.*

A. Conidiophore. — B. Conidies séparées. — C. Œuf.

Le parasite attaque surtout les jeunes feuilles; quand le temps est humide, il peut prendre un développement tel que tout le plant d'Oignons est couvert d'un velouté grisâtre.

Quand le mal est intense les Oignons meurent et

pourrissent rapidement; souvent les taches produites par le *Peronospora Schleideni* sont noirâtres, à cause de la présence d'un autre parasite qui l'accompagne très fréquemment, le *Macrosporium Sarcinula* ou *parasiticum*, et qui prend part à l'altération des tissus qu'il couvre, car il peut produire seul une maladie de l'Oignon et de l'Ail.

Peronospora Trifoliorum de Bary.
(Mildiou des Trèfles.)

Syn : *Peronospora grisea* var. Casp.

C'est une maladie, non pas seulement des Trèfles, mais aussi de la Luzerne, de la Lupuline et d'un grand nombre

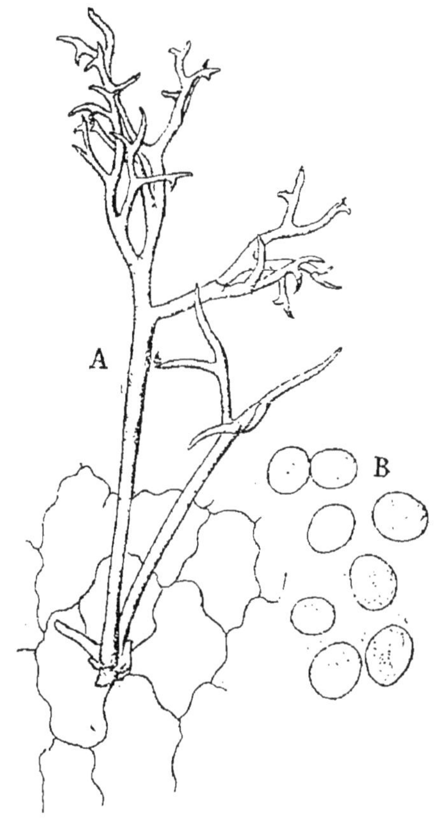

Fig. 55. — *Peronospora Trifoliorum.*

A. Conidiophores. — B. Conidies.

de Légumineuses : *Lotus, Coronilla, Melilotus, Ononis*, etc. Elle diffère de celles des Vesces, de la Gesse des prés, de la Fève et du Pois, qui est produite par le *Peronospora Viciæ*.

Le *Peronospora Trifoliorum* couvre les feuilles des Trèfles et des Luzernes d'un velouté serré blanchâtre ou gris-lilas, formé par des conidiophores (fig. 55, A) six à sept fois bifurqués, dont les rameaux ultimes sont courbés et en forme d'alène ; les conidies sont elliptiques, et de couleur gris-lilas (fig. 55 B). Les œufs sont globuleux, lisses, de couleur marron. Quand le mal se déclare dans un Trèfle ou une Luzerne, on peut considérer la coupe comme perdue, les feuilles attaquées se décolorent, se dessèchent et tombent et il convient de la faucher au plus tôt et avant la formation des œufs.

Peronospora Viciæ (Berk.) de Bary.

(Mildiou des Pois et des Vesces.)

Syn. : *Botrytis Viciae* Berk. — *Peronospora effusa* var. *intermedia* Caspary.

Il forme sur les feuilles du Pois, de la Fève et de diverses espèces de Vesces un velouté serré d'un violet-clair composé de conidiophores six à huit fois bifurqués (fig. 56), dont les ramules ultimes sont pointus et presque droits ; ils sont plus grands que ceux du *Peronospora Trifoliorum*.

Le *Peronospora Viciæ* produit sur les places desséchées des feuilles où il s'est développé des œufs différents de ceux du *Peronospora Trifoliorum*. Leur paroi de couleur jaune-brun pâle porte de fines crêtes saillantes qui forment à sa surface un réseau à larges mailles.

Il cause parfois des dégâts dans les jardins en y détruisant les cultures de Pois.

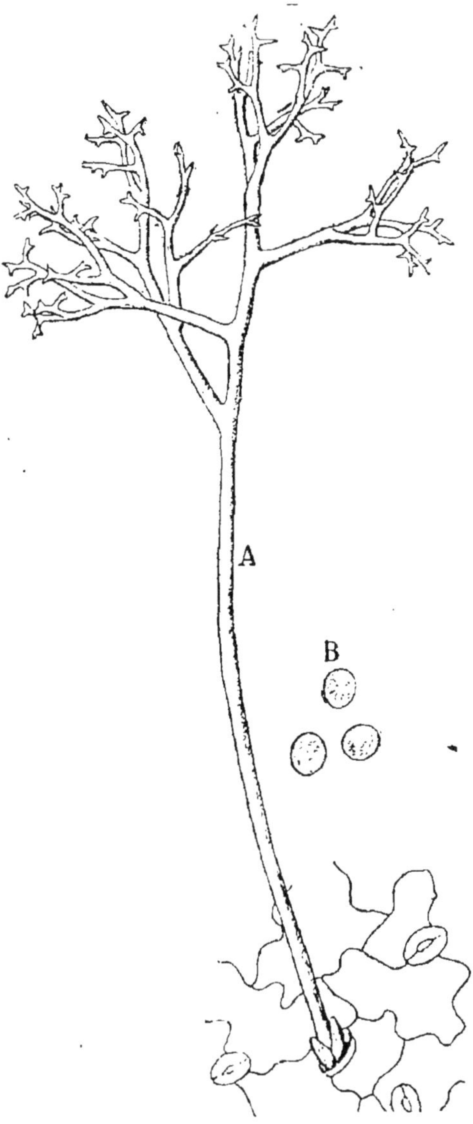

FIG. 56. — *Peronospora Viciae* SUR POIS.

A. Conidiophore. — B. Conidies.

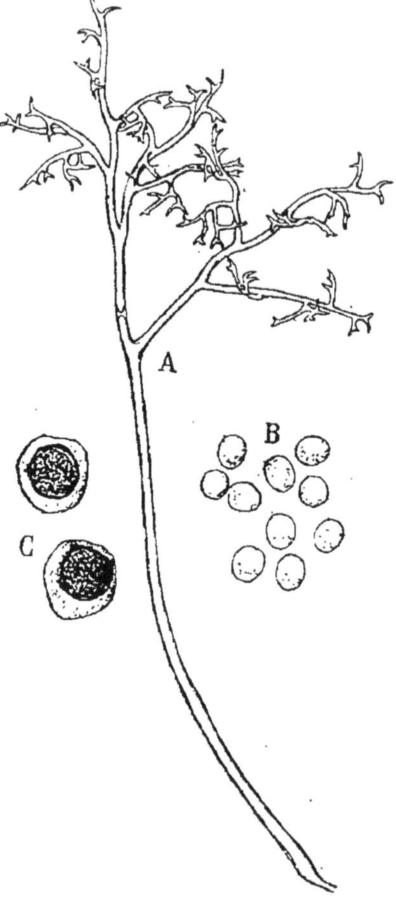

Fig. 57. — *Peronospora arborescens*
sur Pavot Œillette.

A. Conidiophore. — B. Conidies. — C. Œufs.

Peronospora arborescens (Berk.) de Bary.
(Mildiou de l'Œillette.)

Syn. : *Botrytis arborescens* Berk. — *Peronospora Papaveris* Tul. — *Peronospora grisea, var. β minor* Caspary.

Les plants d'Œillette et même les pieds déjà grands sont parfois attaqués d'une façon fort dommageable par le *Peronospora arborescens*, dont le mycélium envahit les feuilles et même les inflorescences, les déforme et les épuise. Les conidiophores du parasite recouvrent d'un revêtement velouté blanc puis jaunâtre la surface des parties attaquées, souvent sur une large étendue; d'autrefois il forme seulement des taches.

Les conidiophores du *Peronospora arborescens* sont grands et robustes; ils sont sept à dix fois bifurqués; les rameaux sont courbés; les rameaux ultimes sont en forme d'alène courte (fig. 57). Les conidies presque globuleuses ou un peu elliptiques sont incolores; elles germent en émettant un tube de germination.

Les œufs se produisent en abondance sur l'Œillette, ils sont bruns et ont un épispore qui porte de très petites crêtes saillantes à peine distinctes.

Le *Peronospora arborescens* attaque les diverses espèces de Pavots sauvages aussi bien que cultivées.

CHAPITRE IV.

USTILAGINÉES

Maladies Charbonneuses.

Les Ustilaginées sont des Champignons essentiellement parasites qui vivent sur des plantes de familles fort diverses mais sont particulièrement à redouter en tant que parasites des céréales. Les Charbons de l'Avoine, de l'Orge et du Froment, celui du Maïs, la Carie du Blé, sont des maladies bien connues qui peuvent être données comme exemples d'un groupe très naturel d'altérations dans lesquelles on voit certaines parties des plantes, parfois plus ou moins déformées, gonflées et tuméfiées, présenter à leur intérieur, à la place du tissu normal, qui a été détruit, une poudre brune ou noire que l'on a comparée à de la poussière de charbon et qui n'est rien autre chose qu'un amas de spores du Champignon parasite cause de la maladie charbonneuse.

Le Charbon des céréales qui détruit toutes les parties des fleurs et ne laisse des épis de l'Orge et des grappes de l'Avoine que les axes et les bales déchirées au milieu de la poussière noire du Charbon, d'une part, la Carie qui n'attaque que l'intérieur même du grain et le remplace par une poudre brune d'une odeur fétide, d'autre part, représentent les deux types principaux des maladies charbonneuses.

Le Charbon des céréales est produit par des parasites se rapportant au genre *Ustilago*, la Carie par un *Tilletia*.

Les Ustilaginées sont des Champignons d'une organisation très simple. Ils ont un mycélium qui s'étend à de grandes distances dans l'intérieur des plantes vivantes mais n'a qu'une très courte existence, parvenu en certains points du corps de la plante nourricière il donne naissance à de nombreux rameaux fertiles, à l'intérieur desquels se forment les spores qui, libres, constituent les amas de poussière charbonneuse que l'on voit au milieu des tissus désorganisés.

Ces spores à membrane épaisse et le plus souvent de couleur foncée sont des spores dormantes assez analogues aux téleutopores des Urédinées. On les trouve chez toutes les Ustilaginées. Dans quelques genres (*Tuburcina, Sorosporium*), il se produit en outre des conidiophores qui sortent de la plante nourricière à sa surface. Ces formes conidiennes manquent dans les Ustilaginées qui causent des maladies à nos plantes cultivées.

Le mycélium des Ustilaginées consiste en tubes hyalins septés, à cloisons tantôt rapprochées, tantôt fort éloignées les unes des autres et qui portent des ramifications très nombreuses en certaines places, tandis qu'en d'autres les hyphes s'allongent sans se ramifier comme on le voit ordinairement dans les entrenœuds des chaumes.

Le mycélium ne s'étend pas seulement entre les cellules mais il perce fréquemment aussi leurs parois et les traverse ou y envoie de petites ramifications qui se plient et se contournent à leur intérieur et jouent le rôle de suçoirs (fig. 58).

La paroi des filaments, assez épaisse pour montrer de doubles contours, n'est pas formée de cellulose comme on peut s'en assurer aisément; l'iode et l'acide sulfurique ne produisent pas sur elle la coloration en bleu qui caractérise la cellulose; toutefois, dans certains cas

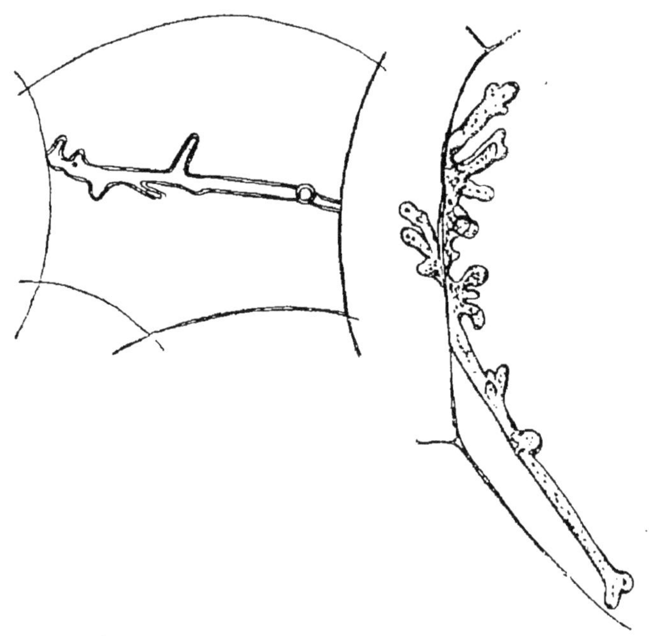

FIG. 58. — MYCÉLIUM DE L'*Ustilago Maydis*.

(D'après M. Fischer de Waldheim.)

ces hyphes ont des parois plus épaisses et alors leurs couches extérieures présentent les caractères de la cellulose. Ce fait s'observe particulièrement dans le Charbon du Maïs. Selon M. Fischer de Waldheim (1) ces

(1) Fischer de Waldheim *Beitraege zur Biologie und Einwickelungs-Geschichte der Ustilagineen* (*Jahrb. f. Wissenschaft Bot.*, vol. VII 1869-1870), p. 79.

hyphes en pénétrant dans les cellules nourricières poussent en avant les couches intérieures de leur membrane et s'enveloppe ainsi d'une mince lame de cellulose empruntée à la plante hospitalière.

Il est certain que si, après avoir traité par la potasse une préparation où les cellules sont traversées par des hyphes d'*Ustilago Maydis,* on la soumet à l'action de l'iode et de l'acide sulfurique, on voit les filaments du parasite se colorer d'abord en violet clair, puis en bleu intense. Quand on la fait chauffer dans une solution de potasse et qu'on la traite par l'iode, on voit le double contour de l'hyphe colorée en jaune apparaître à travers la gaîne cellulosique; mais, selon M. Zopf, cette gaîne de cellulose ne serait pas, comme la suppose M. Fischer de Waldheim, un prolongement de la membrane de la cellule hospitalière, elle serait due à une modification qui se produit dans la paroi des hyphes, quand elles sont altérées; elles se gonflent alors et quand on les a traitées par la potasse, elles présentent les réactions de la cellulose.

Le mycélium de presque toutes les Ustilaginées traverse le corps entier de la plante qu'il infecte; on ne l'observe, il est vrai, d'ordinaire qu'auprès du point où il devient fertile et où se forment les spores, mais on le peut trouver dans toutes parties de l'axe de la plante quand elle est jeune. Il n'est pas localisé comme celui des Urédinées.

Bien qu'il parcoure la plante nourricière entière, le mycélium des Ustilaginées ne produit de ramifications fertiles que sur des points spéciaux et la formation des spores ne se fait qu'en des places très particulièrement déterminées et constantes pour chaque espèce. Pour les diverses espèces d'*Ustilago* qui produisent le Charbon des céréales, c'est dans l'épi, à l'intérieur des fleurs et de leurs enveloppes que se produisent les spores. C'est dans les anthères de diverses plantes de la famille des Caryo-phyllées que se localise la formation des spores violettes de l'*Ustilago violacea*. L'*Ustilago longissima* produit dans les feuilles du *Glyceria fluitans* des lignes longitu-dinales brunes dues à des amas de spores. L'*Ustilago Maydis* toutefois semble faire exception à la règle ordi-naire, il fructifie en des points fort divers, soit dans l'épi de fleurs femelles, soit dans les fleurs mâles, soit dans les gaines des feuilles ou dans les tiges, en y faisant naître des tumeurs qui peuvent atteindre de très fortes dimen-sions et qui se crevassent à maturité pour laisser échap-per la poussière de spores olivâtres qui les remplit.

Le mode de végétation de l'*Ustilago Maydis*, la façon dont son mycélium pénètre dans la plante nourricière présentent des particularités spéciales; il peut envahir directement les tissus jeunes de la plante adulte, tandis que, le plus souvent, quel que soit le point particulier de la plante nourricière où une Ustilaginée fructifie, elle ne peut s'introduire dans la plante nourricière qu'au moment même où elle germe comme on l'a maintes fois constaté pour les Charbons des céréales.

Le mycélium, qui s'est développé dans les tissus de la plantule au niveau du sol quand elle commence à s'enra-ciner, s'étend progressivement dans toute la plante en glissant entre les cellules et sans troubler sa végétation d'une façon appréciable, s'élevant dans la tige à mesure qu'elle pousse.

Tandis que l'hyphe croît par l'une de ses extrémités en suivant le développement de la jeune tige qui s'allonge, son plasma abandonne ses parties inférieures où la vie s'éteint et se concentre à l'extrémité opposée du filament, là où la végétation est active. Ses parties vieilles et mortes disparaissent et on n'en trouve plus de traces le plus souvent dans la plante adulte. Le mycélium se transporte ainsi, sans nuire à la plante nourricière qu'il traverse, jusqu'au lieu destiné à devenir le foyer de production des spores; là, il émet de nombreuses ramifications courtes qui s'entremêlent et se pelotonnent; ce sont des branches fertiles dont les parois se gonflent et à l'intérieur desquelles se forment les spores.

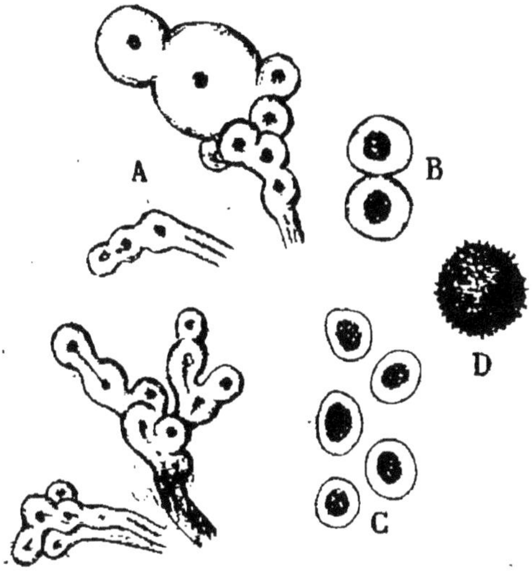

On peut particulièrement bien observer la naissance des spores d'*Ustilago* dans le Charbon du Maïs (fig. 59), où l'on trouve souvent dans les tumeurs qui se forment sur les épis, des filaments fertiles ramifiés contenant des rudiments de spores à divers

FIG. 59. — FORMATION DES SPORES DE L'*Ustilago Maydis*.

A. Tube de mycélium devenant fructifère et se gélifiant autour des rudiments de spores. — B, C, D. Spores à divers degrés de formation.

degrés de développement. Tous les rameaux de mycélium qui vont devenir fertiles se gonflent; leurs parois s'épaississent en se gélifiant; leur cavité se rétrécit; remplie de plasma, elle apparaît comme une étroite ligne brillante qui se colore en jaune sous l'action de l'iode. En des places souvent rapprochées les unes des autres, les filaments se gonflent davantage; il se forme ainsi sur leur trajet des renflements globuleux ou un peu allongés où la membrane est plus gélifiée et où en même temps la cavité se dilate; remplis de leur contenu de plasma, ces renflements paraissent piriformes ou globuleux. Chaque filament fertile prend ainsi un aspect irrégulier et mamelonné, tandis qu'à son intérieur, son plasma se sépare en autant de petites masses qu'il se forme de renflements. Comme de nombreux filaments fertiles entremêlent leurs courtes ramifications et se pressent les uns contre les autres et que la gélification de leurs parois va toujours en augmentant, ils finissent par se fondre en une masse mucilagineuse dans laquelle on distingue seulement le contenu de plasma divisé en tronçons qui se concentrent, en amas piriformes ou plus ou moins régulièrement globuleux que l'iode colore en jaune et rend très manifestes. Ce sont les premiers rudiments des spores. Peu à peu elles prennent, au milieu de la masse mucilagineuse formée par les parois gélifiées des filaments fructifères, leur structure définitive; puis la masse muqueuse se résorbe et finalement disparaît complètement.

Autour du noyau de plasma, première origine de la spore, apparaît une paroi propre qui, d'abord transparente et incolore, brunit et prend peu à peu les caractères que l'on observe bien dans les spores mûres. Elles possèdent alors une paroi double : la couche interne ou *endospore* est incolore, quand la spore germe, elle s'allonge en tube en un point; la couche externe ou *épispore* est dure et couverte extérieurement d'un revêtement de cuticule; le plus souvent elle est colorée en brun, plus rarement en lilas (*Ustilago violacea*) ou en une autre nuance. Tantôt elle est lisse ou très finement ponctuée, comme cela a lieu pour le Charbon des céréales, tantôt elle porte de petites pointes comme on le voit pour le Charbon du Maïs, ou un réseau saillant rappelant l'aspect de divers grains de pollen.

La formation des spores d'*Ustilago* en file dans l'intérieur de filaments fertiles est particulièrement frappante dans l'*Ustilago olivacea* qui attaque les fruits de diverses espèces de *Carex* (fig. 60). A maturité même, les files de spores forment de longs chapelets. Mais c'est surtout dans les Ustilaginées, appartenant au genre *Entyloma*, que l'on peut constater,

sans difficulté aucune et avec la plus grande netteté, la production des spores à l'intérieur des hyphes. Dans les *Entyloma*, il n'y a pas de différenciation comme dans les *Ustilago* entre les filaments végétatifs du mycélium et les rameaux fructifères étroitement localisés dans un organe déterminé de la plante nourricière. Les filaments du mycelium de l'*Entyloma* qui se glissent entre les cellules, produisent çà et là dans leur trajet et sans se gélifier des spores à parois épaisses séparées les unes des autres par des tronçons plus ou moins longs de mycélium stérile et qui présentent ainsi d'une façon incontestable le caractère de *chlamydospores* (fig. 61).

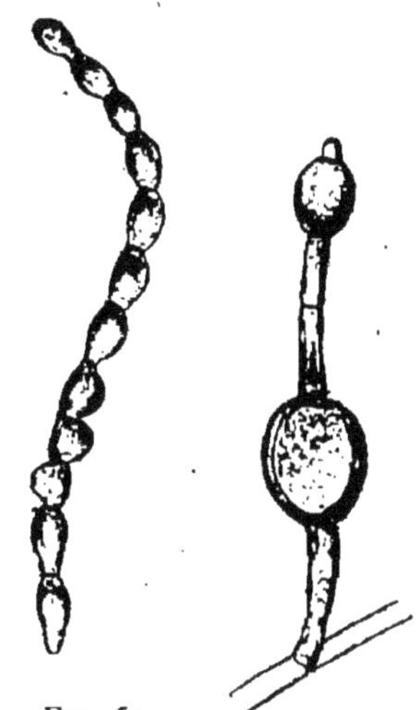

Fig. 60.
File de spores d'*Ustilago olivacea*.
(D'après
M. Brefeld).

Fig. 61.
Spores d'*Entyloma Calendulae*.
(D'après
de Bary).

Produites à la fin de la période végétative de leur plante, les spores des Ustilaginées peuvent comme en général les *téleutospores*, passer l'hiver à l'état de vie latente et ne germer qu'au printemps suivant.

Celles des *Ustilago* germent, en quelques heures, mais elles peuvent conserver fort longtemps la faculté de se développer. M. Brefeld a vu germer les spores de l'*Ustilago carbo* au bout de deux ans et celles du Charbon du Millet (*Ustilago-Panici-miliacei*), ainsi que celles du Charbon du Maïs au bout de trois ans, à condition de les avoir placées pendant ce temps dans un milieu convenable. Il rapporte même des expériences dans lesquelles on aurait fait germer des spores du Charbon du Millet vieilles de cinq ans et demi et des spores du Charbon du Maïs conservées pendant sept ans et demi.

Ordinairement pour voir s'effectuer la germination des spores d'*Ustilago,* il suffit de placer la poudre de Charbon dans un milieu humide, soit sur une tablette de bois mouillé, soit à la surface d'un peu d'eau dans une soucoupe sous un verre. Les spores qui sont à la surface de l'eau et bien exposées à l'air germent d'une façon fort régulière.

Au moment où commence la germination, au bout d'environ cinq heures de séjour à l'humidité pour le Charbon de l'Avoine, par exemple, l'épispore se fend sur un point et laisse passage à une saillie de l'endospore qui s'allonge sous forme d'une sorte de tube de germination dans lequel passe tout le plasma de la spore, mais dont l'allongement est très limité. Ce tube, auquel on a donné le nom de *promycélium,* se divise par des cloisons transversales et se change ainsi en une file de quatre à cinq cellules, puis il produit, tant à son sommet que sur le côté de ses diverses cellules, près des cloisons qui les séparent, de petits corps le plus souvent ovoïdes, plus ou moins allongés que l'on a désignés sous le nom de *sporidies* (fig. 62 A). On peut considérer le promycélium comme une sorte de conidiophore produit directement par la téleutospore et ses sporidies comme étant analogues à des conidies.

Les sporidies se détachent du promycélium et sont capables de germer, tantôt en produisant à leur tour de nouvelles sporidies par bourgeonnement à la façon des levures (fig. 62 C), tantôt en donnant naissance à des tubes

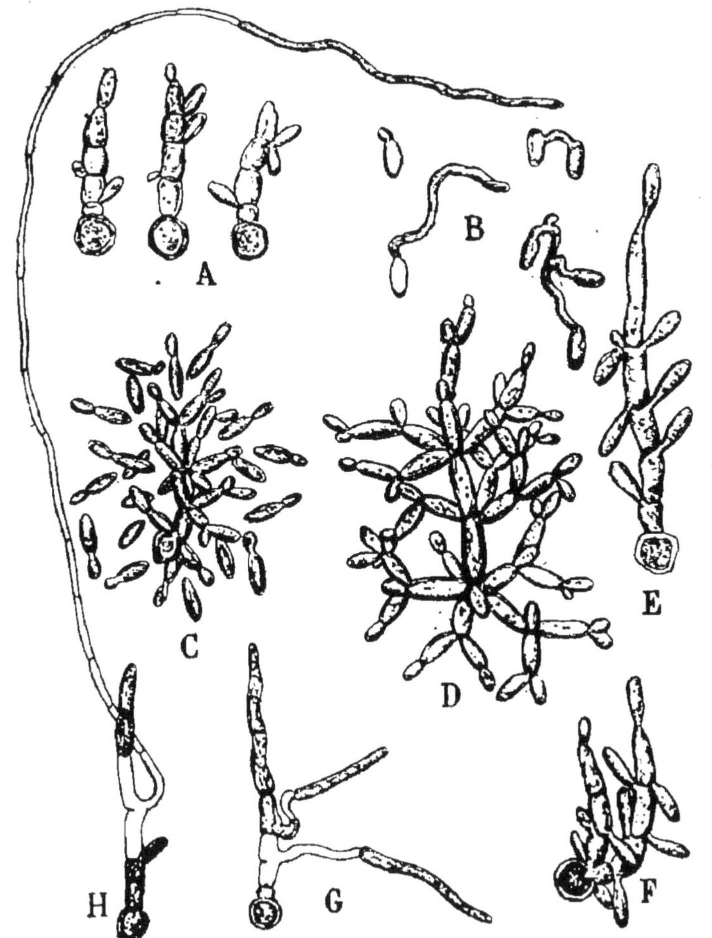

Fig. 62. — *Ustilago Avenae*.

A. Spores germant dans l'eau et produisant un promycélium portant des sporidies. — B. Sporidies germant. — C, D, E, F. Spores germant dans un liquide nutritif. — G, H. Promycélium de spores germées dans l'eau produisant des tubes de germination.

(D'après M. Brefeld.)

de germination fort déliés (fig. 62 B) qui s'allongent et se ramifient, croissant par leur extrémité, tandis que leur partie postérieure s'épuise, se vide et meurt.

Si un de ces filaments rencontre sur son passage une jeune plante nourricière, une germination d'Avoine, s'il s'agit du Charbon de l'Avoine, il y peut pénétrer en perçant le bas de la petite tige, ou l'origine des racines, ou la gaine extérieure qui enveloppe toutes les feuilles quand elle est encore en voie de croissance et n'est pas parvenue à sa taille définitive (1). Ce n'est qu'en ce moment, que la très jeune plantule peut être infectée par le Charbon. Plus tard le tube de germination de la sporidie d'*Ustilago* ne peut atteindre l'extrémité de la tige naissante quand même il a traversé les couches extérieures et l'infection n'a plus lieu.

Les sporidies peuvent, après qu'elles se sont détachées du promycélium, ou même avant de se séparer, s'unir les unes aux autres. Elles se soudent par des prolongements tubuleux plus ou moins longs qui les font communiquer le plus souvent deux, parfois aussi trois ensemble (fig. 62. B) Les groupes de sporidies ainsi fusionnées ne produisent qu'un seul tube de germination, mais il s'allonge et se ramifie plus que celui d'une sporidie isolée, ou, s'il donne naissance à une sporidie secondaire, celle-ci est aussi plus grosse.

Quand une sporidie germe, tout son plasma passe dans le tube de germination qu'elle produit; les sporidies fusionnées fournissent au tube unique qu'elles émettent un aliment double ou triple qui favorise d'autant leur allongement.

Germant dans l'air humide ou dans l'eau pure, chaque

---

(1) Hoffmann. *Ueber der Flugbrand. Bot. Untersuchungen*, herausgegeb. v. Karsten, 1866.

téleutospore ne produit sur son promycélium qu'un très petit nombre de sporidies, mais il n'en est pas de même quand la germination se fait dans un milieu nutritif comme est de l'eau mêlée d'un peu de décoction de fumier. Dans ce cas, non seulement le promycélium prend des proportions plus grandes et produit directement un plus grand nombre de sporidies, mais encore chacune des sporidies produites se multiplie activement à la façon de la levûre de bière en donnant naissance à son extrémité à des sporidies secondaires de même taille qu'elles-mêmes; celles-ci, à leur tour, en forment de troisième ordre et ainsi de suite indéfiniment (fig. 62, C. D.) Le promycélium primitif se trouve au centre d'une touffe de rameaux en chapelets dont les articles se dissocient et deviennent à leur tour l'origine de colonies nouvelles.

Les sporidies, qui se multiplient ainsi indéfiniment sous forme de levûres dans un milieu nutritif, sont cependant pareilles à celles qui naissent directement du promycélium dans l'eau pure ou à l'humidité. Quand on les place dans l'eau pure ou que le milieu où elles végètent est épuisé, elles cessent de se multiplier en levûres et émettent des tubes de germination qui sont capables de pénétrer dans les jeunes plantules nourricières.

Si on ne laisse pas s'épuiser le liquide nutritif, la multiplication des sporidies sous forme de levûres se continue, en produisant sans interruption des milliers de générations, mais alors ces sporidies-levûres perdent peu à peu le pouvoir de germer par tubes dans l'eau et par suite de pénétrer dans les plantes et d'y vivre en parasites. Au bout de dix mois de culture dans un liquide nutritif, après avoir produit pendant ce temps plus de mille générations, les sporidies ne pouvaient plus émettre de tubes, dans les expériences de M. Brefeld.

La connaissance du mode spécial de multiplication des sporidies du charbon dans un liquide nutritif qui a été découvert par M. Brefeld a, au point de vue de l'agriculture, une importance considérable. On y trouve la preuve que le Charbon ne vit pas seulement en parasite à l'intérieur des plantes où il produit ses spores au milieu des tissus qu'il a désorganisés, mais qu'il peut végéter longtemps, sous une forme très différente, dans le sol fumé. Il a alors l'aspect d'une levûre et vit à la manière des Champignons saprophytes jusqu'au moment où ces cellules de levûre germent en formant un tube qui, pénétrant dans une plante naissante, y deviendra un mycélium vivant en parasite au milieu des tissus.

Ce sont d'ordinaire les sporidies tombées directement du promycélium d'une spore dormante, ou celles qui se sont multipliées quelque temps sous forme de levûres qui produisent l'infection, mais il peut arriver aussi que les cellules mêmes du promycélium émettent comme les sporidies des sortes de tubes de germination capables de prendre un grand développement et de pénétrer dans une plante nourricière (fig. 62 G. H). Il y a même certaines espèces, telle que Charbon de l'Orge dans lesquelles le promycélium émis par les spores à la germination ne prend qu'un développement végétatif et ne produit pas de sporidies.

Le Charbon des céréales.

On a jusqu'à ces dernières années attribué le Charbon de l'Avoine, celui de l'Orge et celui du Froment à une seule espèce qui était désignée sous le nom d'*Ustilago segetum* Bull. ou *Ustilago carbo* D. C. Mais les nombreuses expériences d'infection des jeunes céréales faites par

MM. Brefeld (1), Jensen (2), Rostrup (3), ont établi
que l'on réunissait sous une même dénomination plusieurs espèces exclusivement aptes à infecter chacune de
nos céréales.

M. Brefeld a employé pour infecter les jeunes plants
de céréales les sporidies-levûres obtenues en quantité
dans des liquides nutritifs. Il les répandait en suspension dans l'eau, à l'aide d'un pulvérisateur sur les plantes en germination après s'être assuré que le liquide
contenait une telle quantité de germes que dans chaque
gouttelette déposée, il y en avait une trentaine. Les
jeunes plants à infecter étaient déposés sur de la terre
humide dans des boîtes de fer blanc. Après les avoir
couverts de fines gouttelettes contenant les germes de
Charbon, il recouvrait la boîte d'une lame de verre pour
empêcher, en maintenant le milieu humide, la rapide
évaporation des gouttelettes et permettre aux germes de
former des filaments qui pussent pénétrer dans la plante
nourricière. Les plants restaient ainsi à l'humidité sur
la surface de la terre dans les boîtes, pendant une dizaine de jours à la température de 10°. On pouvait
examiner si les levûres germaient et étudier la pénétration dans l'épiderme des filaments qu'elles produisaient.
Puis on repiquait les plantes infectées en pleine terre
afin de constater ultérieurement le développement du
Charbon dans les inflorescences.

M. Brefeld constata dans ses expériences qui por-

(1) Brefeld, *Neue Untersuchungen uber den Brandpilze und Brandkrank-
heiten* (Nachrichten aus dem Klub der Landwirthen zu Berlin. 1888, nᵒˢ
220 et ss.).

(2) Jensen, *The propagation and Prevention of Smut in Oats and Barley*
(*Journal of the Royal Agricultural Society of England*), vol. XXIV. part. II,
1888.

(3) Rostrup, *Nogle Undersogelser angaande Ustilago Carbo*, Copenha-
gue, 1890. Résumé dans *Botanisches Centralblatt*, XLIII, p. 389.

taient sur des germinations d'Avoine et d'Orge que la proportion des pieds d'Avoine charbonneuse variait selon l'état du développement des germinations au moment de l'infection, les moins avancées étant relativement plus atteintes, mais que jamais aucun pied d'Orge n'avait été infecté. On sait cependant que dans les champs, les pieds d'Orge charbonneux ne sont pas plus rares que ceux d'Avoine. L'examen de la germination du Charbon de l'Orge lui fournit la solution du problème. Le Charbon de l'Orge germe autrement que celui de l'Avoine. Son promycélium ne porte pas de sporidies, il prend un développement purement végétatif, il s'allonge et se ramifie à la manière d'une moisissure quelconque. Le Charbon du Froment germe de la même façon sans produire de sporidies même dans une solution nutritive. M. Brefeld en conclut que le Charbon de l'Orge et du Froment n'est pas le même que celui de l'Avoine et nomma la nouvelle espèce *Ustilago Hordei*.

M. Jensen alla plus loin encore dans cette voie, en faisant comparativement des semis de Charbon d'Avoine, d'Orge et de Froment sur des germinations de diverses espèces de céréales. Les spores du Charbon de l'Avoine n'ont infecté ni l'Orge ni le Blé ; les spores du Charbon de l'Orge n'ont attaqué ni l'Avoine ni le Blé ; les spores du Charbon du Blé n'ont produit du Charbon ni sur l'Avoine ni sur l'Orge. Enfin, M. Jensen est arrivé à distinguer encore deux variétés distinctes de Charbon sur l'Orge.

M. Rostrup confirmant les observations précédentes a caractérisé les espèces suivantes qui avaient été confondues sous la dénomination générale de Charbon de céréales *Ustilago segetum*.

1° Ustilago avenæ (Pers.) Rost. — Très fréquent sur l'Avoine et ressemblant beaucoup au Charbon de l'Orge (*Ustilago Hordei*). Cet *Ustilago* en a été distingué spécifiquement à cause de son mode spécial de germination et aussi parce que les essais d'infection ont montré qu'il ne peut se développer sur l'Orge.

Ses spores sont finement ponctuées globuleuses ou ovoïdes-courtes et produisent à la germination un promycélium cloisonné portant des sporidies. Les cellules contiguës du promycélium se fusionnent et émettent comme les conidies de fins tubes de germination.

2° USTILAGO PERENNANS Rostr. — C'est le Charbon de l'*Avena elatior*. Il est fort semblable au précédent mais son mycélium est vivace dans le rhizome de la plante nourricière. Ses spores sont ovoïdes, lisses ou très faiblement rudes. Le promycélium est fortement resserré au niveau des cloisons. Les sporidies qu'il porte, quand on les place dans un liquide nutritif, y prennent un grand développement et produisent aux extrémités de chaque cellule de sporidie-levûre une ou deux sporidies nouvelles.

3° USTILAGO JENSENII Rost. — Ce Charbon est très répandu en Danemark sur l'*Hordeum distichum*. Les bales et le péricarpe de l'Orge renferment une masse de spores d'un brun noir mais ne sont pas corrodés. Les spores sont lisses, rondes ou un peu polyédriques et produisent à la germination un promycélium assez épais, 3-4 cellulé qui porte des sporidies.

4° USTILAGO HORDEI Bref. — Les épis charbonneux sont changés en une poudre noire à reflet brun olive que le vent emporte. Les spores sont finement ponctuées, rudes, ellipsoïdes-courtes ou globuleuses; à la germination elles émettent un tube peu cloisonné, allongé, qui ne porte pas de sporidies. La maturité des spores correspond à l'époque de la floraison de l'Orge. Probablement les spores sont portées dans les fleurs, elles restent auprès du grain, cachés par la bale et envoient au printemps suivant un tube de germination dans la plantule quand le grain d'Orge germe.

5° USTILAGO TRITICI Jens. — Cette espèce avait été confondue par M. Brefeld avec le Charbon de l'Orge sous le nom d'*Ustilago Hordei* Bref. Les spores forment une masse brune, olivâtre-foncée, peu dense. Elles sont ovoïdes, ellipsoïdes ou presque sphériques. Elles produisent en germant un promycélium rameux, septé, comme celles de l'*Ustilago Hordei*, mais n'infectent que le Froment et non l'Orge.

C'est au point de vue agricole un fait important que d'avoir établi avec sûreté que le Charbon ne se transmet pas comme on pensait d'une céréale à l'autre, de l'Orge à l'Avoine, ou au Blé, ou réciproquement.

Les pieds de céréales attaqués par le Charbon ne présentent pas dans leur végétation de caractère qui les signale, tant que l'épi ou la panicule n'est pas sorti du tuyau que forme la gaîne de la feuille; ils sont seulement un peu plus forts et de couleur plus foncée.

Lorsque l'inflorescence charbonneuse se dégage, les parties où se sont formées les spores sont plus ou moins complètement déchirées et détruites; les spores sont mûres et le vent les emporte (fig. 63). Il est donc assez difficile d'observer les premiers développements des spores du Charbon des céréales. Le meilleur moyen pour y parvenir est d'examiner les rejets d'un pied charbonné qui ait tallé.

Fig. 63.
ÉPI DE BLÉ
CHARBONNÉ.

Peu, il est vrai, sont dans ce cas, mais on en trouve cependant quelques-uns, surtout dans l'Avoine et comme toujours toutes les pousses de la talle sont également charbonneuses, on y peut examiner le parasite à divers états de développement.

La présence de l'*Ustilago* entraîne toujours l'avortement plus ou moins complet des organes de la fleur et une altération notable de la structure normale des épillets. Ainsi dans les Avoines (fig. 64), les bractées florales sont gonflées par leur partie inférieure envahie par l'*Ustilago Avenae* et n'atteignent pas leurs dimensions ordinaires et de plus, d'après les observations de Tulasne (1), leur nombre augmente souvent dans chaque épillet, tandis qu'on n'y trouve pas trace des organes essentiels de la fleur.

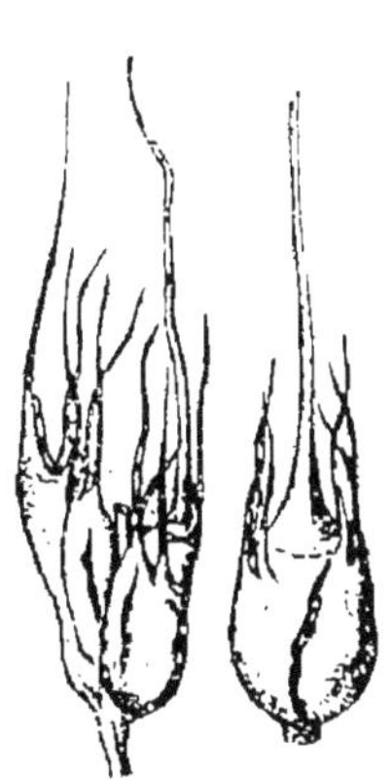

Fig. 64.
ÉPILLETS CHAR-
BONNÉS D'AVOINE.
(D'après Tulasne.)

Fig. 65. — ÉPILLETS
CHARBONNÉS D'ORGE.
(D'après Tulasne.)

La turgescence et la soudure congénitale des diverses bractées florales sont particulièrement manifestes dans l'Orge distique (fig. 65), où les trois fleurs qui naissent sur chaque dent du rachis de l'épi et dont celle du milieu est seule fertile sont presque complètement soudées quand le pied est charbonné ; elles forment un corps charnu ovoïde comprimé d'où partent les arêtes correspondant aux bractées qui entraient dans la composition des fleurs défigurées. Il sem-

(1) L. et Ch. Tulasne, *Mémoire sur les Ustilaginées.* — *Ann. des Sc. Nat. Bot.* Série III, t. 7, 1847.

ble que la dent du rachis qui porte la fleur malade participe à la turgescence générale.

Ustilago Panici-miliacei (Pers.) Wint.
(Charbon du Millet.)

Syn. : *Ustilago destruens* Schlecht. — *Uredo destruens* Duby. — *Cœoma destruens* Schlecht. — *Tilletia destruens* Lév.

Le Charbon du Millet attaque toutes les parties de la fleur et l'inflorescence tout entière du Millet (*Panicum miliaceum*) et les altère plus que ne font les Charbons de l'Avoine et de l'Orge.

Les spores de l'*Ustilago Panici-miliacei* sont entièrement formées dans l'inflorescence quand elle est encore enveloppée par la gaîne de la feuille supérieure. Du reste, d'ordinaire, même au temps de la moisson, elle ne s'en est pas encore dégagée. Le plus souvent la panicule attaquée n'arrive pas à se former ; elle est changée en un corps gonflé, épais, tronqué à sa partie supérieure et entouré d'une enveloppe d'un gris jaunâtre, qui crève, se déchire, et laisse voir à son intérieur les restes des parties fibreuses des rameaux de la panicule ; tout le reste est transformé en une poudre charbonneuse noire (fig. 66 A). Parfois cependant, la panicule du Millet prend un certain développement malgré l'invasion du Charbon, mais elle est toujours fort irrégulière et fort incomplète, et communément une partie de ses rameaux se déforment et se tuméfient, comme la panicule avortée, de façon à former une masse conique.

Les spores de l'*Ustilago Panici-miliacei* sont arrondies, un peu allongées et irrégulières ; leur épispore est brune et marquée de petites saillies peu prononcées.

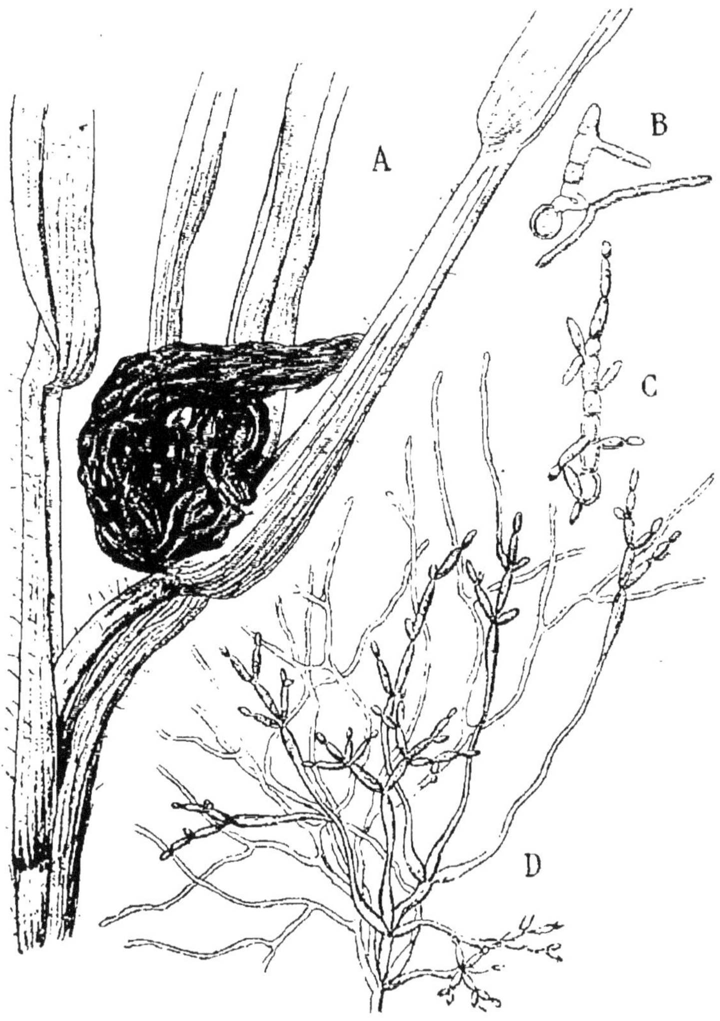

FIG. 66. — *Ustilago Panici-miliacei* Pers. sur Millet.

A. Inflorescence désorganisée par le parasite. — B. Germination d'une spore dans l'eau, le promycélium produit des tubes de germination. — C. Germination d'une spore dans un liquide nutritif ; le promycélium produit des sporidies. — D. Germination d'*Ustilago-Panici miliacei* développée dans un milieu nutritif en produisant des conidies aériennes. (D'après M. Brefeld.)

Leur taille est une fois et demie plus grande que celle de l'*Ustilago Avenae*. Elles germent dans l'air humide et dans l'eau pure, en produisant un promycélium qui ne porte pas de sporidies, mais seulement des tubes de germination (fig. 66 B).

Dans un liquide nutritif il se produit des sporidies fig. 66 C) qui se multiplient sous forme de levûres ou émettent des tubes qui se ramifient et produisent un mycélium. Au bout de quelque temps, ce mycélium végétant dans le liquide nutritif redresse dans l'air des filaments qui se comportent comme les conidiophores (fig. 66 D) d'une moisissure, donnant des conidies aériennes qui peuvent se développer sous forme de levûres dans le liquide nutritif, comme les sporidies portées par le promycélium.

Hoffmann a réussi à infecter artificiellement des Millets en couvrant de spores d'*Ustilago Panici-miliacei* des graines mouillées avec de la salive. Sur 6 graines ainsi traitées 3 donnèrent des pieds charbonneux.

Ustilago Maydis (D. C.) Corda.
(Charbon du Maïs.)

Le Maïs est souvent attaqué par un Charbon spécial, l'*Ustilago Maydis,* qui peut causer aux cultivateurs des dommages assez importants. Il s'amasse et fructifie non seulement dans les bractées florales qui sous son influence se gonflent d'une façon extraordinaire et forment de grosses tumeurs sur les épis, sur les panicules de fleurs mâles qui terminent la tige ; mais sur les tiges,

Fig. 67. — *Ustilago Maydis.*

A. Tumeur charbonneuse d'une tige de Maïs.

B. Jeune ovaire charbonné entouré de ses bractées tuméfiées. — C. Le même coupé longitudinalement. — D. Bractée charbonnée. — E. La coupe transversale. (D'après Tulasne.)

F. Germination d'une spore d'*Ustilago Maydis* dans un milieu nutritif produisant de nombreuses sporidies. — G. Germination dans l'eau pure. — H. Germination d'une sporidie. (D'après M. Brefeld.)

elles-mêmes ; et les amas de spores charbonneuses se forment à la périphérie et se gonflent en excroissances volumineuses difformes, plus grosses que le poing le plus souvent (fig. 67 A), et qui s'ouvrent en se déchirant irrégulièrement quand les spores de l'*Ustilago* sont mûres.

Les grandes bractées qui accompagnent l'épi sont parfois le siège d'une tuméfaction charbonneuse, mais cela est exceptionnel.

Quand c'est sur l'épi femelle que les tumeurs charbonneuses se développent, ce n'est pas souvent le grain qui en forme la plus grande part ; l'ovaire n'est pas seul attaqué, hypertrophié et déformé (1) ; des petites écailles au nombre de six qui, dans le Maïs se recouvrent mutuellement autour ou près du pistil, il n'en est ordinairement pas une dans une fleur charbonnée qui conserve sa consistance membraneuse et ses dimensions normales ; toutes se tuméfient et se déforment en se gonflant de façon à devenir tout à fait méconnaissables. Au milieu d'elles, l'ovaire subit aussi une altération toute semblable, on le reconnaît à ce qu'il porte encore le style (fig. 67 B) ; si on le coupe en long, on voit qu'il contient une cavité close au fond de laquelle on trouve un ovule rudimentaire (fig. 67 C).

Ordinairement un petit nombre des fleurs d'un épi charbonné sont transformées en tumeurs plus ou moins grosses, mais au voisinage beaucoup de grains ne se forment pas, les bractées ne recouvrent que des ovaires avortés et on ne trouve que quelques grains sains bien développés et capables de mûrir. Le produit des épis charbonnés est ainsi des plus réduits.

Coupées transversalement quand elles sont encore jeunes, les tumeurs charbonneuses du Maïs, quel que

____

(1) Tulasne, *loc. cit.*

soit l'organe sur lequel elles se forment, présentent une pulpe blanchâtre qui est comme marbrée de veines noirâtres. Ce sont les spores les premières formées et noircissant déjà qui produisent ce réseau de lignes foncées à l'intérieur d'un parenchyme encore gorgé de suc et incolore. Peu à peu les places noires augmentent de nombre et d'étendue, jusqu'à ce qu'enfin la masse entière de la tumeur soit transformée en une poussière charbonneuse d'un noir olive couverte seulement par une mince pellicule.

Les spores du Charbon du Maïs sont hérissées de très petites pointes ; elles sont notablement plus grosses que celles des Charbons des céréales, mais n'atteignent pas tout à fait la taille de celles du Charbon du Millet (1).

Elles germent à la façon ordinaire en produisant un promycélium cloisonné qui porte des sporidies (fig. 67 G). Dans un milieu nutritif, ces sporidies se multiplient en quantité par bourgeonnement à la façon des levûres (fig. 67 F). On doit admettre que dans les champs fumés, le même phénomène se produit.

Les spores du Charbon du Maïs ne germent pas immédiatement, du moins dans l'eau, quand elles sont mûres, dès l'automne ; ce n'est qu'au printemps suivant, après une période de repos, qu'elles se développent facilement. Toutefois, d'après les observations de M. Brefeld, on peut obtenir leur germination immédiate en les semant dans un milieu nutritif.

Si la germination se produit ainsi dès l'automne dans les champs auprès d'un fragment de fumier, il doit se former alors des sporidies-levûres qui peuvent se multiplier et végéter longtemps sous cette forme. Les autres

---

(1) Les spores de l'*Ustilago Avenae* mesurent de 6 à 8 μ ; celles de l'*Ustilago Maydis*, de 9 à 10 μ ; celles de l'*Ustilago Panici-miliacei*, de 10 à 12 μ.

spores demeurent dans le sol sans germer et toutes peuvent ainsi contribuer, au printemps suivant, à infecter les Maïs que l'on aura l'imprudence de semer dans un champ qui, l'année précédente, aura été cultivé déjà en Maïs et aura porté quelques pieds charbonnés. Léveillé a constaté il y a longtemps (1) qu'une plate-bande affectée au Jardin des plantes de Paris à la culture du Maïs présentait tous les ans des épis charbonnés. Il est hors de doute que des plantes provenant de graines saines sur lesquelles il n'y a pas de spores de Charbon, peuvent devenir charbonneuses dans un sol infecté qui contient des spores dormantes ou des levûres d'*Ustilago*. Des expériences faites par M. Morini en donnent une preuve frappante (2). L'auteur avait eu pour but de rechercher si les spores de l'*Ustilago Maydis* peuvent traverser le tube digestif des animaux sans perdre leur faculté germinative. Il fit consommer à une vache du son mélangé de poussière charbonneuse. Après avoir reconnu des spores germant dans les déjections de l'animal, il les employa à la fumure d'une parcelle de champ sur laquelle on sema du maïs. Toutes les plantes qui s'y développèrent furent charbonnées. L'infection fut beaucoup plus complète que quand on couvrait de poudre de Charbon des grains trempés préalablement dans de l'eau légèrement gommée. Sur trente grains ainsi traités et qui tous germèrent, quatre seulement produisirent des plantes charbonneuses.

La pénétration des filaments de germination de l'*Ustilago Maydis* n'a pas lieu exclusivement au moment de la germination comme pour les Charbons des céréales, il peut

(1) Léveillé, *Le bon Jardinier*, pour 1855, p. 249.
(2) Morini, *Il carbone delle piante, considerazioni e ricerche*. — *La Clinica veterinaria*, VII, n° 11, Milano 1884.

se produire sur toutes les parties très jeunes de la plante. M. Brefeld l'a bien établi, en répandant, à l'aide d'un pulvérisateur de l'eau portant en suspension de nombreux germes de Charbon, dans le cœur de jeunes pieds de Maïs hauts de 5o à 6o centimètres; il infecta les feuilles et les axes et y fit naître de nombreuses tumeurs charbonneuses. Toutes les feuilles du bourgeon et les rudiments d'axes qu'elles entourent, ainsi que toute l'inflorescence mâle et les jeunes épis femelles peuvent être infectés ainsi. En somme, tous les organes du Maïs peuvent être le siège de l'infection, mais la grande jeunesse des tissus est pour tous la condition de la pénétration à leur intérieur du filament de germination de la sporidie d'*Ustilago*.

Ustilago Sorghi (Link.) Pass.

(Charbon du Sorgho.)

Syn. : *Sporisorium Sorghi* Link. — *Tilletia Sorghi-vulgaris* Tul. — *Ustilago Tulasnei* Kuhn. — *Ustilago condensata* Berk.

Le Sorgho, très cultivé en France dans la région du Midi tant pour ses graines que pour la fabrication des balais, est attaqué non seulement par le Charbon du Millet (*Ustilago Panici-miliacei*) mais encore par un Charbon spécial l'*Ustilago Sorghi* qui se localise pour fructifier dans les pistils qu'il déforme et altère d'une façon extrêmement singulière.

Dans toutes les fleurs de l'inflorescence d'un pied attaqué, on voit à la place d'un pistil normal un corps cylindrique qui dépasse souvent les bales de plus de 3 millimètres (fig. 68 A), mais parfois n'atteint pas une si grande taille et demeure presque caché par les bales. C'est une longue poche, mince et assez friable, remplie de la poussière brune des spores de l'*Ustilago*. La structure de la paroi de cette poche ne montre presque plus rien du tissu de l'ovaire du Sorgho, il a été complètement pénétré par le mycélium de l'*Ustilago* qui y a formé un pseudoparenchyme dont les éléments ne dépassent pas la taille des spores. Cette poche est blanchâtre vers son milieu et à la base, brune au sommet et au-dessous de la partie moyenne. Au sommet, se voit d'abord une dépression; puis il s'y produit une déchirure par où sort la poudre noire formée par les spores. Celles-ci sont brunes, à peu près globuleuses, lisses; leur taille est le plus souvent d'environ 5 μ.

Si on ouvre la poche produite par l'ovaire déformé du Sorgho, on voit, au milieu de la poudre de spores qui la remplit, une sorte de colonne partant du fond de la cavité et se dressant dans l'axe du cylindre presque jusqu'en haut (fig. 68 C). Cette columelle est un peu plus épaisse à sa partie inférieure où sa surface présente des sortes de canelures saillantes; plus haut elle est à peu près cylindrique tout en s'effilant un peu et se termine en pointe mousse. Elle paraît noire parce qu'elle est couverte de spores d'*Ustilago*, mais si on la coupe on voit que son tissu est blanchâtre.

L'existence d'une columelle à l'intérieur d'un ovaire charbonné a été signalé par de Bary dans l'*Ustilago Hydropiperis* qui attaque les fleurs du *Polygonum Hydropiper*. D'après la description et les figures qu'il en donne (1), dans cette plante, les hyphes du parasite s'introduisent par le fond de la fleur dans l'ovule dont ils pénètrent tout le tissu. Il se forme ainsi à la place de l'ovule, par une pseudomorphose, à laquelle son sommet

____

(1) De Bary, *Vergleichende Morphologie und Biologie der Pilze*, p. 187.

pointu seul ne prend pas part, un corps ovoïde formé
du tissu du Champignon à l'intérieur duquel se produit
ensuite une différenciation : la partie superficielle de-

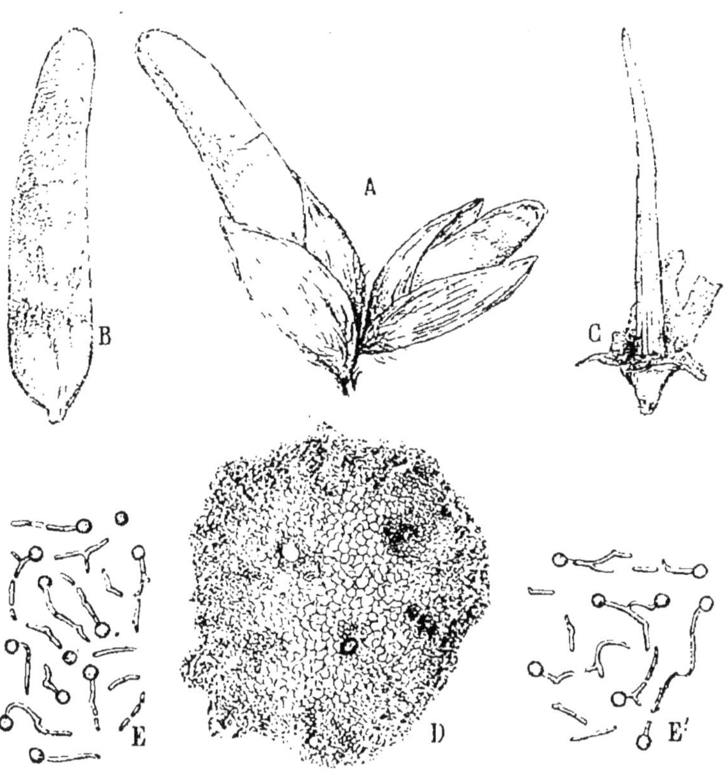

Fig. 68. — *Ustilago Sorghi.*

A. Fleur contenant un ovaire hypertrophié et rempli de charbon. — B. Ovaire isolé. — C. Columelle contenue dans l'intérieur de l'ovaire hypertrophié. — Coupe de la columelle plus grossie. — E. E'. Germination des spores dans l'eau.

vient une enveloppe plus ou moins épaisse, la portion
axile en forme de cylindre ou de massue constitue la
columelle. En ces deux places, le tissu reste stérile et

incolore; dans l'intervalle qui les sépare, s'organise la masse des spores qui devient d'un violet foncé.

En raison d'une disposition si particulière et dont on ne connaissait pas d'autre exemple dans les Ustilaginées, De Bary a créé pour l'*Ustilago Hydropiperis* le nouveau genre *Sphacelotheca*.

Il semble au premier abord qu'il conviendrait de rapporter à ce genre l'*Ustilago Sorghi*, puisqu'à l'intérieur de l'ovaire qu'il déforme on trouve une columelle au milieu de la masse des spores, mais l'examen anatomique de cette columelle montre qu'elle diffère absolument de ce qu'a indiqué De Bary pour le Charbon du *Polygonum Hydropiper*.

La columelle n'est pas formée de tissu de Champignon, ce n'est pas un pseudoparenchyme comme celui qui a pris la place du tissu de l'ovaire pour former la poche qui contient les spores; c'est un petit axe de plante monocotylédone, une petite pousse de Sorgho qui s'est développée d'une façon tout à fait anormale dans l'intérieur même de l'ovaire sous l'action profondément troublante du parasite. La structure anatomique de la columelle (fig. 68 D) ne peut laisser le moindre doute sur sa véritable nature. Sa partie extérieure seule est envahie et a été plus ou moins désorganisée par les hyphes de l'*Ustilago*. Les faisceaux fibro-vasculaires qui ont mieux résisté que le parenchyme intermédiaire font saillie à la surface et constituent les canelures du bas de la colonne.

Si singulière que soit cette organisation, il n'y a pas lieu de séparer le Charbon du pistil du Sorgho du genre *Ustilago*.

Les spores de l'*Ustilago Sorghi* germent facilement dès l'automne, quand on les sème à la surface de l'eau, en produisant un promycélium simple ou portant de courts rameaux. Il s'y forme un petit nombre de cloisons, et souvent il se produit au niveau de ces cloisons une sorte de boucle comme on le voit dans beaucoup d'autres *Ustilago*. Ce promycélium ne porte pas de sporidies mais se désarticule; ce sont ses articles séparés que l'on a décrits, comme étant des sporidies cylindriques (fig. 68 E).

Cette maladie des grains du Sorgho ne laisse pas de causer d'assez importants dommages. Les panicules entières sont envahies par le Charbon et ne contiennent aucune graine.

Tilletia.

Le genre *Tilletia* a été créé par Tulasne pour le Champignon qui produit la Carie du Blé, à cause du mode spécial de germination de ses spores, qui diffère considérablement de ce que l'on observe pour celles des *Ustilago*.

Tilletia Caries Tul.

(Carie du Blé.)

Syn. : *Uredo caries* D. C. — *Uredo sitophila* Ditm. — *Uredo fœtida* Bauer. — *Ustilago Tritici* Bauhin. — *Tilletia Tritici* Wint.

La Carie est une sorte de Charbon du Froment qui en attaque seulement les grains; au moment de la moisson, les grains cariés sont remplis d'une poudre brune qui répand une odeur fétide analogue à celle du poisson pourri, les bales qui les entourent sont intactes.

Avant le moment de l'épiaison, on ne peut guère distinguer dans un champ les pieds de blé dont les grains sont cariés. Ils ont une végétation un peu plus forte et sont d'un vert un peu plus sombre que les pieds sains, mais la différence est bien peu sensible. Ce n'est qu'après la floraison que les pistils cariés prennent un aspect spécial ; ils sont d'une couleur foncée verdâtre bien différente du vert jaunâtre des pistils sains ; plus tard, quand les grains sains grossissent et se remplissent d'amidon, la différence d'aspect entre les épis sains et les épis cariés devient assez marquée pour que l'on puisse les distinguer sans trop de difficulté en parcourant un champ. Quand les premiers se penchent sous le poids des grains, les épis cariés restent dressés (fig. 67 A). Au moment de la moisson, les grains cariés sont plus courts, plus arrondis, d'un gris brun ; sans qu'ils soient plus gros que les grains de blé sain (fig. 69 C. D), les bales qui les entourent sont plus ouvertes, plus écartées l'une de l'autre que dans les épis sains. Les épis qui portent les grains cariés sont ébouriffés, disait Bénédict Prévost (1).

Les jeunes grains cariés, examinés au moment où l'épi se dégage de sa gaîne, sont remplis d'une matière blanchâtre pâteuse qui tient la place de l'ovule et que l'on peut facilement enlever pour l'étudier sous le microscope ; on peut s'assurer alors qu'elle est formée d'une petite masse feutrée, composée de filaments ramifiés et entrecroisés. Si on parvient à écarter ces filaments les uns des autres et à séparer quelques-unes de leurs ramifications, on voit qu'elles se renflent en vésicules à leur extrémité. Ces vésicules sont les jeunes spores de la Carie. On en trouve à divers états de développement (fig. 70 B). Elles se rattachent en grand nombre par des pédicelles généralement courts à des sortes des troncs ou

_____

(1) *Loc. cit.*, p. 2.

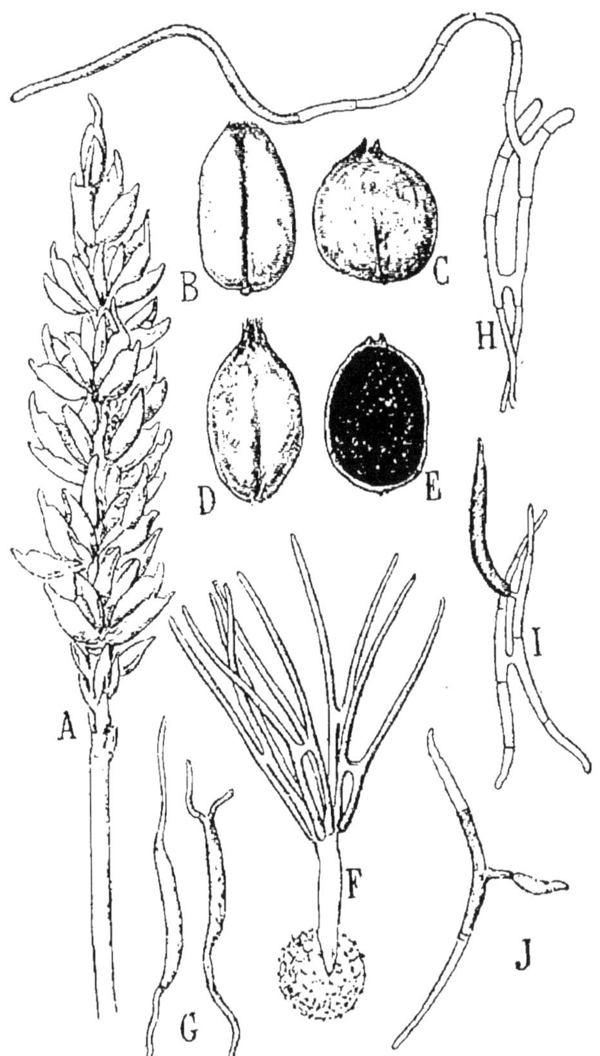

FIG. 69. — *Tilletia caries.*

A. Épi de blé carié. — B. Grain de blé sain. — C. D. Grains cariés. — E Grain carié coupé longitudinalement.
F. Spore de *Tilletia* germant. Elle émet un promycélium terminé par une gerbe de sporidies. (D'après Tulasne.)

G. Sporidie secondaire germant. — H. Couple de sporidies germant en émettant un tube. — I. Couple de sporidies germant en produisant une sporidie secondaire. — J. Sporidie isolée produisant une petite sporidie secondaire. (D'après M. Brefeld.)

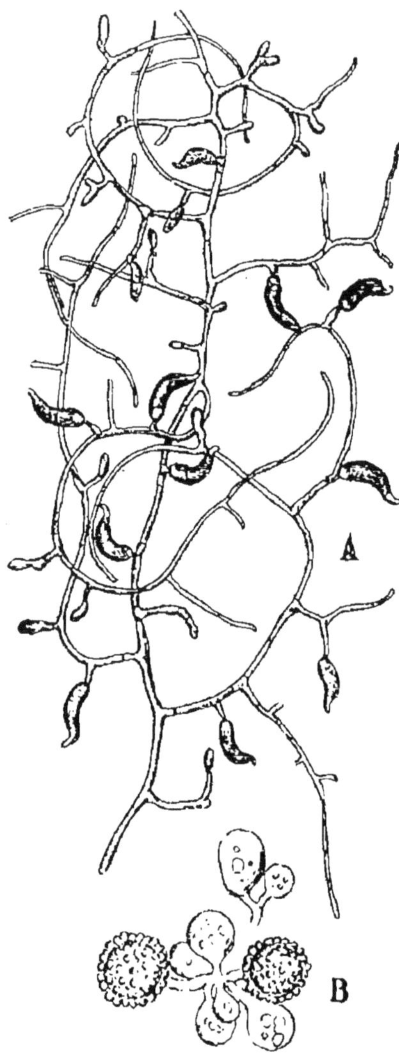

FIG. 70. — *Tilletia caries.*

A. Mycélium développé dans un liquide nutritif et produisant de nombreuses conidies semblable aux sporidies secondaires. (D'après M. Brefeld.)

B. Formation de spores de Carie. (D'après Tulasne.)

de rameaux communs, ténus, incolores, qui sont résorbés au fur et à mesure que les spores qu'ils ont produites grossissent et mûrissent (1).

Le mode de formation des spores du *Tilletia* diffère ainsi notablement de celui des spores d'*Ustilago;* les rameaux fertiles du mycélium ne se gonflent pas et ne se gélifient pas et les spores s'y produisent seulement à l'extrémité des ramifications.

Le mode de germi-

(1) Ces observations fort délicates ont été déjà faites en 1807 par Bénédict Prévost : « Cette pâte, dit-il, de la matière pulpeuse qui remplit les ovaires cariés, « même dans les ovaires peu développés, par exemple dans ceux d'un épi de 22 à 23 millimètres de longueur, renferme déjà une innombrable quantité de globules sphériques inégaux qui ne sont autre chose que de jeunes spores d'U. Caries ». Il a même « cru voir ces spores attachées sur des espèces de grappes ».

nation des spores des *Tilletia* présente aussi des particularités très remarquables qui avaient été vues par Bénédict Prévost et qui ont décidé avec grande raison Tulasne à séparer le Champignon de la Carie des *Ustilago* et à créer pour lui le genre *Tilletia*, autour duquel sont venus se grouper depuis, plusieurs autres genres d'Ustilaginées qui par leur germination diffèrent des *Ustilago* et se rapprochent des *Tilletia*.

On a distingué d'après leurs spores mûres deux espèces de *Tilletia* dans les blés cariés, le *Tilletia Tritici* ou *Tilletia caries* de Tulasne qui a des spores globuleuses présentant à la surface de leur épispore des épaississements réticulés et le *Tilletia levis* de Kühn dont les spores sont un peu variables de grandeur et de forme, globuleuses, elliptiques, très allongées, ovoïdes ou obtuses et dont l'épispore épais est lisse. Du reste, les deux espèces sont, à part cela, fort semblables et ont été souvent confondues.

Que la poussière charbonneuse qui remplit les grains cariés soit formée de spores réticulées ou lisses, elle exhale toujours la même odeur fétide. Ces deux *Tilletia* attaquent de même toutes sortes de froment. C'est sur le *Tilletia caries* que l'étude de la Carie a été faite par B. Prévost et par Tulasne. Ce sont ses spores dont on a particulièrement observé la germination.

Placées dans l'air humide, sur un corps humecté et recouvert d'une cloche ou sur l'eau, les spores de la Carie germent plus ou moins rapidement. Souvent au bout de 2 ou 3 jours, leur tégument réticulé se brise en un point et par la fente qui se forme sort un tube épais, rempli de plasma qui s'allonge par son extrémité. A mesure qu'il grandit, le plasma s'y porte, abandonnant la partie postérieure du tube voisine de la spore et laissant souvent derrière lui des cloisons transversales. C'est un promycélium qui n'est pas régulièrement divisé en une file de cellules comme celui des *Ustilago* et qui ne porte de sporidies qu'à son extrémité (fig. 69 F).

Déjà B. Prévost qui a observé la Carie à une époque où sa véritable nature était inconnue et a le premier établi, contrairement à l'opinion régnant alors, que la poudre brune des grains cariés est formée de spores, avait fait germer ces spores et observé que les tubes qui en sortent se terminent par une aigrette de corps allongés. Tulasne a reconnu que c'est une gerbe de sporidies filiformes qui termine le promycélium.

Ces sporidies ne se produisent que dans l'air; si les spores germent à une certaine profondeur dans l'eau, le promycélium s'allonge jusqu'à ce qu'il en ait atteint la surface et c'est là seulement que se forme la houppe de sporidies. Le nombre des sporidies portées par un promycélium de *Tilletia* varie de 4 à 12, il est souvent de 8 à 10. Dans les conditions normales, le plasma contenu dans le promycélium passe à l'intérieur des sporidies qui atteignent rapidement leur forme et leur taille définitives. Ce sont des corps linéaires très grêles, un peu courbés, qui mesurent de 6 à 7 centièmes de millimètre en longueur et dont le diamètre très étroit diminue insensiblement en s'effilant de leur base à leur sommet. Ces sporidies sont implantées en un faisceau un peu divergent sur de petites saillies que présente l'extrémité du promycélium. Elles sont souvent réunies deux à deux dans leur partie inférieure par une bride transversale qui donne au couple la forme d'un H. Tulasne, en faisant cette observation, a montré la grande analogie qu'il y a entre cette union des sporidies contiguës dans la gerbe des *Tilletia* et les fusions que présentent pendant leur germination les sporidies des *Ustilago*.

Les sporidies ainsi fusionnées par paire germent sans retard soit en produisant, surtout près de leur sommet, un tube très tenu qui s'allonge et se ramifie rapidement et peut pénétrer dans une jeune plante nourricière (fig. 69 H), soit en donnant naissance à une sporidie secondaire (fig. 69 I) dans laquelle s'amasse tout le plasma des deux sporidies géminées. Ces sporidies secondaires sont épaisses, oblongues, fortement arquées en faucille, et beaucoup plus courtes que les sporidies en H qui les produisent.

Elles germent à leur tour comme les paires de sporidies primaires en formant un tube de germination très fin (fig. 69 G).

Les sporidies filiformes restent parfois isolées sans s'être fusionnées; elles peuvent cependant germer comme celles qui se sont unies deux ensemble, mais elles produisent un tube de germination qui reste court ou portent seulement une petite sporidie secondaire (fig. 69 J) qui reste stérile, à moins qu'elle ne soit placée dans un liquide nutritif (1).

M. Brefeld qui avait découvert des faits si intéressants en faisant germer des spores d'*Ustilago* dans un milieu nutritif essaya d'abord en vain d'y faire germer aussi des spores de *Tilletia*. Même dans l'eau pure les tubes de germination qui ne produisent de sporidies qu'à l'air ne vivent pas longtemps; l'eau contenant des substances fertilisantes leur est plus défavorable encore, mais les sporidies produites à l'air germent très bien sur un liquide nutritif et y prennent un développement très grand et très remarquable qui diffère beaucoup de celui des sporidies d'*Ustilago* placées dans des conditions semblables.

Les fins tubes de germination qu'émettent les sporidies primaires ou secondaires s'accroissent et se rami-

(1) Brefeld, *loc. cit.*, p. 150.

fient dans le liquide nutritif, de façon à former un grand mycélium qui végète de préférence à la surface du liquide de culture, à moitié dans l'air où il forme un duvet d'un blanc pur ; au bout de 4 à 5 jours, ses filaments produisent en abondance des sporidies nouvelles fort semblables aux sporidies secondaires courtes et courbées en faucille (fig. 70 A).

Les sporidies de la Carie peuvent donc germer et se multiplier dans un milieu nutritif comme celles du Charbon, bien qu'elles s'y développent d'une autre façon et ne présentent pas, durant leur vie saprophyte, cette apparence de levûres observée dans les *Ustilago*.

Elles produisent hors de la plante nourricière un mycélium qui pousse très activement, se ramifie et se développe en vivant d'une vie toute différente de celle du parasite du Blé. Ce mycélium peut végéter partout où se trouvent les matières capables de le nourrir et y produire des sporidies.

On sait depuis longtemps que les fumiers infectés de Carie produisent la Carie des Blés dans les endroits où on les a portés. Le fait avait été fort bien reconnu par Tessier avant même que l'on eût découvert quelle est la cause véritable de la Carie. Il rapporte qu'un fermier fit porter à la fin de juin 1786 dans une pièce de terre destinée à être ensemencée en Froment en octobre suivant, trois tomberées de poussière et de débris de sa grange après en avoir fait battre le Froment parmi lequel se trouvaient un grand nombre d'épis cariés. Ces immondices restèrent en trois tas pendant plusieurs mois ; on les répandit au moment de donner le dernier labour au champ dont le surplus fut fumé avec du fumier ordinaire, de manière à en laisser le moins possible à la place de chaque tas comme il est d'usage. En 1787, il y avait la moitié d'épis cariés dans les endroits où avaient séjourné longtemps les immondices de la grange, un quart dans ceux où on les avait répandus et aucun ou très peu dans le reste de la pièce de terre. Sans doute la Carie avait végété et s'était multipliée sous sa forme saprophyte dans l'intérieur des débris de la grange et quand on a semé le blé dans le sol qu'ils couvraient, elle en a infecté les grains au moment de leur germination.

La pénétration du filament de germination de la Carie dans la tige du froment se fait comme pour le Charbon au moment de son premier développement, ainsi que Bénédict Prévost l'a très positivement établi par des expériences directes rapportées dans son admirable mémoire sur la Carie.

Urocystis.

Les *Urocytis* sont des sortes de Charbons qui se rapprochent des *Tilletia* par le mode de germination de leurs spores mais dont la poudre charbonneuse au lieu d'être formée de grains isolés et simples dont chacun est une spore, est composée de spores agglomérées par groupes, dans lesquels les spores du centre sont seules fertiles. Les spores fertiles ont une membrane épaisse comme les spores dormantes des *Ustilago* et des *Tilletia* et elles germent comme celles des *Tilletia*. Les spores stériles qui les entourent sont plus petites et ont des parois minces.

Urocystis occulta (Wallr.) Rabenh.
(Charbon des tiges du Seigle.)

Syn. : *Erysibe occulta* Wallr. — *Uredo parallela* Berk. — *Uredo occulta* Rabenh. — *Polycystis pompholygodes* Lév. — *Polycystis parallela* Berk. — *Polycystis occulta* Schlecht. — *Thecaphora occulta* Desmaz. — *Urocystis parallela* Fisch. V. Waldh. — *Urocystis Tritici* Korn.

C'est particulièrement le Seigle qu'attaque l'*Urocystis occulta;* on l'a signalé cependant aussi sur l'Orge et sur quelques Graminées de prairies (1). En Australie, d'après M. Wolff, il est parasite sur le Froment (2).

Il fructifie en formant des lignes charbonneuses plus ou moins longues et nombreuses dans le parenchyme des gaînes des feuilles entre leurs nervures, ou dans le limbe, ou dans le chaume même dont les parties supérieures sont profondément altérées contournées et déformées. Il se montre aussi sur les épis incomplètement développés dont il désorganise l'axe, les bales et les pistils. Quand il n'attaque que les parties inférieures de la tige, l'épi se dessèche sans être charbonneux.

Sur les lignes où se forment les spores le tissu se fend pour laisser passage à la poudre charbonneuse à gros grains qui se dissémine.

Sur un pied de Seigle attaqué on trouve ordinairement le parasite à des états divers de développement. Les épis et les parties supérieures de la paille sont déjà couverts de poudre noire tandis qu'au-dessous, dans le bas de la tige, dans les gaînes et les feuilles on ne voit encore que des lignes brunâtres ou blanchâtres.

La poussière noire est formée de groupes de spores contenant ordinairement 2, 3, ou 4 grosses spores fertiles à parois épaisses, lisses et d'un brun foncé qui sont entourées de cellules plus petites, plus pâles à parois plus minces que l'on peut regarder comme des spores incomplètement formées et qui demeurent stériles (fig. 71).

(1) Fischer de Waldheim, *Aperçu systématique des Ustilaginées.*
(2) Wolf, *Beitrag zur Kenntniss der Ustilagineen. Botan. Zeitung.* 1873.

Les spores fertiles germent facilement au bout de
2 ou 3 jours quand on les sème à la surface de l'eau, en
émettant chacune un gros tube qui sort à travers une
fente de l'épispore. C'est un promycélium qui produit
à son extrémité une gerbe de sporidies allongées
analogues à celles de la Carie mais moins effilées et

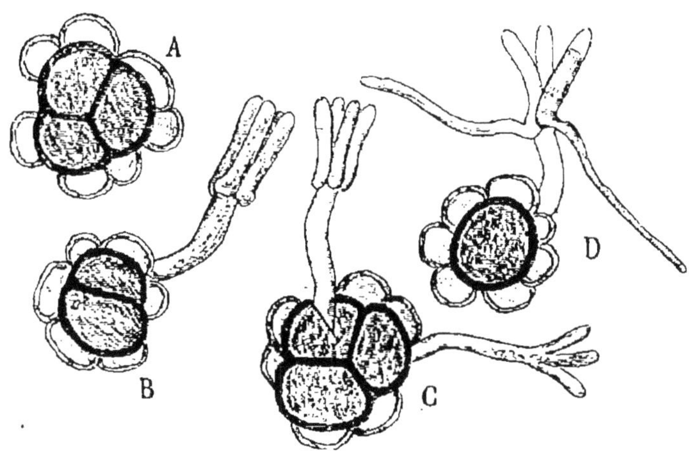

Fig. 71. — *Urocystis occulta.*

A. Glomérule contenant trois spores fertiles. — B. Glomérule à deux spores fertiles produisant
une touffe de sporidies. — C. Glomérule à trois spores fertiles émettant deux touffes de sporidies. — D. Glomérule à une spore fertile ayant produit une touffe dont les conidies germent.

(D'après M. Wolff.)

moins nombreuses (fig. 71 B. C. D. On en compte que
de 2 à 6 par promycélium. Il est très rare qu'elles se fusionnent en formant entre elles une bride de jonction
comme cela se produit normalement pour la Carie.

Quand elles ont atteint leur taille définitive, tout le
plasma du promycélium s'est concentré à leur intérieur.
Elles peuvent germer aussitôt sans se détacher du sommet du tube qui les a portées en émettant un fin tube
de germination qui part ordinairement de leur partie

inférieure et dans l'extrémité duquel passe tout leur plasma. Ce tube peut pénétrer à l'intérieur d'une petite plante de Seigle en germination, mais seulement en s'introduisant dans la première gaîne incolore qui enveloppe comme d'un étui les feuilles vertes (1). C'est seulement quand cette gaîne a atteint environ la moitié de sa taille que l'infection du Seigle par le Charbon peut se produire. Le fin tube de germination de la sporidie d'*Urocystis* traverse la cuticule et la paroi de l'épiderme et se transforme en un mycélium ramifié qui ne contient de plasma que dans l'extrémité de ses branches. Celles-ci s'allongent rapidement soit en rampant entre les cellules, soit en les traversant sans plus altérer la végétation du Seigle que l'*Ustilago Avenae* ou le *Tilletia caries* ne le font pour l'Avoine ou pour le Froment.

Les spores d'*Urocystis* présentent la plus grande analogie avec celles des *Tilletia* dans leur formation aussi bien que dans leur germination (2).

Les spores réunies en glomérules se développent dans des espaces occupés par un tissu dense que forment en certaines places les filaments sporifères délicats, sinueux, ramifiés et pressés les uns contre les autres. Dans les cellules voisines on peut souvent mieux distinguer le passage des tubes du mycélium aux filaments sporifères; les premiers s'allongent en ligne droite, tandis que les seconds se courbent, se divisent en très courts articles et se mêlent les uns aux autres, de telle façon que l'on a grande peine à les suivre. On peut cependant voir parfois avec netteté des filaments sporifères ramifiés qui se terminent par une dilatation globuleuse, dans laquelle il est impossible de méconnaître une jeune spore simple,

(1) Wolf, *loc. cit.*, p. 660.

(2) Prillieux, *Quelques observations sur la formation et la germination des spores des* Urocystis. *Ann. des Sc. Bot.* Série VI, t. 10 — 1880.

pareille à celle d'un *Tilletia*. En examinant les amas
de spores on voit parfois çà et là parmi les glomérules
quelques-unes de ces spores isolées; mais normalement
chaque glomérule est formé par une petite pelote de filaments sporifères dont les cellules intérieures se changent en spores pareilles, du reste, à celles dont on suit
mieux le développement quand le rameau sporifère reste
fortuitement isolé. Quand le glomérule s'accroît et grossit, les cellules du centre se distinguent par leur plus
grande taille et prennent le caractère de vraies spores,
tandis que les cellules contiguës deviennent les cellules
superficielles et que le reste des filaments sporifères se
détruit et disparaît.

Urocystis Cepulæ Frost.
(Charbon de l'Oignon.)

Syn. : *Urocystis Colchici* var. *Cepulae* Cooke.

Le Charbon de l'Oignon produit par l'*Urocystis Cepulae* cause des dégâts assez considérables dans les grandes
cultures en Amérique. Il a été observé en France, mais
on ne l'y a que bien rarement signalé comme causant
aux cultivateurs des dommages importants.

Il forme d'épaisses lignes charbonneuses sur les feuilles,
les gaînes et même les tuniques de l'Oignon (fig. 72 A).
En général les pieds sont attaqués très jeunes et succombent de bonne heure.

La présence du Charbon se manifeste par des taches
obscures à différentes hauteurs sur les feuilles des jeunes
Oignons en germination, sur la première d'abord, et avant
que la seconde ait commencé à se développer. Ensuite,
ordinairement quand la seconde feuille est en pleine
croissance, il se produit une fente longitudinale sur le

côté de la tache qui s'ouvre et laisse apparaître le tissu desséché couvert de la poussière charbonneuse qu'emportent la pluie et le vent.

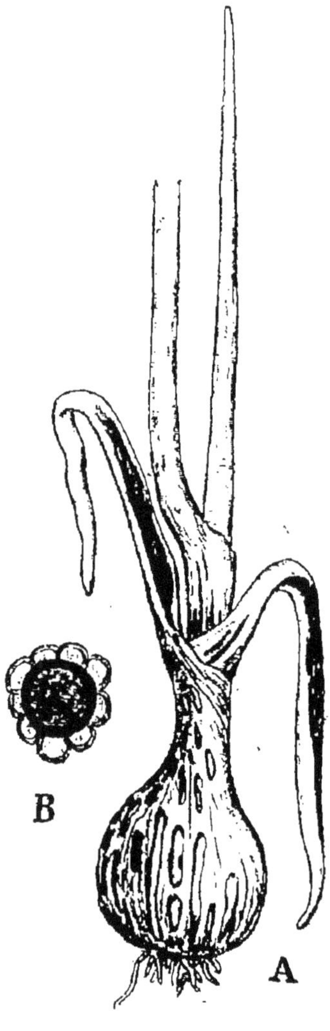

Il peut se faire que le Charbon n'apparaisse que sur la première feuille et que l'Oignon continue de pousser sans être plus profondément atteint, mais d'ordinaire des taches charbonnées se produisent de même sur la seconde feuille et sur les feuilles suivantes et la jeune plante envahie par la maladie sur une grande étendue succombe de bonne heure, surtout quand le sol est sec, à la seconde ou à la troisième feuille.

Le splantes les plus fortes, en terrain frais, sont capables de résister de façon à prendre un plus long développement et à atteindre l'époque de la récolte. Les taches charbonneuses forment alors des bandes saillantes sur le bulbe même qu'elles atteignent jusqu'à la base, tout en couvrant aussi les feuilles dans toute leur longueur (fig. 72 A).

FIG. 72. — *Urocystis Cepulae.*

A. Oignon attaqué par le Charbon. — B. Glomérule formé d'un spore fertile et de nombreuses spores stériles.
(D'après M. Thaxter.)

Les Oignons ainsi atteints restent petits et mal développés.

Cette maladie a été signalée aux environs de Paris par M. Cornu (1). Elle paraît peu répandue en France; toutefois, en Normandie, M. Malbranche (2) a vu sur une plantation de 400,000 pieds de Poireaux environ un cinquième de la récolte envahi par l'*Urocystis*. Cependant le Charbon de l'Oignon n'a guère fixé l'attention des maraîchers; comme il n'attaque que les plants très jeunes dans les semis, on rejette au repiquage les pieds charbonneux et on ne conserve que les plantes saines. La maladie se trouve ainsi supprimée sans causer de dommages importants. Ce n'est que quand on fait les semis en place comme dans les grandes cultures d'Amérique que l'*Urocystis Cepulae* fait subir aux cultivateurs d'importantes pertes (3).

Œdomyces leproides Trab.

(Tumeurs charbonneuses de la Betterave.)

Syn. : *Entyloma leproideum* Trab.

Le parasite que M. Trabut a fait connaître sous le nom d'*Œdomyces leproides* comme type d'un genre nouveau d'Ustilaginée a attaqué en 1894 les Betteraves du champ d'expériences de l'école d'agriculture de Rouïba près Alger (4).

(1) Max. Cornu, *Bulletin de la Société botanique de France*, séances du 11 juillet 1879 et du 13 février 1880.

(2) Malbranche, *Bull. soc. bot.* 1881, p. 277.

(3) Roland Thaxter, *Annual report of the Connecticut agricultural experiment station for* 1889.

(4) Trabut, *Sur une Ustilaginée parasite de la Betterave (Entyloma leproideum) Comptes-rendus de l'Acad. des Sciences*, t. CXVIII. Juin 1894.

Sur une Ustilaginée parasite de la Betterave. Revue générale de Botanique, VI, 1894.

Les Betteraves attaquées par un mal jusqu'alors inconnu présentaient à leur collet, au niveau des premières feuilles des tumeurs irrégulières bosselées atteignant parfois la grosseur du poing (fig. 73). Certaines racines portaient un nombre assez grand de ces tubérosités pour que leur poids atteignît le tiers de celui de la racine. Ces corps de forme irrégulière et souvent lobée rappellent un peu l'apparence des tumeurs produites par le Charbon du Maïs. Mais leur surface est plus inégale et couverte de mamelons saillants séparés par des sillons (fig. 74). Le tissu en est charnu et, sur une coupe, se montre marqué de petites taches brunes (fig. 75). Ils sont fort resserrés à leur base et peuvent être décrits comme insérés sur la betterave par un pédicule. M. Trabut les considère comme produites par la tuméfaction et la déformation soit d'une feuille soit d'un bourgeon entier.

L'étude microscopique de ces tumeurs montre qu'elles sont formées par un parenchyme charnu composé de cellules à paroi délicates, dans lequel sont creusées des cavités où sont logées des amas de grosses spores brunes, arrondies; souvent un peu aplaties d'un côté (fig. 76) Elles sont portées à l'extrémité de rameaux sporifères extrêmement déliés qui sont subitement renflés en vésicule incolore peu au-dessous de l'insertion de la spore (fig. 77). Leur enveloppe est épaisse et lisse. Ces spores sont de très grande taille, leur diamètre mesure environ 35 μ.

Les alvéoles (fig. 76) où sont enfermées les spores dans le parenchyme de la tumeur sont nettement limitées; elles sont généralement arrondies ou ovales, néanmoins souvent elles se joignent plusieurs ensemble et présentent alors une forme allongée et irrégulière.

M. Trabut avait d'abord rapporté cette Ustilaginée au genre *Entyloma* sous le nom d'*Entyloma leproideum*.

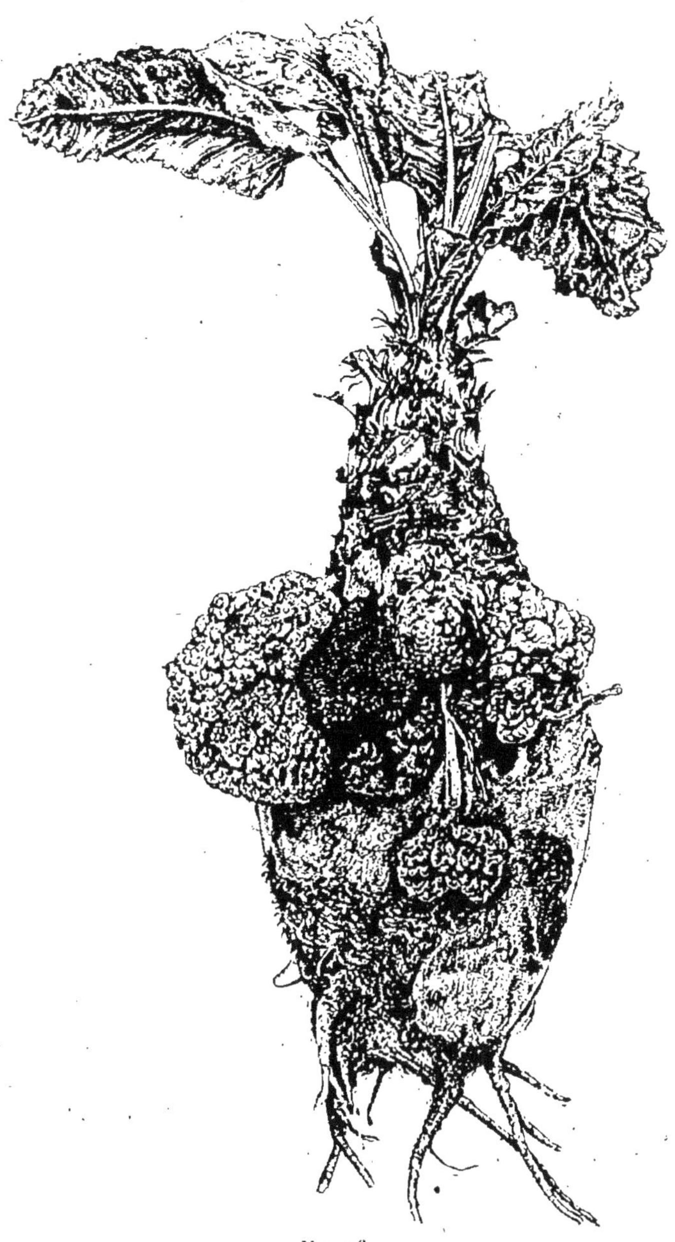

FIG. 73.

BETTERAVE CHARGÉE DE TUMEURS PRODUITES PAR l'*Œdomyces leproides*.

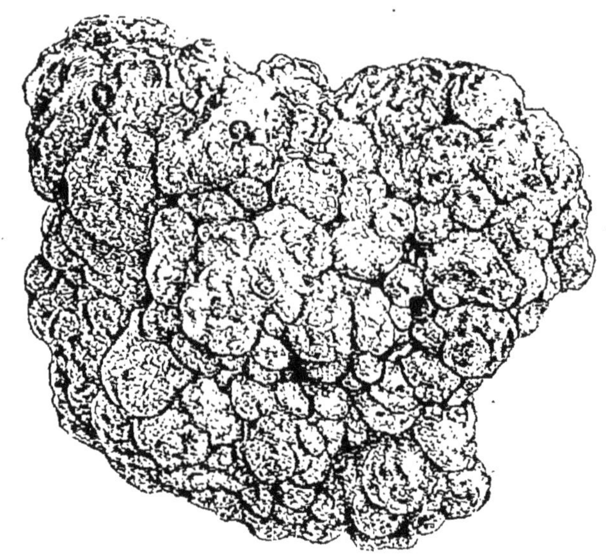

FIG. 74.

TUMEUR PRODUITE PAR L'*Œdomyces leproïdes;* ASPECT EXTÉRIEUR.

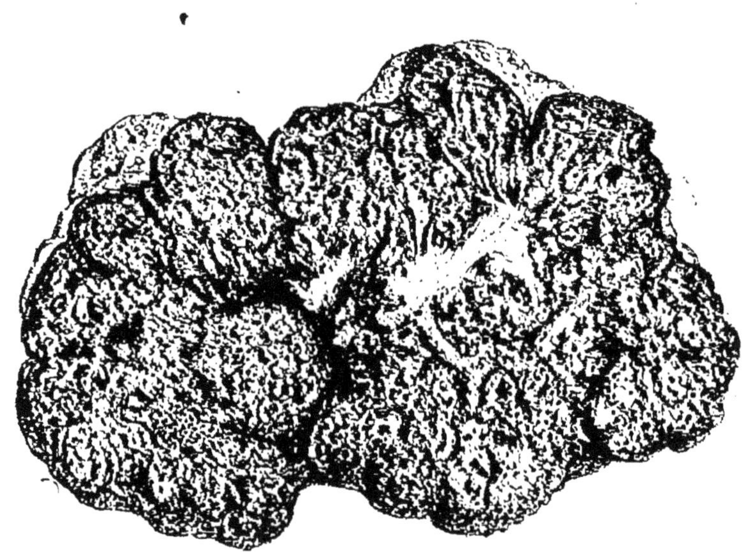

FIG. 75.

COUPE D'UNE TUMEUR PRODUITE PAR L'*Œdomyces leproïdes.*

M. Saccardo a pensé que le renflement terminal des rameaux sporifères est une particularité assez importante pour justifier la création d'un genre nouveau qu'il a nommé *Œdomyces*.

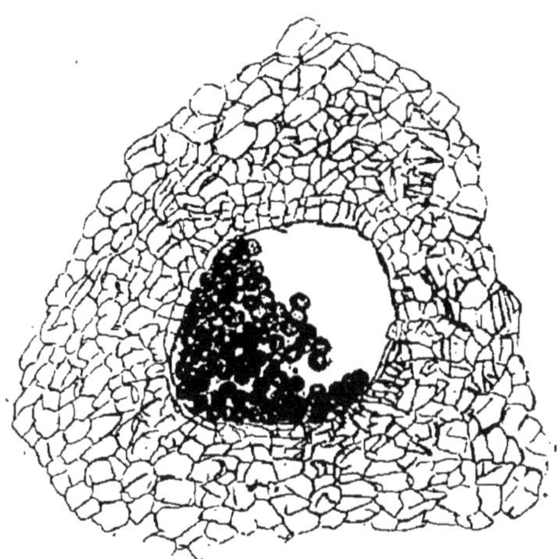

FIG. 76. — *Œdomyces leproides*, COUPE DU TISSU D'UNE TUMEUR PASSANT PAR UNE LOGETTE OÙ SE PRODUISENT LES SPORES.

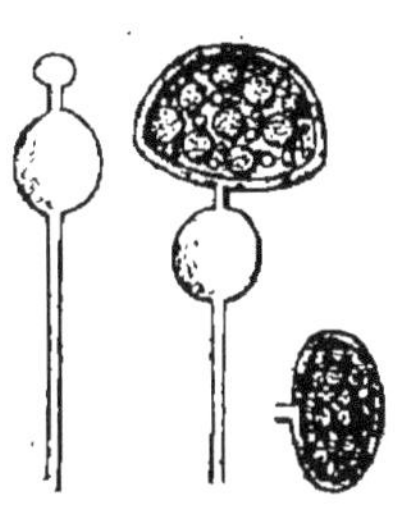

FIG. 77. SPORES D'*Œdomyces leproides*.

(D'après M. Trabut.)

Remèdes employés pour protéger les céréales contre les maladies charbonneuses.

La Carie est la maladie charbonneuse qui a causé le plus de dommages et que l'on a eu plus particulièrement en vue dans le traitement que l'on a proposé de faire subir aux grains pour les protéger.

« J'ai vu des champs, dit Bénédict Prévost au commencement de son mémoire sur la Carie, dans lesquels il y avait deux fois plus d'épis cariés que d'épis sains et il n'est pas rare de ne trouver ceux-ci que dans la proportion de deux ou trois pour un ». Il n'en est plus ainsi heureusement en France; mais il y a encore des champs de Blé dans la Russie méridionale et la Roumanie, où, m'assure-t-on, la Carie cause autant de dommages qu'aux environs de Montauban quand y vivait Bénédict Prévost.

Tillet (1), Duhamel (2), Tessier (3), surtout, ont étudié la Carie et indiqué divers moyens d'en préserver les champs avant que la véritable nature de la maladie fût connue. Pour Tessier qui a fait de nombreuses expériences sur ce sujet, la poudre de Carie était un virus fort actif qui appliqué sur les grains pouvait corrompre tous les épis qui en proviendraient.

Après avoir essayé un grand nombre de substances différentes comme préservatifs de la Carie il proposa plusieurs méthodes de traitement des semences, dont la chaux était le principal ingrédient. « Sans la chaux, dit-il (4), aucune des recettes que l'on a proposées contre la Carie, n'aurait d'effet bien marqué, c'est la chaux qui leur donne ce degré d'activité si nécessaire pour purifier les grains de la poussière contagieuse. Aussi, recommande-t-on toûjours de passer les semences à la chaux, de quelque manière que l'on conseille en outre de les préparer. » Il ajoute, toutefois qu'avec les meilleures recettes on ne réussit pas toujours, et que pour être assuré du succès il faut faire précéder le chaulage d'une épuration préliminaire des grains soit par le battage et le criblage, soit par le lavage des semences.

Mathieu de Dombasle (5), dans les expériences qu'il

(1) Tillet, *Dissertation sur la cause qui corrompt et noircit les grains de blé.* Bordeaux, 1755. *Précis des expériences faites à Trianon sur la cause qui corrompt les blés,* 1756.

(2) Duhamel du Monceau, *Éléments d'agriculture,* 1786.

(3) Tessier, *Moyens éprouvés pour préserver les grains de la Carie,* 1786, art. *Carie,* t. 2, *de l'Agriculture de l'Encyclopédie méthodique,* 1791.

(4) *Loc. cit.,* p. 712.

(5) *Annales de Roville,* VIII, 1832, p. 348 et ss.

organisa à Roville pour contrôler l'efficacité des divers traitements proposés contre la Carie, trouva que la chaux délitée, employée en poudre à sec ne produisait aucun effet appréciable, mais que quand on humectait la semence avec un lait de chaux contenant 4 kilos de chaux par hectolitre de grains, le résultat était déjà plus satisfaisant et qu'enfin la préservation était à peu près complète quand on plongeait les grains pendant vingt-quatre heures dans de l'eau où on avait délayé 5 kilos de chaux pour 5o litres, surtout si au lait de chaux on ajoutait 8 hectogr. de sel marin.

Le Blé couvert de poudre de Carie qui servait à l'expérience donnait 486 épis cariés pour 1000.

Couvert de poudre de chaux il en produisait.	476	pour 1000
humecté avec du lait de chaux.............	260	
plongé 24 heures dans le lait de chaux....	21	
et quand au lait de chaux on ajoutait du sel.	2	

Mathieu de Dombasle reconnaissait les inconvénients d'un traitement qui oblige à faire usage de substances employées sous forme de bain durant 24 heures. Ce procédé, dit-il, est beaucoup plus difficile et embarrassant dans la pratique que ne le croient communément les personnes qui le décrivent et les principaux inconvénients résultent ici, d'abord de la nécessité d'employer des cuviers d'une grande capacité et ensuite de la difficulté de conserver le grain qui a été soumis à cette opération lorsqu'il arrive qu'on ne peut le semer immédiatement, soit à cause du mauvais temps, soit par l'effet de toute autre circonstance. En effet, le grain qui a été plongé pendant 24 heures dans l'eau, se trouve tellement détrempé et gonflé qu'il s'échaufferait et se gâterait promptement si on le mettait en tas; en sorte qu'on ne peut le conserver qu'en le plaçant en couches très minces sur un plancher, en l'y remuant très fréquemment, ce qui exige de vastes espaces et des manutentions embarrassantes.

Avant ces expériences de Mathieu de Dombasle, Bénédict Prévost qui avait découvert la nature véritable de la Carie et observé avec une merveilleuse perspicacité tous les principaux phénomènes de la germination du petit parasite, avait reconnu que les sels de cuivre ont, même à un état extrême de dilution, la propriété d'empêcher les grains de Carie de germer (1); que par exemple, une dissolution de sulfate de cuivre dans l'eau qui n'en contient qu'un dix millième de son poids suffit pour ôter à la Carie qu'on y trempe pendant une heure ou deux, quoique lavée immédiatement après, la faculté de végéter et il avait démontré par des essais faits sur des grains de Blé couverts de poussière de Carie et semés en plein champ la preuve de l'efficacité du sulfate de cuivre pour préserver les Froments de la Carie.

Il décrit de la façon suivante le procédé qu'il recommande pour désinfecter les semences; on met, dit-il, dans un cuvier autant de fois 14 litres d'eau que l'on a d'hectolitres de Blé à préparer et l'on y fait dissoudre autant de fois 9 décagrammes de sulfate de cuivre. On met dans un vase 12 à 15 décalitres de Blé et l'on y verse la dissolution jusqu'à ce qu'elle s'élève à quelques décimètres au-dessus du Blé. On le remue bien et l'on enlève soigneusement tout ce qui surnage. Lorsque le Blé aura demeuré une demi-heure sous l'eau on le puisera avec une casse (sorte de seau de cuivre à long manche) et on le versera à mesure dans une corbeille placée sur des traverses au-dessus du vase et qui laisse librement passer l'eau sans laisser passer le grain. Lors-

---

(1) *Op. cit.*, p. 58 et ss.

que la corbeille est pleine et que le Blé est suffisamment
écoulé, on le met en tas. Ainsi préparé il est bientôt
assez sec pour être semé.

Mathieu de Dombasle a expérimenté ce procédé et il
en a constaté les excellents effets ; le Blé qui sans traitement produisait 486 épis cariés sur 1000, après avoir
été plongé pendant une heure dans une solution de
6 hectogrammes de sulfate de cuivre pour 50 litres
d'eau n'en donnait plus que 8 pour mille. Malgré l'efficacité qu'il reconnaît, du sulfate de cuivre pour combattre la Carie, il en repousse cependant l'emploi à cause
surtout, dit-il, du danger qu'offre l'usage d'une substance aussi vénéneuse, par des hommes aussi peu soi-
gneux que le sont communément les habitants de la
campagne.

Cette crainte empêcha longtemps d'employer en
France le remède proposé par B. Prévost. De Gasparin (1)
rejette comme dangereux l'emploi du sulfate de cuivre
dont il admet que l'on retrouve des traces dans la gé-
nération suivante des grains. Il le croit très vénéneux,
même à de très faibles doses, bien que Bénédict Prévost
eût établi que l'on peut faire impunément manger des
grains imprégnés de sulfate de cuivre à des poulets ; il
en nourrit ainsi un pendant six jours, exclusivement de
grain traité au sulfate de cuivre, sans qu'il en ait été
incommodé.

M. de Dombasle repoussant l'immersion des semences, soit dans un bain de sulfate de cuivre, soit dans un
lait de chaux, recommanda tout particulièrement l'emploi d'un procédé qu'il désigna sous le nom de sulfatage
et qui consistait à humecter d'abord le grain mis en tas
avec une solution de sulfate de soude contenant 8 kilos

(1) *Cours d'agriculture*, t. III, p. 481, 1848.

de sel par hectolitre d'eau, puis a le couvrir de chaux en poudre. Pour faire l'opération (1) on met le tas de grain à traiter sur un sol carrelé ou dallé, on y verse à plusieurs reprises, mais à peu d'intervalles, la solution de sulfate de soude pendant que des ouvriers armés de pelles en bois agitent et retournent vivement le tas. On ne cesse de verser du liquide que lorsqu'on voit que le grain n'en retient plus et qu'il s'en écoule une plus grande quantité par le bas du tas : tous les grains doivent être ainsi uniformément humectés de liquide sur toute leur surface. On prend alors de la chaux fusée en poudre que l'on répand sur toutes les parties du tas pendant que les ouvriers le retournent avec activité dans tous les sens; on en ajoute environ deux kilogrammes par hectolitre tout en continuant à brasser le tas jusqu'à ce que tous les grains soient exactement couverts de chaux.

Ce sulfatage des grains proposé par Mathieu de Dombasle a été adopté et recommandé en France par de Gasparin et de nombreux auteurs de traités d'agriculture. Il a été pratiqué avec succès, mais dans bien des pays, on a remplacé le sulfate de soude par du sulfate de cuivre en suivant du reste exactement la méthode de M. de Dombasle. On asperge avec un balai trempé dans la solution de sulfate de cuivre, le tas de froment jusqu'à ce que les grains en soient bien imprégnés, puis on les saupoudre de chaux fusée en poussière.

Cette manière d'opérer paraît avoir sur toutes les autres un avantage particulier. Le sulfate de cuivre qui mouille le grain, mis en présence de la chaux est décomposé comme dans la préparation de la bouillie bordelaise. Il se forme donc autour du grain un dépôt

(1) *Annales de Roville*, Supplément, p. 275, 1837.

de matière préservatrice assez peu soluble pour n'être pas entraînée par l'eau du sol, et qui cependant doit non seulement empêcher la germination des spores de Carie qui peuvent être adhérents à la surface des grains, mais aussi arrêter l'invasion des filaments de Carie ou des sporidies-levûres de Charbon qui peuvent pulluler dans le sol fumé.

Il est certain qu'en fait cette méthode employée dans la culture produit d'excellents effets, et que la Carie et même le Charbon sont devenus fort rares dans les champs où on la pratique avec soin.

En Allemagne, on a particulièrement recommandé l'immersion des grains pendant une durée de 12 à 16 heures dans une solution très étendue (1/2 pour 100) de sulfate de cuivre. C'est le procédé que M. Kühn a regardé comme le plus sûr et le seul à employer quand il s'agit de Froment dans lequel il y a une proportion notable de grains cariés; néanmoins on a dû constater que la longue immersion dans un bain de sulfate de cuivre, nuit à la germination des grains. M. Sorauer (1) considère que quand on traite les semences comme le propose M. Kühn, la proportion des grains qui ne germent pas est assez grande pour que l'on doive augmenter d'un tiers la quantité de semences que l'on a ainsi sulfatées.

Le saupoudrage des grains qui ont été seulement mouillés avec la solution de sulfate de cuivre empêche l'action corrosive du sulfate de cuivre sur les germes de grains et rend ce mode de protection des semences inoffensif en même temps que fort efficace.

C'est principalement contre la Carie que l'on emploie utilement le sulfatage des semences, parce que les spores de *Tilletia* qui au moment de la moisson sont renfermées

____

(1) Sorauer, *Pflanzenkrankheiten*, 2ᵉ éd., t. II, p. 204.

à l'intérieur des grains cariés, sont presque toutes rapportées à la grange avec la récolte et ne sont pas comme celles du Charbon disséminées dans les champs depuis longtemps. C'est au moment du battage que les spores de Carie se répandent, soit sur les grains qu'elles couvrent parfois en quantité telle qu'elles en altèrent la couleur — on dit alors que le blé est moucheté — soit sur les pailles, soit même directement sur les fumiers placés au voisinage de la grange.

Le traitement des grains empêche l'infection par les spores de Carie qui les couvrent et sans doute aussi quand les grains sont couverts d'hydrate d'oxyde de cuivre par les filaments de *Tilletia* qui peuvent vivre en saprophyte, dans le sol fumé. Néanmoins on doit éviter avec soin l'infection des fumiers par la Carie ; on veillera à ce que jamais les criblures et balayures de grange ne soient portées au fumier comme on le fait trop souvent, et on en fera des terreaux destinés à être répandus non dans les champs, mais sur les prés où les parasites des céréales ne peuvent causer aucun dommage.

Le sulfatage est moins efficace contre le Charbon des céréales. Les grains que l'on traite ne portent guère de spores de Charbon à leur surface. Les spores du Charbon de l'Orge, de l'Avoine et du Froment sont mûres et se disséminent avant que le grain ne soit formé, vers l'époque de la floraison. Beaucoup tombent sur le sol, un certain nombre sont portées sur les fleurs ouvertes et demeurent à l'intérieur des bales. Dans les espèces à grain vêtu comme l'Orge et l'Avoine, les bales en se serrant autour du grain renferment des spores de Charbon qui ont pu tomber dans la fleur. Le sulfatage ne peut donc les y atteindre comme il le fait pour les grains de Carie qui se trouvent à la surface des grains de Blé.

Pour détruire les spores de Charbon fixés à l'intérieur

des bales dans les grains d'Orge et d'Avoine, M. Jensen
a proposé d'employer la chaleur. Déjà, pour la Carie,
Bénédict Prévost avait constaté que les spores perdent
la faculté de germer, quand elles ont séjourné quelques
heures à une température de 50° R. M. Jensen s'est
assuré que pour le Charbon aussi bien que pour la Carie,
l'immersion des semences dans l'eau à 52° 5 C. pendant
5 minutes suffit pour détruire le pouvoir germinatif des
spores de ces parasites. Pour l'Orge seulement il est nécessaire de faire préalablement tremper les semences
dans l'eau pour que la préservation soit suffisante.

Pour obtenir la désinfection par la chaleur, il plonge
les semences contenues dans un panier et y formant une
couche de 20 centimètres au plus, dans une cuve contenant de l'eau à 55° pour l'Avoine, 54° seulement pour
l'Orge, durant 3 à 4 secondes, puis le retire pendant 4 ou
5 secondes, et répète cette opération quatre ou cinq fois.
La température du bain baisse d'environ 5°, alors on
répète la même opération dans une seconde cuve cinq
ou six fois en laissant le panier immergé assez longtemps pour atteindre la durée de 5 minutes. La température dans la seconde cuve baisse moins que dans la
première et reste entre 52,5 et 53,5. L'opération terminée, on plonge le panier dans l'eau froide (1).

Ce procédé de préservation des semences ne diminue
en aucune façon leur pouvoir germinatif. Dans les
expériences faites par M. Jensen, sur 100 grains traités
par l'eau à

59°	96	ont germé.
56°	99	« «
52°	99	« «

(1) Jensen, *The propagation and Prevention of Smut in Oast and Barley
Journal of the Royal agricultural Society of England*, vol. XXIV, part. 16,
1888.

Toutefois, M. Kühn a constaté que les grains de l'Orge ne peuvent supporter sans souffrir une température de 55° 1/2 et il assure que d'autre part, toutes les spores de l'*Ustilago Hordei* ne sont pas tuées, et que celles qui.résistent ont alors la propriété de produire en germant des sporidies contrairement à ce qui a lieu dans les conditions ordinaires. Il convient de remarquer en outre que le procédé de M. Jensen exige beaucoup de manipulations,.et qu'il ne peut en aucune façon protéger la germination contre les atteintes des conidies-levûres qui peuvent se trouver dans le sol..

CHAPITRE V.

URÉDINÉES

(Rouilles.)

Les Urédinées sont des Champignons toujours parasites dont le mycélium croît exclusivement dans l'intérieur du corps des plantes vertes, et qui forment ordinairement leurs spores sous l'épiderme de leur plante nourricière à travers des déchirures duquel elles se répandent au dehors.

C'est à cause de la couleur brun orangé et rappelant celle de la rouille de fer de leurs spores qui se détachent en été des céréales et de beaucoup d'autres plantes de nos cultures, que l'on a donné d'une façon générale aux Urédinées le nom de Rouilles. Elles peuvent porter aux diverses saisons des fructifications différentes, mais généralement leur coloration ne varie qu'entre le jaune plus ou moins orangé et le brun foncé.

Le mycélium des Urédinées consiste en tubes hyalins très ramifiés et divisés par des cloisons souvent très espacées qui, le plus souvent, se glissent entre les cellules de la plante hospitalière, mais parfois aussi en traversent les parois de leurs rameaux. Ils contiennent fréquemment à l'état jeune une matière jaune orangée.

Le plus souvent le mycélium des Urédinées reste localisé et n'occupe qu'un point limité des tissus de la plante nourricière. Il ne la traverse pas tout entière pour aller fructifier en un point déterminé comme le mycélium de la Carie et de la plupart des Charbons. Là où le tube de germination d'une spore d'Urédinée est entré dans le tissu d'une plante, dans le parenchyme d'une feuille par exemple, il se ramifie en envahissant les parties situées autour du point d'infection et forme une tache à contours déterminés sur laquelle se produisent les fructifications. Les taches peuvent être très nombreuses, mais elles correspondent chacune à un foyer spécial d'infection. Les feuilles chargées de Rouille sont bientôt épuisées, elles jaunissent et meurent prématurément. Le plus souvent les parties des plantes envahies par les Rouilles ne sont pas modifiées dans leur forme ni dans leur structure. On connaît toutefois un certain nombre de cas où la présence des hyphes du mycélium des Urédinées produit sur les tissus infectés une irritation qui se traduit par le gonflement et la déformation de la place attaquée.

Dans quelques espèces le mycélium envahit la plante nourricière tout entière, et sa présence cause une hypertrophie de toutes ses parties comme on en voit un exemple dans la Rouille de l'*Euphorbia Cyparissias*, dont la tige devient plus grosse, plus forte; les feuilles sont plus courtes, plus épaisses; tout l'aspect de la plante rouillée diffère à tel point de la plante saine, qu'on pourrait hésiter à les rapporter l'une et l'autre à la même espèce botanique. Il en est à peu près de même pour certains rameaux de Sapin qui, envahis par une Rouille (*Peridermium elatinum*) se déforment au point de prendre l'apparence d'arbrisseaux étrangers implantés sur le Sapin. C'est ce que l'on appelle des *Balais de sorcières* (fig. 108).

Le mycélium après s'être étendu dans le parenchyme où il puise sa nourriture, va se condenser en certains points au-dessous de l'épiderme ; il produit là de nombreuses ramifications entrelacées et feutrées et forme ainsi des masses serrées, aplaties, arrondies, ou allongées, d'où naissent les fructifications. On donne le nom de *stroma* au faux parenchyme composé de rameaux mycéliens qui forme ces coussinets dont la surface se couvre de spores.

Ces fructifications des Urédinées diffèrent beaucoup les unes des autres. Elles peuvent se rapporter à plusieurs types qui ont servi longtemps à caractériser des genres spéciaux, mais on sait aujourd'hui qu'elles peuvent se présenter successivement sur une même Urédinée et être portées par un même mycélium. La multiplicité des formes de fructification est de règle dans la famille des Urédinées.

L'examen des Rouilles des plantes cultivées en fournit de nombreux et excellents exemples.

Quand, en été, les blés sont attaqués par la Rouille, on voit sur leurs feuilles des quantités de petites taches pulvérulentes d'un rouge orangé. La poussière colorée est formée des spores de l'*Uredo* qui se détachent très aisément et restent en quantité adhérentes aux vêtements des personnes qui traversent une pièce de blé rouillé. La forme des taches et la forme des spores varient selon les espèces de Rouille. Dans l'*Uredo linearis*, ces taches sont allongées, linéaires, comme le nom de l'espèce l'indique. Sous l'épiderme de la céréale, Froment, Seigle, Avoine ou Orge, les rameaux du mycélium ont formé aux endroits correspondant aux taches des amas feutrés en forme de coussinets allongés dans le sens de la longueur de la feuille. La surface extérieure de ce coussinet se couvre de filaments dressés perpendiculairement à l'épiderme qu'ils soulèvent. D'abord tendu, il est bientôt déchiré quand, à l'extrémité de chacun de ces filaments, se forme et grossit une spore.

La spore d'*Uredo* est produite par l'extrémité du filament dressé. Elle s'isole par une cloison transversale, se renfle en un corps arrondi ou ovoïde qui se trouve ainsi porté au bout d'un support (fig. 78 A). Au moment de la maturité, le spore d'*Uredo* se détache très aisément.

Dans l'*Uredo linearis* les spores sont ovoïdes ; on y distingue bien deux téguments dont l'extérieur, l'épispore, est couvert de très fines pointes. Sur le côté de la spore se trouvent 3 à 4 pores, points où la paroi est amincie, et par où le tube qu'elle émet quand elle germe doit trouver un facile passage.

La paroi de la spore est incolore ; sa coloration orangée est due à son contenu.

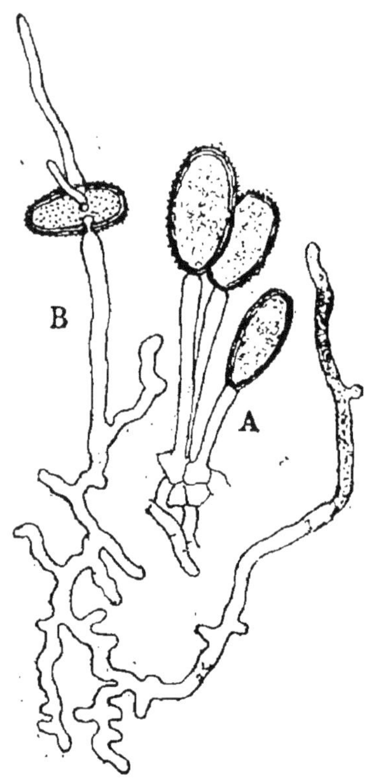

Fig. 78. — *Uredo linearis*.

A. Urédospores. — B. Urédospores germant.
(D'après Tulasne.)

Aussitôt que la spore d'*Uredo* est mûre, elle se détache de son support et germe immédiatement. Si elle tombe dans une goutte d'eau par un temps assez chaud, en moins de trois heures, elle peut avoir déjà produit un tube de germination dont la longueur dépasse le diamètre de la spore. Ce tube qui sort par un des pores, s'allonge en rampant sur la surface de la plante nourricière (fig. 78 B). Aussitôt que son extrémité rencontre un stomate, il y pénètre, s'allonge dans le tissu situé au-dessous et prend le caractère du mycélium de parasite. Au bout d'une semaine, on peut voir sur le point infecté apparaître une nouvelle tache pulvérulente formée de fructifications d'*Uredo*.

L'*Uredo*, contrairement à ce qui a lieu dans les Ustilaginées attaque les plantes adultes, les organes tout formés dans lesquels il pénétre par les stomates. Le mycélium s'étend peu, et c'est par les spores que se fait la propagation de la Rouille, aussi bien sur les places encore saines des feuilles de la plante attaquée que sur les plantes du voisinage. Quand les conditions favorisent la végétation des *Uredo* et la germination de leurs spores qui se forment incessamment, la Rouille portée par quelques pieds isolés envahit bientôt des champs entiers.

A l'arrière-saison, on trouve sur les pailles, vers le moment de la moisson, non plus de la Rouille orangée, mais de la Rouille noire ou Puccinie. La Puccinie forme sur les gaines des feuilles et surtout sur les pailles, des pustules tout à fait pareilles à celles d'*Uredo*; leur mycélium est identique. Elles se forment de même sous l'épiderme, qu'elles déchirent le plus souvent pour apparaître au dehors.

La spore de Puccinie est portée comme celle de l'*Uredo* à l'extrémité d'un support, mais elle en diffère en ce que, d'une part, elle ne s'en détache pas quand elle est mûre, et d'autre part, au lieu d'être simple et globuleuse ou ovoïde, elle a la forme d'une massue, a des parois beaucoup plus épaisses et est divisée en deux loges. Sa couleur est d'un brun foncé (fig. 79).

Dans l'*Uredo* la spore a 3 ou 4 pores placés symétriquement à l'équateur ; dans la Puccinie, chacune des deux loges de la spore n'a qu'un seul pore de germination, et il est terminal, c'est-à-dire que le pore de la loge supérieure traverse le sommet épaissi de la spore, et que celui de la loge inférieure s'ouvre latéralement au-dessous de la cloison.

Les spores de la Puccinie des céréales qui constituent la Rouille noire, naissent plus tardivement que celles des *Uredo* qui forment la Rouille orangée, et seulement quand la végétation de leur plante nourricière va bientôt cesser, quand l'époque de la moison approche. On donne à ces sortes de spores qui sont ordinairement des spores dormantes, ne germant qu'après l'hiver, le nom de *téleutospores*. La plupart des Puccinies ne germent ainsi qu'après plusieurs mois de repos, quand, au retour de la belle saison, leurs plantes nourricières se couvrent de nouvelles feuilles : c'est le cas des Puccinies des céréales. Mais il y a quelques espèces qui germent dans l'été même où

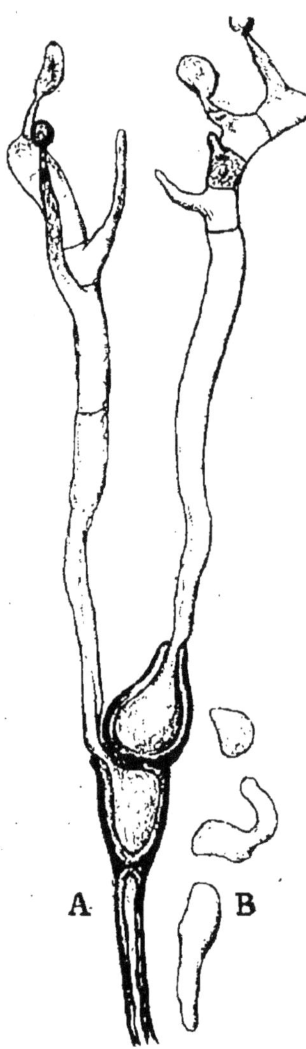

Fig. 79. — *Puccinia Graminis.*
A. Téleutospores germant. — B. Sporidies germant.
D'après Tulasne.)

elles sont nées, aussitôt après leur maturité : la Puccinie de l'Œillet (*Puccina Arenariae*); la Puccinie des Mauves (*Puccinia Malvacearum*), sont dans ce cas. On désigne ce groupe de Puccinies sous le nom de *Lepto-Puccinies*.

Ce qui caractérise essentiellement les spores de Puccinie et plus généralement les Téleutospores des Urédinées, ce n'est pas la propriété qu'elles ont le plus souvent de supporter la mauvaise saison et de germer tardivement, mais leur mode spécial de germination qui est autre que celui des spores d'*Uredo*.

Les téleutospores ne produisent pas comme les urédospores un long tube de germination capable de pénétrer par un stomate dans la plante nourricière et de s'y transformer en un mycélium parasite. De chacune de leurs loges sort un tube assez court, épais, divisé par quelques cloisons transversales et rempli de plasma qui ne s'allonge pas au delà de deux ou trois fois la longueur de la spore, et qui donne seulement naissance sur le côté à quelques petits rameaux courts et pointus que Bénédict Prévost avait déjà observés et qu'il comparait aux andouillers d'un bois de cerf (fig. 79 A). C'est un promycélium dont la végétation est limitée. A l'extrémité des petites pointes qu'il porte naissent des corpuscules courts réniformes, dans lesquels va s'accumuler tout son plasma. Ce sont des sporidies qui germent en produisant un tube court qui peut pénétrer dans l'épiderme des plantes nourricières où il ne tarde pas à se ramifier, à se cloisonner et à devenir un mycélium parasite aussi bien que le tube de germination d'un *Uredo*. Au point de vue de leur germination, les téleutospores des Puccinies offrent ainsi la plus complète analogie avec les spores des *Ustilago*. Seulement on n'a jamais vu leurs sporidies germer dans un liquide nutritif ni s'y développer en levûres.

Les téleutospores des Urédinées présentent, selon les genres, un plus ou moins grand nombre de compartiments. Dans les *Uromyces* (fig. 92) elles sont simples et unicellulaires; dans les *Triphragmium* elles sont globuleuses et composées de trois loges; dans les *Phragmidium* (fig. 96 B), d'une file de plusieurs loges, mais elles ont toutes avec celles de Puccinie ce caractère commun qui les différencie nettement des urédospores, même quand elles sont unicellulaires, de ne pas se détacher de leur support à maturité et de germer en produisant un promycélium qui porte des sporidies.

On a depuis longtemps remarqué que la Rouille noire des céréales succède sur les pailles à la Rouille orangée et les observateurs ont maintes fois constaté qu'à la fin de l'été on trouve mêlées dans les mêmes touffes des fructifications d'*Uredo* et de Puccinie. Tulasne a établi d'une façon certaine, ce qui avait été seulement soupçonné à plusieurs reprises, que la Puccinie n'est que la forme tardive de fructification du Champignon qui produit en été l'*Uredo*. L'*Uredo* est la spore d'été, la Puccinie la spore d'hiver de la rouille du blé. Tulasne a montré que ce dimorphisme est un cas fort général chez les Urédinées, et que les diverses formes de téleutospores qui ont servi à caractériser les genres *Puccinia, Phragmidium, Uromyces*, etc., ont été précédées, à une époque moins avancée de l'année, par diverses sortes d'*Uredo*, tout comme la Rouille noire a été précédée par la Rouille orangée.

Les Urédinées présentent une forme de fructification qui diffère de celle des *Uredo* et plus encore des téleutospores des *Puccinia* et autres genres voisins; c'est elle qui caractérise l'ancien genre *Æcidium*. On rencontre de très nombreuses espèces d'*Æcidium* sur une fort grande quantité de plantes. Prenons pour exemple particulier l'*Æcidium* de l'Épine-Vinette (*Berberis vulgaris*).

On voit très communément, au printemps, les feuilles de l'Épine-Vinette se couvrir de taches orangées gonflées, bombées à la surface supérieure et qui sont toutes couvertes en-dessous de petites pustules qui s'ouvrent par un orifice circulaire dont le bord a 5 ou 6 dentelures et qui sont remplies d'une poussière de Rouille de couleur orangée.

Si on fait une coupe de la feuille dans les points gonflés où se trouvent amassés ces petits corps pleins de rouille, on y peut voir, entre les cellules, les filaments du mycélium du parasite qui en certains points se pelotonnent en masses globuleuses et forment au-dessous de l'épiderme les premiers commencements de la fructification d'*Æcidium*. Bientôt ces petits pelotons globuleux grossissent et s'allongent de façon à crever l'épiderme et à faire saillie au dehors. Ce sont alors des sortes de sacs remplis de spores, des conceptacles d'*Æcidium*. Ils s'ouvrent par l'extrémité tournée vers le dehors en renversant un peu, autour de l'ouverture, les bords de la membrane qui forme l'enveloppe dans laquelle sont renfermées les spores et que l'on nomme le *péridium*.

Au moment de la maturité, ce péridium à bords évasés a la forme d'une cloche ou d'une timbale enfoncée jusqu'à moitié dans le tissu gonflé de la feuille, et sortant à travers l'épiderme inférieur son orifice blanchâtre d'où s'échappent les spores de l'*Æcidium* (fig. 80).

On voit fort bien sur une coupe transversale de la feuille qu'à l'intérieur du péridium les spores ne sont pas toutes de même âge; les plus âgées sont à l'orifice; elles sont libres et se disséminent en poussière; ce sont de petits corps orangés à peu près globulaires; un peu au-dessous on voit qu'ils se sont fort pressés les uns contre les autres en grandissant; ils présentent de petites facettes sur leur pourtour, là où ils se serraient mutuellement. Les plus jeunes sont au fond de la cloche immédiatement au-dessus d'une couche de cellules allongées qui leur servent de supports et à l'extrémité desquelles elles se forment.

Les jeunes spores naissent les unes au-dessous des autres; elles demeurent toutes unies en file et se désagrè-

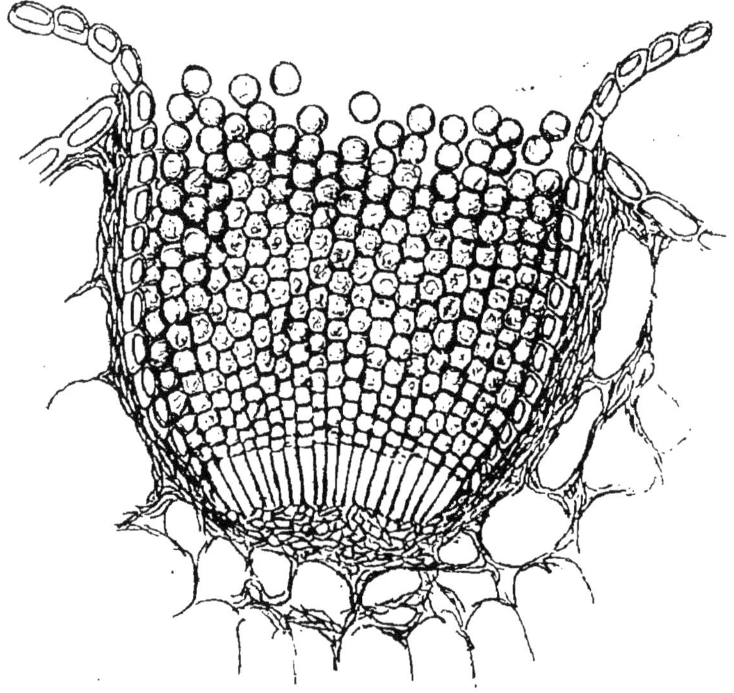

Fig. 80. — *Æcidium Berberidis.*

gent seulement quand elles sont parvenues à maturité et qu'elles se trouvent à l'orifice largement ouvert du péridium.

Quant au péridium qui enveloppe la masse de spores, il paraît formé par les files les plus extérieures des spores qui ne se développent pas de la même façon que les autres, restent stériles et demeurent toutes soudées les unes aux autres latéralement, de façon à former une membrane.

Les spores d'*Æcidium* germent, à la façon de celles d'*Uredo*, en donnant naissance à un tube de germination, qui, s'il est à la surface d'une plante d'une espèce convenable, y pénètre par un stomate et se développe en mycélium à son intérieur (fig. 81).

Vis-à-vis de la place gonflée et saillante où se développent les fructifications d'*Æcidium*, la feuille de l'Épine-Vinette présente sur sa face supérieure une tache rouge sur laquelle on voit de petits points noirs saillants qui se montrent toujours avant l'apparition des conceptacles d'*Æcidium* et qui sont l'orifice de conceptacles beaucoup plus petits qui ont une structure bien différente et dont le rôle physiologique a été controversé (fig. 82).

Ces précurseurs des *Æcidium* naissent du même mycélium. Unger (1) qui le premier, a attiré l'attention sur ces petits corps, voyait en eux une forme infime, une sorte d'ébauche d'*Æcidium* et les rapportait tous, quelle que fût l'espèce d'*Æcidium* qui les dût suivre, à un type unique qu'il nomma *Æcidiolum exanthematum*. Depuis on leur a attribué vaguement un rôle fécondateur qui n'a jamais pu être établi, et on leur a donné ainsi qu'à des corps analogues qui se trouvent dans d'au-

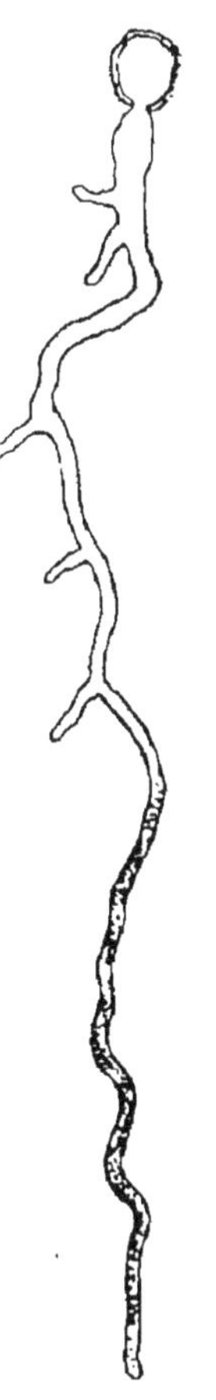

Fig. 81.

GERMINATION
D'UNE SPORE
D'*Æcidium Ber-*
beridis.

---

(1) Unger, *Exanthem. der Pflanz.*, p. 303, pl. III, fig. 18 et 19. 1833.

tres familles de Champignons, le nom de *spermogonies*.

Ces æcidioles ou spermogonies sont de petits corps globuleux ou piriformes enfoncés dans le tissu sous-épidermique et s'ouvrant à travers l'épiderme par un col étroit et court (fig. 82 A). Ils sont formés par des rameaux entrelacés du mycélium qui se pelotonnent, pour former le corps de la spermogonie, puis se dirigeant vers l'épiderme, constituent au dessus d'un corps globuleux, un col saillant en forme de cône. Cette enveloppe ou *peridium*, plus ou moins définie, porte sur sa face interne une couche veloutée composée de filaments très déliés, pressés les uns contre les autres et se dirigeant vers le centre de la cavité. Au sommet de ces filaments naissent, isolément ou à la file, associées en courts chapelets, des petits corps extrêmement ténus que l'on a nommés des *spermaties*. Ces spermaties, produites en nombre immense, remplissent bientôt toute la cavité de la spermogonie. Celle-ci secrète, en outre une matière visqueuse qui s'épanche au dehors avec les spermaties quand, l'æcidiole s'ouvre par son extrémité saillante. Autour de la très étroite ouverture, les filaments qui forment le col conique se séparent en un petit bouquet de poils aigus, raides et dressés.

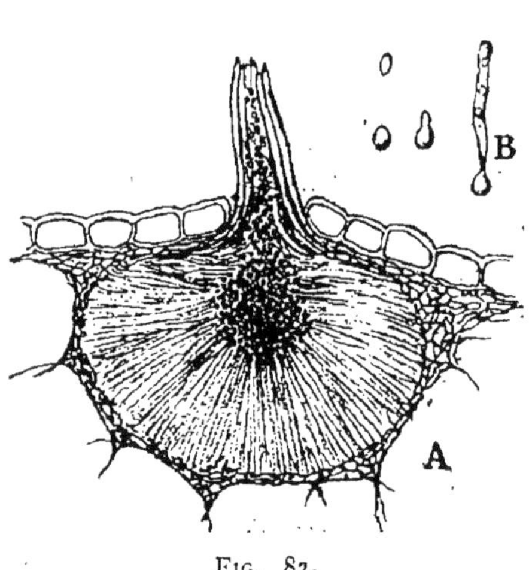

Fig. 82.

A. Æcidiole (Spermogonie) de l'*Æcidium Berberidis* — B. Spermaties germant. (D'après M. von Tavel.)

On a supposé que les spermaties pouvaient être des corps fécondateurs et que les fruits d'*Æcidium* seraient le produit d'une fécondation ; mais on a pu s'assurer que ce sont véritablement des spores d'une excessive ténuité, car on est quelquefois parvenu, difficilement il est vrai, à les faire germer. M. Plowright (1) a obtenu la germination de quelques spermaties d'Urédinées en les plaçant dans un liquide sucré. Elles se sont gonflées, puis ont présenté à leur extrémité un petit prolongement. M. Plowright ne l'a pas vu s'allonger en un véritable tube, mais M. de Tavel a été plus heureux et il a pu figurer d'après nature (2) des spermaties de l'æcidiole de l'Épine-Vinette, produisant un tube de germination assez long et épais contenant de petites goutelettes de matière grasse (fig. 82 B). On n'a pas pu, il est vrai, observer leur développement ultérieur, ni opérer des infections, mais ce que l'on sait déjà de ces petits corps, dont l'excessive ténuité rend l'observation fort difficile, suffit pour assurer que l'on doit bien les considérer comme de très petites spores analogues à celles que l'on voit se produire dans d'autres familles à l'intérieur de conceptacles plus gros, que l'on nomme des *pycnides*.

Dans certaines plantes, les feuilles qui portent des æcidioles et des *Æcidium* sont, à d'autres moments de l'année, chargées de touffes, soit d'*Uredo*, soit de téleutospores se rapportant à différents genres. C'est ce qui a lieu, par exemple, pour les Betteraves et pour les Fèves.

De Bary, étudiant la germination des sporidies des téleutospores à une seule loge de la Rouille de la Fève (*Uromyces Fabae*), constata qu'aux places où il avait

<hr>

(1) Plowright, *A monograph of the British Uredinæ*, p. 14, pl. I, 1889.
(2) Von Tavel., *Vergleichende Morphologie der Pilze*, p. 127, fig. 58, 1892.

ensemencé ces sporidies sur des feuilles de Fève il se montra, au bout d'une dizaine de jours, des taches blanchâtres sur lesquelles apparurent de petites protubérances portant à leur sommet une gouttelette mucilagineuse et qui n'étaient autre chose que des æcidioles, puis bientôt après apparut un *Æcidium* semblable à celui des Légumineuses qui avait toujours été considéré jusqu'alors comme appartenant à un genre n'ayant rien de commun avec un *Uromyces*.

Un mois après, des points bruns ou noirâtres se montrèrent sur les taches où s'étaient développées les *Æcidium*, et de Bary y put reconnaître des téleutospores d'*Uromyces* associées à un certain nombre de fructifications d'*Uredo*. Il put ainsi avoir la preuve que toutes ces formes de fructification : spermaties et spores d'*Æcidium*, téleutospores d'*Uromyces* et urédospores, sont produites par un seul et même mycélium et appartiennent en réalité à une même espèce d'Uredinée (1).

Ce qui est vrai de l'*Uromyces* l'est également des *Puccinia* et des *Phragmidium*. A maintes reprises, on a constaté pour plusieurs espèces de ces genres que le même mycélium produit successivement, au printemps l'*Æcidium*, en été l'*Uredo*, en automme la téleutospore qui ne germe qu'au printemps suivant, en donnant un promycélium et des sporidies qui, ensemencées sur les feuilles d'une plante saine, y reproduisent des spermogonies et des *Æcidium*.

Mais il y a des *Æcidium* comme celui de l'Épine-Vinette qui naissent isolées de toute autre forme de Rouille sur des plantes qui ne portent jamais ni *Uredo*, ni Puccinie ni téleutospores d'autres genres.

La Rouille de l'Épine-Vinette présentait un intérêt

<hr>

(1) De Bary, *Ueber die Getreiderost*, — *Annalen der Landwirthschaft in den Kon. Preuss. Staaten*, Berlin, t. 45, 1865.

tout particulier; c'était, en effet, une opinion depuis longtemps répandue en maint pays, que l'Épine-Vinette produit la Rouille des blés. On cite en France un arrêt du parlement de Rouen du siècle dernier, prescrivant pour cette raison d'arracher les buissons d'Épine-Vinette. Cette opinion bien qu'appuyée par de curieuses expériences faites de 1813 à 1817, en Danemark, par un instituteur nommé Schœler (1) paraissait trop contraire aux données scientifiques pour pouvoir être acceptée ; mais quand M. de Bary eut démontré l'identité spécifique de plusieurs *Æcidium* avec des *Uredo* et des *Uromyces* ou des Puccinies, l'impossibilité de comprendre comment l'Épine-Vinette peut causer la Rouille des blés n'existait plus, on pouvait supposer que la Rouille de l'Épine-Vinette qui est un *Æcidium*, se développait sur les céréales sous une autre forme; de Bary en fit l'expérience (2). Semant au printemps sur les feuilles de l'Épine-Vinette, les sporidies nées sur le promycélium du *Puccinia graminis*, il les vit y pénétrer en perçant l'épiderme de leur tube de germination et s'y transformer en un mycélium dont la présence dans le tissu se traduisit bientôt par la production de taches saillantes qui se couvrirent d'abord de spermogonies; bientôt après apparurent les conceptacles de l'*Æcidium Berberidis*. Il fournit peu après la contre-épreuve de cette première expérience en semant des spores mûres de l'*Æcidium* de l'Épine-Vinette sur des jeunes plants de Seigle au printemps. Au bout de dix jours, sur les places ensemencées, apparaissaient des touffes orangées de l'*Uredo* qui correspond au *Puccinia graminis*.

Il était donc absolument démontré que l'ancienne

<hr>

(1) Rapportées par Plowright, *Monograph of the British Uredineae*, p. 53.
(2) De Bary, *Nouvelles observations sur les Urédinées Ann. des Sc. Nat.* série V, t. 5, p. 162.

croyance des cultivateurs était fondée, que l'*Æcidium* de l'Épine-Vinette peut infecter les céréales; qu'il est une forme de parasite des céréales qui produit successivement la Rouille orangée et la Rouille noire. Habitant une autre plante nourricière il y produit seulement des spermogonies et des *Æcidium,* tandis que sur les céréales il ne fructifie que sous forme *Uredo* ou *Puccinia* selon la saison.

Les Urédinées ont donc en résumé des modes de fructification multiples qui ordinairement se succèdent pendant le cours de l'année dans un ordre déterminé. Au premier printemps apparaissent les spermogonies et les *Æcidium* puis se montrent dans le cours de l'été les *Uredo* et enfin à l'arrière-saison les téleutospores, spores dormantes ou spores d'hiver qui se rapportent aux genres *Puccinia, Uromyces*, etc.

. Ces formes peuvent se montrer successivement dans une espèce, soit sur une même plante nourricière, soit sur plusieurs plantes nourricières différentes. L'*Uromyces Fabae* Pers., est un exemple des Urédinées que l'on dit *autoïques,* c'est-à-dire qui habitent toujours une même plante et y montrent toutes leurs formes de fructification: la Rouille linéaire des céréales, le *Puccinia linearis* est une Urédinée que l'on nomme *hétéroïque,* c'est-à-dire qui change de support produisant ses formes d'*Uredo* et de Puccinie uniquement sur les céréales et les autres, seulement sur l'Épine-Vinette et quelques autres plantes de la famille des Berbéridées.

Il y a un certain nombre d'Urédinées qui présentent successivement toutes les formes de fructifications; d'autres, au contraire, qui n'ont pas le cycle complet, qui ne produisent que des spermogonies, des urédospores et des téleutospores sans *Æcidium,* ou des spermogonies, des *Æcidium* et des téleutospores sans *Uredo;* ou même seulement des téleutospores, dont les sporidies produisent dans la plante nourricière un mycélium, d'où ne naissent que des téleutospores.

Dans tous les cas, on nomme les espèces d'après leur forme à téleutospores, c'est elle qui fournit les caractères génériques.

Puccinia.

(Rouilles des céréales.)

On distingue sur les céréales de nos champs au moins trois espèces différentes de Rouilles qui toutes se rapportent au genre *Puccinia* et présentent le cycle complet des formes en passant des céréales à d'autres plantes nourricières; elles sont donc hétéroïques.

La première est la Rouille linéaire ou Rouille commune (*Uredo linearis*) dont la forme à téleutospores est le *Puccinia graminis*.

La seconde est la Rouille tachetée ou grosse rouille, c'est la vraie Rouille de De Candolle, *Puccinia Rubigo-vera, Uredo Rubigo-vera*.

La troisième enfin, moins commune et moins redoutable que les deux autres est la Rouille de l'Avoine qui répond à la Puccinie couronnée (*Puccinia coronata*).

Puccinia graminis Pers.

(Rouille linéaire ou Rouille commune.)

Syn. : I. — *Æcidium lineare* Gmel. — *Lycoperdon poculiforme* Jacq. — *Æcidium Berberidis* Gmel. — *Cæoma berberidatum* Link.

II. — *Uredo linearis a. Frumenti* Lamb. — *Uredo culmorum* Schum. — *Uredo frumenti* Sow.

III. — *Puccinia linearis* Rœhl. — *Puccinia cerealis* Mart. — *Erysibe linearis* Walle. — *Puccinia poculiformis* (Jacq) West).

La Rouille linéaire apparaît sous la forme *Uredo*, d'ordinaire à la fin du mois de juin seulement, ou au commencement du mois de juillet, notablement plus tard que l'*Uredo Rubigo-vera* qui se montre dès le premier printemps. Elle attaque une foule de graminées et est fort commune sur le Froment aussi bien que sur l'Orge et l'Avoine. C'est la plus dangereuse des Rouilles des céréales.

Elle attaque particulièrement les feuilles, surtout leurs gaînes et les pailles; elle produit tout d'abord des pustules allongées qui se fendent pour laisser sortir des touffes d'*Uredo* dont les spores se détachent aisément et forment une poussière couleur de rouille. Les taches rouillées s'allongent, celles qui sont sur la même ligne entre les nervures de la feuille se joignent par leurs extrémités et se confondent en longues bandes linéaires (fig. 83).

Les spores de l'*Uredo linearis* sont ovoïdes ou oblongues et ont leur surface hérissée de très fines pointes (fig. 84). Elles se détachent dès qu'elles sont mûres et germent aussitôt, quand la température est humide et chaude en produisant un tube qui au bout de deux ou trois heures peut avoir pénétré par un stomate dans une feuille saine et commencer à produire un nouveau foyer d'infection.

Dans l'espace de 6 à 10 jours, si la température est humide et chaude, des spores semblables à celle qui a germé sur la feuille se forment sous l'épiderme, le crèvent et sont aptes à répandre de nouveau la maladie.

C'est sous cette forme qu'en été, quand il y a des alternatives de pluie et de soleil, la Rouille envahit rapidement toutes les feuilles d'un champ de blé.

·FIG. 83.
TACHE *d'Uredo linearis* (ROUILLE ORANGÉE).

A l'arrière-saison, la Puccinie succède à l'*Uredo*

(fig. 85 et 86). C'est la Rouille noire des agriculteurs. La téleutospore du *Puccinia graminis,* formée de deux loges superposées, a des parois lisses, épaisses et colorées en brun. La loge terminale, en général un peu plus grosse est d'une nuance plus foncée; elle est arrondie au sommet ou terminée en pointe mousse. C'est sous cette forme de

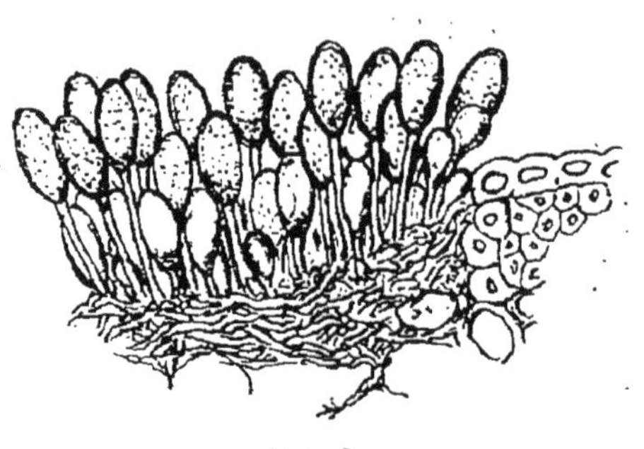

FIG. 84.
TOUFFE D'URÉDOSPORES D'*Uredo linearis.*

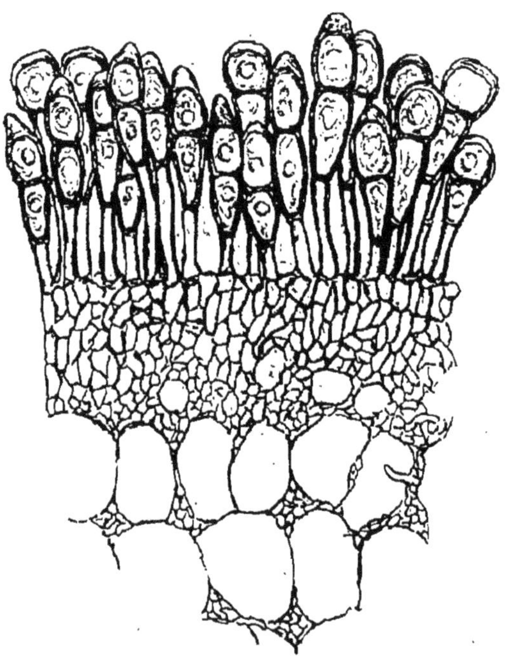

FIG. 85. — TOUFFE DE TÉLEUTOSPORES DE *Puccinia graminis.*

Rouille noire que le parasite est récolté avec les pailles au moment de la moisson.

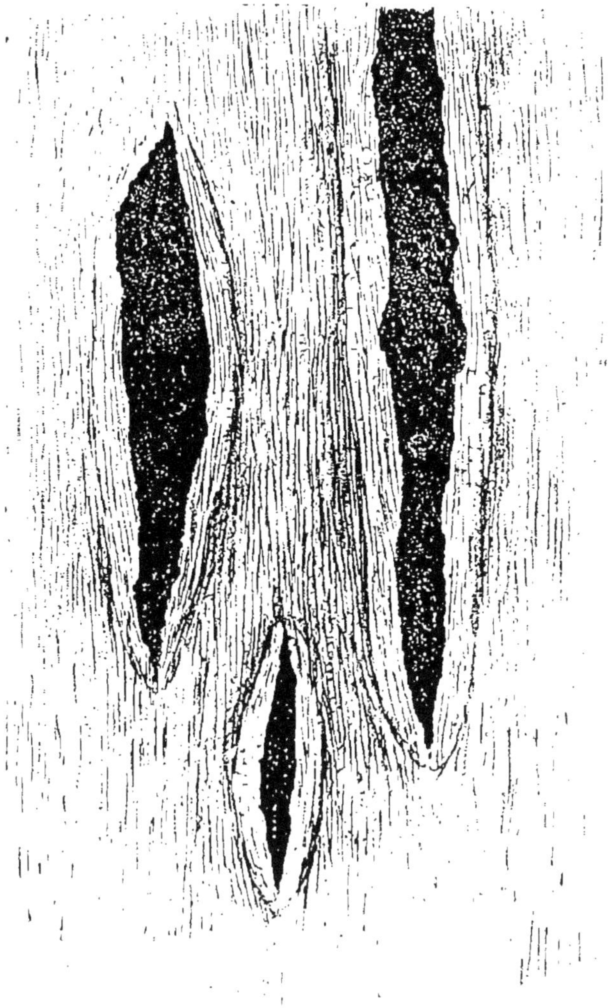

Fig. 86. — Tache de *Puccinia graminis*. (rouille noire.)

Ces téleutospores ne germent qu'au printemps suivant ; elles émettent alors un promycélium dont les sporidies ne peuvent, d'après les observations de Bary produire en germant un mycélium parasite que si elles pénètrent dans les jeunes feuilles de l'Épine-Vinette. Ce mycélium produit l'*Æcidium* de l'Épine-Vinette. Les sporidies du *Puccinia graminis* ne peuvent infecter les céréales. S'il n'y a pas d'Épine-Vinette au voisinage, ce n'est que par ses urédospores que le *Puccinia graminis* peut se propager indéfiniment sur les céréales en passant des graminées vivaces, où il fructifie sous la forme *Uredo*, jusqu'au mois de novembre, sur les jeunes blés semés à l'automne.

Puccinia **Rubigo-vera** (D. C.) Wint.
(Rouille tachetée.)

Syn. I. — *Æcidium Asperifolii* Pers. — *Cœoma Asperifolii* Schlecht.
— *Cœoma Boragincatum* Link. — *Æcidium Lycopsidis* Desv.
— *Æcidium Symphyti* Thüm. — *Æcidium Lithospermi* Thüm.
— *Cœoma Rubigo* Link. — *Æcidium Pulmonariae* Thüm.
II. — *Uredo Rubigo-vera* D. C. — *Trichobasis Rubigo-vera* Lév.
III. — *Puccinia striiformis* Westend. — *Puccinia straminis* Fuckel. — *Puccinia Asperifolii* (Pers.) Weltst.

L'autre Rouille, très commune sur les Froments est généralement confondue par les cultivateurs avec la précédente. Par opposition, au nom de Rouille linéaire on peut la désigner du nom de Rouille tachetée ; De Candolle l'appelait la vraie Rouille (*U. Rubigo-vera*), on la nomme aussi Grosse Rouille. Elle se distingue déjà à la simple vue par la forme des petites pustules qu'elle produit sur les feuilles et les tiges des céréales : elles sont ovales et restent relativement courtes, au lieu de s'unir les unes aux autres en longues lignes (fig. 87). Vues au

microscope, les spores qui se détachent, dès qu'elles
sont mûres, des filaments fructifères, sortant à travers

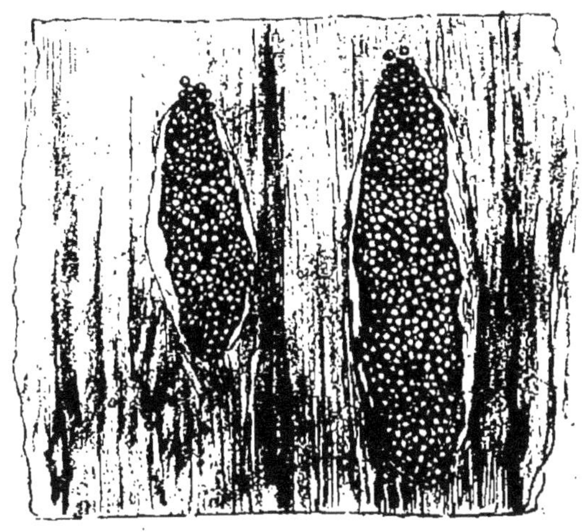

FIG. 87. — TACHE D'*Uredo Rubigo-vera.*

l'épiderme fendu, se montrent nettement différentes de
celles de la Rouille linéaire en ce qu'elles sont presque

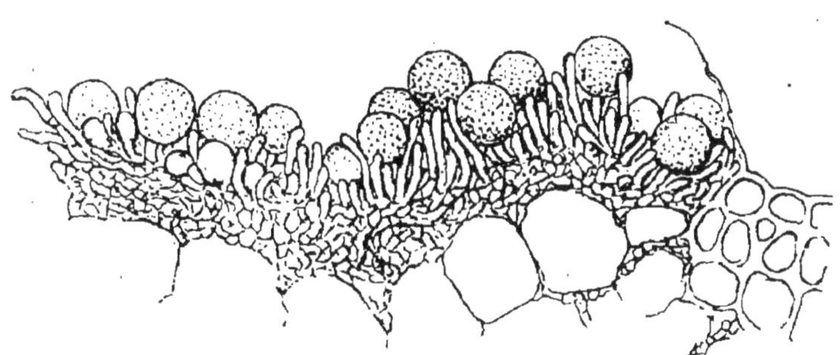

FIG. 88. — *Uredo Rubigo-vera.*

toutes globuleuses au lieu d'être ovales ou oblongues,
(fig. 88); on en trouve seulement, çà et là, parmi un

grand nombre quelques-unes qui sont un peu allongées.

La Rouille tachetée se montre plus tôt sur les céréales que la Rouille linéaire et elle est souvent plus commune encore que l'autre espèce sur les Froments.

Le développement des téleutospores ne se fait pas comme dans la Rouille linéaire sur les places mêmes où se sont produites les urédospores. Les fructifications du *Puccinia Rubigo-vera* forment de petites touffes spéciales au-dessous de l'épiderme qui ne se fend pas, de telle façon que les téleutospores restent renfermées dans la feuille au lieu de se développer librement, comme cela a lieu pour celles du *Puccinia graminis* (fig. 89).

Les spores du *Puccinia Rubigo-vera* que l'on a nommé aussi Puccinie de la paille (*Puccinia straminis* Fückel), sont d'un brun foncé comme celles du *Puccinia graminis*. Elles apparaissent par transparence à travers l'épiderme qui les recouvre, comme de petites taches allongées de couleur noirâtre et terne qui ne sont pas saillantes et restent peu visibles (fig. 90). C'est surtout sur la paille devenue d'un blanc jaunâtre vers le moment de la moisson qu'on les distingue le plus aisément.

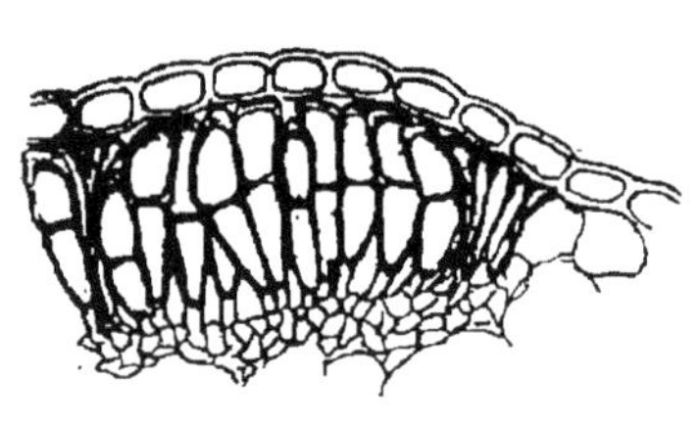

FIG. 89. — *Puccinia Rubigo-vera.*

Les spores à deux loges du *Puccinia Rubigo-vera* diffèrent sensiblement par leur forme de celles du *Puccinia graminis*. Comme au lieu de se développer librement toutes les spores de chaque touffe sont fortement serrées les unes contre les autres et comprimées par l'épiderme qui empêche leur sommet de s'allonger elles sont aplaties à leur extrémité. En outre leur support reste très court ; il n'atteint même pas la lon-

gueur d'une seule des deux cellules de la téleutospore,
ce qui fait avec celle du *Puccinia graminis* une différence manifeste. Assez souvent des téleutospores à une
seule loge sont mélangées aux téleutospores normales.

Un autre caractère différencie bien nettement ces deux
espèces de Puccinie;
il consiste dans la
présence dans le *Puc-
cinia Rubigo-vera* de
paraphyses, c'est-à-
dire de cellules tubu-
laires allongées par-
tant du stroma qui
porte les téleutospo-
res et entourant les
petits bouquets de
Puccinie, tandis que
rien de pareil n'existe
pour le *Puccinia
graminis.*

La Rouille tache-
tée est par excellence
la Rouille du Fro-
ment, bien qu'elle at-
taque communément
aussi le Seigle et
l'Orge, mais non l'A-

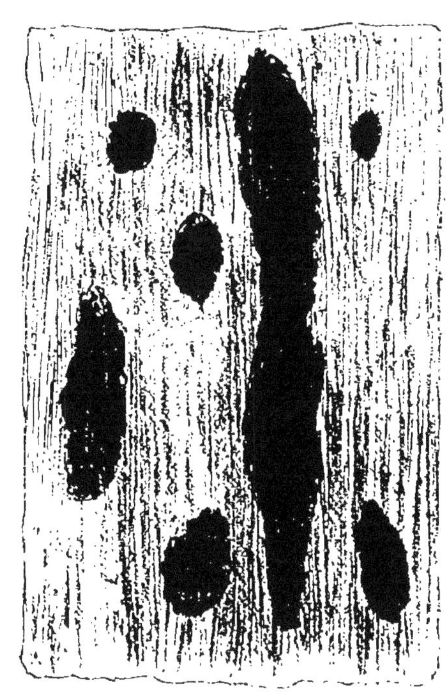

FIG. 90. — TACHE DE *Puccinia Rubigo-vera.*

voine. Sur le Froment elle se développe en abondance
non seulement sur les feuilles et les gaînes, mais aussi
dans les épillets, sur les glumes et couvre alors les fleurs
de sa poussière orangée. Cette Rouille des glumes ne
paraît pas différer de l'*Uredo Rubigo* des feuilles et des
pailles; quand elle se produit en grande quantité, comme
cela a lieu dans certaines années, elle cause un dommage

considérable en épuisant beaucoup le grain et l'arrêtant dans son développement plus encore que ne le fait la Rouille des feuilles qui produit du reste un effet analogue (1). On sait aussi très bien qu'à des degrés divers le grain des blés rouillés est léger, ridé et comme rétréci. Il a été mal nourri, s'est mal développé et n'a qu'une faible valeur.

Le *Puccinia Rubigo-vera,* qui fructifie seulement en *Uredo* et en Puccinie sur le Blé, peut produire des *Æcidium* sur des plantes d'une famille autre que celle des Graminées; il est hétéroïque comme le *Puccinia graminis.* De Bary, guidé par l'observation qu'il avait faite pour cette espèce, a tenté d'ensemencer les sporidies du *Puccinia Rubigo-vera* sur des plantes où on avait observé des *Æcidium* isolés sans *Uredo* ni Puccinies et il réussit à constater qu'elles pénètrent dans les feuilles de plantes fort diverses de la famille des Borraginées et y produisent un mycélium parasite qui, en épuisant le tissu, forme au bout de quelques jours une tache sur laquelle apparaissent bientôt des æcidioles puis, peu après, l'*Æcidium Asperifolii* Pers. Reprenant les spores de cet *Æcidium,* de Bary les a fait germer sur de jeunes pieds de Seigle et a produit sur les places infectées des pustules de l'*Uredo Rubigo-vera* D. C. Il a ainsi fourni la preuve complète que l'*Æcidium* des Borraginées appartient à la même espèce que le *Puccinia Rubigo.*

(1) D'après des observations que viennent de publier MM. Eriksson et Henning (1) on devrait considérer la Rouille ordinaire des glumes comme différente des *Puccinia Rubigo-vera* et lui donner le nom spécial de *Puccinia glumarum.* Ses téleutospores ont, d'après les auteurs suédois, la propriété de germer dès l'automne et de produire un promycélium de couleur jaune, tandis que les autres ont un promycélium incolore. On ne sait quel Æcidium se rapporterait à cette espèce. (Note ajoutée pendant l'impression.)

(1) Erickson et Henning, *die Hauptresultate einer Untersuchung über die Getreiderost (Zeitschrift für Pflanzenkrankheiten,* IV, 1894).

Il y est rattaché, comme l'*Æcidium Berberidis* au *Puccinia graminis*.

Le *Lycopsis arvensis,* la Buglosse (*Anchusa officinalis*), la Vipérine (*Echium vulgare*), si communs dans les champs, peuvent donc en se couvrant d'*Æcidium* servir à la multiplication de la Rouille tachetée dans les champs de Blé.

Contrairement à ce qui a lieu pour l'*Æcidium* de l'Épine-Vinette et aussi pour celui des Rhamnées et l'on peut dire pour les *Æcidium* en général qui apparaissent seulement au printemps, l'*Æcidium* des Borraginées se développe en toute saison; on le trouve à tous les états de développement depuis le printemps jusqu'à l'automne et même en hiver quand le temps est doux. De Bary qui a fait cette observation en trouve l'explication dans ce fait que les téleutospores de *Puccinia Rubigo-vera*, recouverts par l'épiderme, germent difficilement, irrégulièrement et seulement quand l'enveloppe qui les recouvre est désorganisée. Elles conservent tout l'été leur faculté germinative; elles germent et produisent des sporidies plus tôt ou plus tard, selon que l'épiderme est détruit plus ou moins vite. La variation du moment où les feuilles des Borraginées sont infectées, et se couvrent d'*Æcidium* en est la conséquence.

Puccinia coronata Corda.

(Rouille de l'Avoine.)

Syn. I. *Æcidium Rhamni* Gmel. — *Æcidium crassum* Pers. — *Æcidium elongatum* Link. — *Æcidium Frangulae* Schum. — *Æcidium Cathartici* Schum. — *Æcidium poculiforme* Wallr. — *Æcidium irregulare* D. C.

III *Puccinia serrata* Preuss. — *Solenodonta Flotowii* Rabenh. — *Puccinia Rhamni* (Gmel.) Wettst.

La troisième espèce de Rouille des céréales dont il convient de parler est propre à l'Avoine. Elle n'a du reste au point de vue agricole qu'une assez faible importance. Sous sa forme *Uredo* elle se confond avec l'*Uredo Rubigo vera*. Elle n'en diffère ni par la taille, ni par la forme des spores. On ne peut sur une préparation distinguer au microscope les urédospores du *Puccinia coronata* de celles du *Puccinia Rubigo-vera* (fig. 91 A).

Par leur forme générale, la proportion des deux cellules qui les composent, la brièveté de leur pédicule, les téleutospores de cette Rouille spéciale de l'Avoine ont aussi sans doute une grande analogie avec le *Puccinia Rubigo-vera*, mais elles s'en distinguent nettement par des saillies en forme de dents ou de petites cornes qui constituent une sorte de couronne autour de leur sommet : de là le nom de *Puccinia coronata* que Corda a donné à cette espèce (fig. 91 B). Elles se produisent presque exclusivement sur les deux faces des feuilles, tandis que celles du *Puccinia Rubigo-vera* se montrent presque toujours seulement sur les gaînes et les pailles, mais elles restent de même couvertes par l'épiderme.

De Bary a montré que le *Puccinia coronata* est hétéroïque comme les deux espèces précédentes; ses spores germent en produisant un promycélium dont les sporidies sont capables d'infecter les feuilles de différentes plantes de la famille de Rhamnées particulièrement le Nerprun (*Rhamnus cathartica*) et la Bourdaine (*Rhamnus frangula*) et d'y faire naître l'*Æcidium Rhamni* Pers., qui avait été considéré jusqu'alors comme une espèce autonome. Ce n'est en réalité qu'une forme, la forme printanière du *Puccinia coronata* (1).

Les Rouilles des céréales particulièrement la Rouille linéaire du *Puccinia graminis* et la Rouille tachetée du

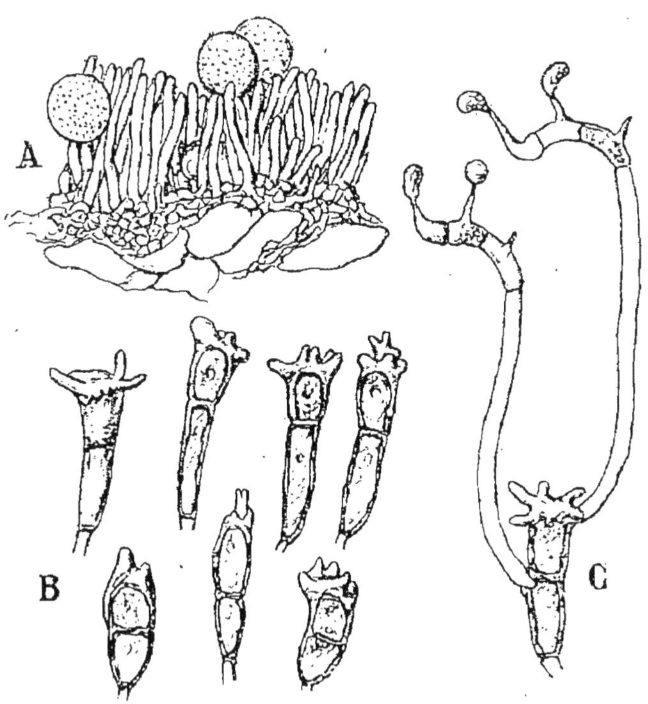

Fig. 91. — *Puccinia coronata.*

A. Forme *Uredo.* — B. Forme *Puccinia.*
C. Téleutospore germant. (D'après M. Plowright.)

(1) Selon M. Klebahn on devrait distinguer dans le *Puccinia coronata* deux espèces dont l'une, à laquelle on conserverait le nom de *Puccinia coronata* produit les *Æcidium* du *Rhamnus Frangula* et l'autre que l'on nommerait *Puccinia coronifera* donne naissance aux *Æcidium* du *Rhamnus cathartica.*

La variété de *Puccinia Rubigo* à téleutospores simples var. *simplex* de Kürnicke devrait aussi être regardée comme espèce spéciale : elle a été désignée par M. Rostrup sous le nom de *Puccinia anomala.*

Puccinia Rubigo-vera causent souvent une diminution considérable de la récolte quand la température a particulièrement favorisé le développement de la forme *Uredo*, dont les spores ont pu se resemer et produire incessamment de nouveaux foyers d'infection.

La rapidité avec laquelle se développent les nouvelles touffes d'*Uredo* provenant de la germination d'une spore est telle qu'il peut se produire trois générations successives dans l'espace d'un mois. Le développement de grandes quantités de taches de Rouille vers la fin de la végétation, au moment de la formation des grains de Blé, est très épuisante pour la plante. C'est alors que la Rouille prend la forme de Rouille noire en produisant des téleutospores.

Jusqu'ici on n'a pas trouvé de traitement contre la Rouille qui puisse être utilement employé dans la pratique.

Pour des plantes en pot des traitements préventifs faits avec soin et suffisamment répétés paraissent pouvoir bien les préserver de la Rouille. MM. Vilmorin et Douillet en ont fait l'expérience. Des pieds de Blé Chiddam blanc de mars traités par aspersion d'une solution de sulfate de cuivre et transportés ensuite à proximité de Blés attaqués par la Rouille n'ont pas été atteints, tandis que dans les mêmes conditions des pieds non traités ont été envahis par la maladie (1).

Si un traitement cuprique des Blés en herbe est déjà difficile, il le serait plus encore s'il s'agissait de traiter le Blé déjà monté et épié, c'est-à-dire au moment où les attaques de la Rouille sont particulièrement redoutables.

Des essais de traitement en grand ont été faits en Australie et ont montré l'action préservatrice des sels de

____

(1) Henri de Vilmorin et Francis Douillet, *Étude sur la Rouille du Froment*, Paris 1893.

cuivre contre la maladie, mais les difficultés pratiques qu'il y a à vaincre pour pulvériser un champ de Blé sont telles que l'on ne peut guère espérer trouver dans des pulvérisations répétées un remède contre les dommages que cause la Rouille des céréales.

Pour se mettre relativement à l'abri de la Rouille, le cultivateur devra choisir de préférence les races de Blé sur lesquelles le parasite cause moins de dommages dans le climat où on les cultive. Ce sont les variétés tardives qui ont généralement le plus à souffrir de la Rouille, parce qu'à partir du mois de juillet les spores d'Uredo sont presque partout produites en très grande quantité. On peut dire que dans le centre de la France tout Blé qui est encore vert après le 15 juillet sera envahi gravement par la Rouille.

On devra donc préférer à ce point de vue les Blés à maturité précoce, mais en outre on a reconnu qu'il y a des variétés sur lesquelles la Rouille a peine à se développer. C'est ainsi que les Blés poulards sont à peu près complètement exempts de la Rouille commune. On y trouve seulement, assez fréquemment, l'*Uredo Rubigovera,* mais celle-ci ne se manifeste que par des taches peu nombreuses et éparses et ne présente pas à beaucoup près la même gravité que la Rouille commune (1).

Depuis qu'il a été démontré que la Rouille est transmise aux céréales soit par des mauvaises herbes de la famille des Borraginées, soit par des broussailles d'Épine-Vinette, il n'y a pas à douter que le cultivateur ait intérêt à détruire avec soin toutes les Borraginées qui poussent dans ses champs, à arracher les pieds d'Épine-Vinette qui sont au voisinage de ses cultures. On se mettra ainsi à l'abri, si l'opération est faite d'une façon complète, de

____

(1) H. de Vilmorin et Fr. Douillet, *op. cit.,* p. 11.

l'invasion produite par les spores soit de l'*Æcidium Berberidis*, soit de l'*Æcidium Asperifolii*.

D'après les expériences de de Bary, les sporidies formées par les téleutospores des *Puccinia Rubigo-vera* et *Graminis* ne peuvent infecter directement les céréales. Il semble donc que sans le voisinage de l'Épine-Vinette pour une espèce, sans la présence des mauvaises herbes de la famille des Borraginées pour l'autre, la Rouille ne devrait pas pouvoir réapparaître chaque année dans les champs de Blé. Malheureusement, sous leur forme Uredo, elles envahissent beaucoup de graminées vivaces répandues partout dans les champs et sur le bord des chemins et des haies : Chiendent, Houlque, Bromes, Vulpin, Fléoles, etc. Quand le moment.de la maturité des céréales approche et que la vie se ralentit et s'éteint dans les feuilles et les tiges qui les nourrissent les Rouilles cessent d'y produire des urédospores et donnent des téleutospores. Mais il n'en est pas ainsi pour les Rouilles de même espèce qui vivent non sur la céréale annuelle, mais sur l'herbe vivace. Après l'époque de la moisson la production de spores d'*Uredo* se continue ainsi sur un grand nombre de graminées sauvages, et après l'hiver y recommence au printemps. De là, elles peuvent envahir de nouveau les ensemencements des céréales soit à l'automne, soit au printemps, sans l'intervention des téleutospores et des *Æcidium*.

Il ne suffit donc pas pour préserver les céréales de la Rouille de faire disparaître toutes les plantes sur lesquelles les *Æcidium* correspondant aux Rouilles peuvent se produire; il faudrait en outre détruire les graminées sauvages que les Rouilles des céréales peuvent envahir, et qui se trouvent en quantité non seulement dans les champs mêmes, mais au bord des sentiers, dans les fossés, le long des haies et des broussailles, etc.

Rouilles produites par des Puccinia autoïques.

Parmi les Rouilles causées par des *Puccinia* qui attaquent des plantes cultivées autres que les céréales, on peut citer des espèces ayant comme celles des céréales la série complète des formes de fructifications des Urédinées, mais qui sont autoïques : telles sont la Rouille du Poireau et la Rouille de l'Asperge.

Puccinia Porri Winter.
(Rouille du Poireau.)

Syn. — *Uredo Porri* Sow. — *Uredo Alliorum* D. C. — *Uromyces Alliorum* Cooke. — *Puccinia mixta* Fuckel.

Cette Rouille attaque les parties vertes de l'Oignon, du Poireau, de la Ciboule etc., de mai à août.

Sous la forme *Uredo,* elle produit des touffes elliptiques ou allongées d'un jaune orangé le plus souvent entourées comme d'une lèvre par l'épiderme soulevé. Autour des touffes de Rouille le tissu vert de la plante nourricière jaunit et se décolore. Ces urédospores sont arrondies ou courtement elliptiques, très finement échinulées.

Peu après, apparaissent les téleutospores, sur les mêmes organes et en touffes semblables mais un peu plus longues. Elles sont noires, mais comme elles restent couvertes par l'épiderme, les taches qu'elles forment sont d'un gris luisant.

Aux téleutospores à deux loges oblongues ou en massue peu ou point épaissies au sommet et portées par un pédicelle incolore assez court sont mélangées des spores à une seule loge et à long pédicelle semblables à celles des *Uromyces*, d'où les noms d'*Uromyces Alliorum* et de *Puccinia mixta*, donnés à cette Rouille.

Sur les mêmes plantes se montre aussi un *Æcidium* que l'on regarde comme une forme du *Puccinia Porri*. Dans un péridium courtement cylindrique à bords renversés sont contenues des æcidiospores orangées finement verruqueuses.

Puccinia Asparagi D. C.
(Rouille de l'Asperge.)

Cette Rouille se montre sur l'Asperge d'avril à octobre et y présente successivement les trois formes de fructification des Urédinées.

Au printemps les æcidies apparaissent sur la tige et les gros rameaux en groupes allongés souvent disposés en file.

En été se montre la forme *Uredo* en petites touffes allongées longtemps couvertes par l'épiderme. Les urédospores arrondies ou elliptiques sont d'un brun clair. Puis apparaissent les téleutospores en touffes elliptiques oblongues ou allongées, éparses ou disposées en ligne et souvent confluentes. Elles sont elliptiques ou oblongues, assez fortement épaissies à leur sommet qui est le plus souvent arrondi, quelquefois conique. Elles sont d'un brun marron foncé, peu ou point rétrécies à leur partie médiane et portées sur de très longs pédicelles incolores.

On devra couper et brûler à l'automne toutes les tiges d'Asperge couvertes de Puccinie.

Rouilles du genre Puccinia n'ayant pas de forme Æcidium.

D'autres Puccinies attaquant des plantes cultivées n'y produisent pas la forme *Æcidium*, ou du moins on ne leur connaît que les formes *Uredo* et *Puccinia*, telles sont la Rouille du Maïs et du Sorgho et celle du Prunier.

Puccinia Sorghi Schwein.
(Rouille du Maïs et du Sorgho.)

Syn. — *Puccinia Maydis* Béreng. — *Puccinia arundinacea var. Maydis* Cost. — *Puccinia Zeae* Bereng. *Uredo Zeae* Desm. — *Uredo Maydis* D. C.

La Rouille du Maïs et du Sorgho produit sur les deux faces des feuilles des touffes d'urédospores brunes et de téleutospores très noires, assez longtemps recouvertes par l'épiderme.

Les urédospores sont arrondies, elliptiques ou ovales, finement échinulées, d'un brun clair; les téleutospores elliptiques-oblongues ou en massue, un peu resserrées à leur partie médiane et assez fortement épaissies au sommet, sont portées par de très longs pédicelles souvent colorés en brun. Elles sont lisses et d'un brun marron presque noir.

On a signalé cette Rouille, tant sur le Sorgho que sur le Maïs, en Italie, en France, en Allemagne, en Portugal et dans le nord de l'Amérique.

Puccinia Pruni Pers.
(Rouille des arbres à noyaux.)

Syn. — *Puccinia Salicum* Link. — *Puccinia discolor* Fückel. — *Puccinia gemella* Hedw. — *Uromyces Amygdali* Pass.

Uredo Prunastri D. C. — *Trichobasis Rhamni* Cooke. — *Uredo Pruni* West.

Cette Rouille se développe sur le Prunier, l'Abricotier, l'Amandier et le Pêcher.

Ses urédospores forment à la face inférieure des feuilles de petites touffes arrondies d'un brun cannelle, d'abord couvertes par l'épiderme puis nues. Elles sont globuleuses ou oblongues et entremêlées de nombreuses paraphyses.

Les téleutospores se montrent aussi à la face inférieure des feuilles en touffes pulvérulentes éparses ou confluentes, d'un brun foncé, que borde l'épiderme déchiré. Elles sont oblongues, composées de deux loges globuleuses dont l'inférieure est d'ordinaire plus petite. Leur surface est couverte de petites pointes. Elles sont portées par des pédicelles courts et incolores et sont entremêlées de nombreuses paraphyses brunes.

Souvent ces téleutospores se montrent seules, sans avoir été précédées par des urédospores.

Les feuilles attaquées par cette Rouille jaunissent et brunissent au bout de quelque temps.

Puccinia ne produisant que des téleutospores.

Enfin on trouve fréquemment dans les jardins et dans les champs sur les Œillets et la Spergule et sur les Mauves des Puccinies qui ne produisent ni æcidies, ni urédospores, mais seulement des téleutospores qui germent aussitôt qu'elles sont mûres, sur la plante vivante qui les a portées et y produisent des sporidies qui répandent la Rouille sur les plantes voisines en pleine végétation pendant l'été, aussi bien que le pourraient faire des urédospores.

Puccinia Arenariæ (Schum.) Winter.
(Rouille des Œillets et de la Spergule.)

Syn. — *Puccinia Lychnidearum* Link. — *Puccinia Mœhringiae*
Fuckel. — *Puccinia Stellariae* Duby. — *Puccinia Saginae* Fuckel.
— *Puccinia Dianthi* D. C. — *Puccinia Spergulae* D. C. — *Uredo
Arenariae* Schum.

Cette Rouille ravage souvent, dans les jardins, les cultures d'Œillets et particulièrement celles d'Œillet de poète; elle attaque du reste aussi beaucoup de plantes sauvages de la même famille, comme le Mouron, les Stellaires, etc., et une plante de grande culture la Spergule (*Spergula arvensis*).

Les touffes de téleutospores forment à la face inférieure des feuilles et sur les tiges des coussinets arrondis épars ou souvent disposés en cercle; il n'est pas rare d'en trouver plusieurs réunis en un gros coussinet. Ces téleutospores sont oblongues ou largement fusiformes, tantôt arrondies, tantôt amincies en cône au sommet, ordinairement peu resserrées au milieu, de couleur ocre claire.

De Bary a suivi le développement de cette Rouille sur les Œillets. Les téleutospores y germent aussitôt qu'elles sont mûres en produisant un promycélium. Les sporidies qui en tombent forment un tube de germination qui s'introduit par les stomates dans la plante nourricière.

Puccinia Malvacearum Mont.
(Rouille des Mauves.)

Cette Rouille, qui a le même mode de végétation que la Rouille des Œillets et couvre de ses petits coussinets saillants d'abord gris rosé, puis brun foncé, les feuilles et les tiges des Roses-Trémières des jardins aussi bien que des Mauves sauvages, est d'introduction récente. Elle est originaire du Chili et a été pour la première fois signalée en Europe par Durieu de Maisonneuve en 1873 auprès de Bordeaux (1), depuis elle s'est multipliée avec une telle rapidité qu'on la rencontre partout sur les Mauves sauvages depuis la mer du Nord jusqu'en Italie et que bien souvent dans les jardins elle rend impossible la culture de la Rose-Trémière.

Uromyces.

Les *Uromyces* sont des Puccinies à une seule loge; ils ont des formes de fructifications variées comme les Puccinies; leurs urédospores, æcidiospores et téleutospores germent de la même façon. De même, aussi certaines espèces de ce genre sont autoïques, d'autres hétéroïques.

C'est au premier groupe que se rapporte la Rouille de la Betterave.

Uromyces Betæ (Pers.) Kühn.
(Rouille de la Betterave.)

Syn. : *Uredo Betae* Pers. — *Uredo cinta* β Strauss.

Les feuilles de la Betterave sont fréquemment atteintes en été par cette Rouille. Elles présentent alors de petites pustules courtes, ovoïdes ou presque rondes, très nombreuses, qui crèvent l'épiderme et laissent échapper une poudre d'un brun jaunâtre formé par les urédospores de l'*Uredo Betae* Pers. Elles sont ovales ou arrondies, presque lisses ne portant à leur surface que des petits points

(1) Durieu de Maisonneuve, *Actes de la Société Linnéenne de Bordeaux*, 1873.

saillants assez clairsemés et d'une extrême finesse. A leur équateur sont des pores par où, à la germination, sort un tube de germination qui pénètre dans la feuille et y devient un mycélium qui va bientôt former sous l'épiderme, de nouvelles touffes d'*Uredo*.

A l'arrière-saison, aux spores d'*Uredo* sont mêlées des téleutospores qui sont d'un brun plus foncé que les uredospores. Elles sont arrondies, elliptiques ou ovales, lisses, d'un brun noirâtre avec une papille terminale incolore. Elles émettent par leur sommet un promycélium dont les sporidies germent sur la feuille de la Betterave.

Les spores d'*Uredo* et les téleutospores se montrent du mois de juin au mois d'octobre.

Les æcidioles et *Æcidium* apparaissent en avril ou mai.

La Rouille de la Betterave peut, quand elle prend un grand développement, épuiser notablement la plante et produire une diminution sensible de la récolte.

Plusieurs espèces d'*Uromyces* produisent la Rouille de plantes de la familles des Légumineuses importantes pour l'agriculture : Fève, Haricot, Pois, Trèfle, etc. ; les unes sont autoïques, les autres hétéroïques.

Uromyces Fabæ (Pers.) de Bary.
(Rouille de la Fève.)

Syn. I. *Cæoma appendiculatum* Schlecht. — *Cæoma Leguminosarum* Schlecht.

II. *Uredo Fabae* Pers. — *Uredo fusca* Purton. — *Uredo Leguminosarum* Link. — *Uredo appendiculosa* Berk. — *Trichobasis Fabae* Lév.

III. *Puccinia globosa* Grev. — *Puccinia Fabae* Link. — *Uromyces Orobi* Pers. — *Uromyces appendiculatus* Lév.

Cet *Uromyces* réuni à d'autres espèces fort voisines a été désigné sous le nom d'*Uromyces appendiculatus,* et c'est sous cette dénomination qu'il a été l'objet des premières études dans lesquelles de Bary a prouvé que les *Æcidium* ne sont qu'une forme particulière de fructification des *Uredo* et des *Uromyces* ou des *Puccinia* (1).

Sur les tiges et les feuilles des Fèves attaquées, on voit apparaître en été, sur les deux côtés des feuilles et sur les tiges, de très nombreuses touffes arrondies couvertes d'une poussière d'un brun marron due aux spores globuleuses ou ovales très finement échinulées de l'*Uredo Fabae* Pers. Elles se détachent de leur support et germent aussitôt qu'elles sont mûres, propageant le mal avec une grande rapidité.

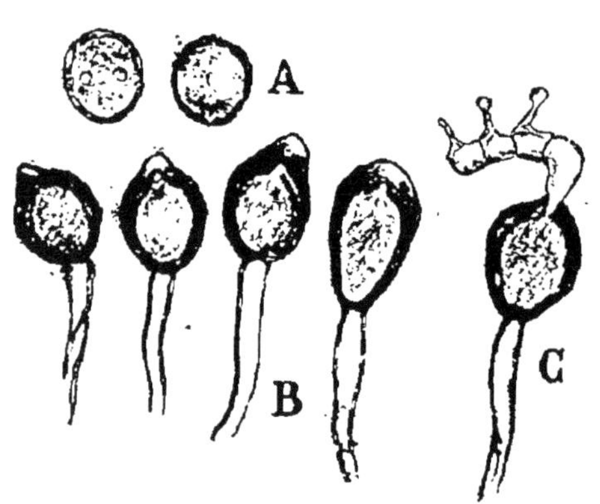

FIG. 92. — *Uromyces Fabae.*

A. Urédospores. — B. Téleutospores.
C. Téleutospore germant. (D'après M. Plowright.)

Aux spores d'été succèdent les téleutospores d'*Uromyces* qui ressemblent aux spores d'*Uredo,* mais s'en distinguent aisément toutefois, parce qu'elles sont plus grosses, d'un brun plus foncé et ont une paroi plus épaisse, surtout à leur sommet où l'épaississement forme une sorte de papille incolore, traversée par un pore par où sort le promycélium au moment de la germination (fig. 92). En outre, ces téleutospores ne se détachent pas de leur support comme les urédospores. Elles forment sur la paille des fèves des taches d'un brun noir qu'un

(1) De Bary, *loc. cit.*

lavage ne fait pas disparaitre comme les taches d'*Uredo*.

Au premier printemps quand les conditions météoriques sont convenables, les téleutospores d'*Uromyces* de la Fève émettent un promycélium dont les sporidies produisent un tube mince qui perce l'épiderme d'une feuille de Fève, s'y gonfle, s'y ramifie et se transforme en mycélium parasite qui se développe dans les tissus de la plante nourricière. Semées sur des feuilles de Fève, de Pois, de *Vicia sativa* et *cracca* de *Lathyrus pratensis* et d'*Ervum hirsutum*, les spores d'*Uromyces Fabae* n'ont infecté que la Fève et le Pois (1); sur le Pois, les *Æcidium* formés étaient moins nombreux, moins bien développés que sur la Fève. Semées sur les feuilles de Haricot les sporidies de la rouille de la Fève ne produisent pas l'infection. Les tubes de germination des urédospores et æcidiospores de la Rouille de la Fève entrent dans les stomates des feuilles de Haricot, mais n'y développent point de mycélium (2). La Rouille du Haricot est une espèce différente de celle de la Fève.

Uromyces Phaseoli Wint.

(Rouille du Haricot.)

Syn. : II. *Uredo appendiculata* var. *Phaseoli* Pers.
III. *Uromyces Phaseolorum* de Bary. — *Uromyces appendiculatus* (Pers.) Link.

Les pustules d'Uredo qui se montrent sur les feuilles du Haricot attaqué par la Rouille sont d'un brun cannelle pâle, les spores arrondies ou elliptiques finement échinulées. Elles ressemblent à celles de la Fève. Les téleu-

---

(1) Plowright, *Monograph of the British Uredineae*, p. 121.
(2) De Bary, *Ann. des Sc. Nat.*, série IV, t. 20, p. 29.

tospores de l'*Uromyces Phaseoli* ne se distinguent guère non plus de celles de l'*Uromyces Fabae;* toutefois elles

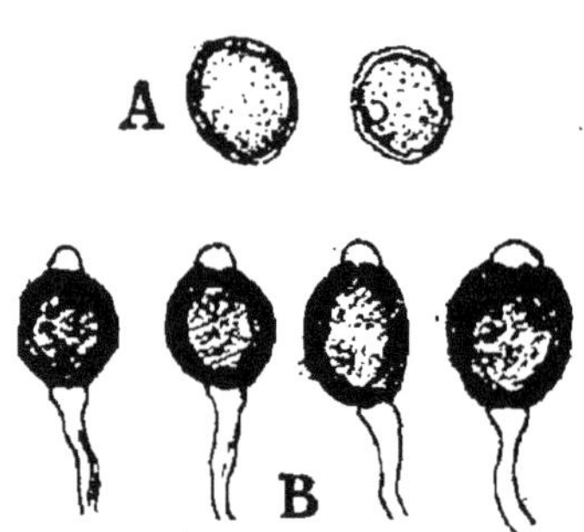

FIG. 93. — *Uromyces Phaseoli.*
A. Urédospores. — B. Télentospores.

sont un peu plus petites et plus courtes, et leur saillie apicale plus nettement limitée, tout à fait hyaline, tranchant plus avec la couleur brune du reste de la spore (fig. 93). Mais le caractère essentiel qui distingue l'*U-romyces Phaseoli* de l'*Uromyces Fabae*, c'est que ses sporidies pénètrent dans les feuilles du Haricot et y produisent une tache d'abord pâle, puis jaunâtre, sur laquelle se montrent les *Æcidium.*

Uromyces Trifolii (Hedw.) Lév.
(Rouille du Trèfle.)

SYN. : I. *Cæoma appendiculatum* Schlecht. — *Æcidium Trifolii repentis* Cast.
II. *Uredo Fabae*, β *Trifolii* Alb. et Schw. — *Uredo apiculata* Strauss.
III. *Puccinia Trifolii* Hedw. — *Puccinia pallens* Cooke. — *Uromyces apiculatus* Lév.

C'est une espèce voisine des précédentes et qui est aussi autoïque; elle attaque tous les Trèfles : le Trèfle commun (*Trifolium pratense*), Trèfle blanc (*Trifolium repens*), Trèfle hybride, etc. On voit fréquemment les formes *Uredo* et *Uromyces* développées sur les pétioles, y produire des déformations et des contournements.

Les *Æcidium* apparaissent en mai; ils sont précédés

d'æcidioles couleur de miel qui se montrent en petits groupes. Les *Æcidium* sont courts, cylindriques, blancs ; leurs spores subglobuleuses ou irrégulières, finement verruqueuses, sont d'un orange pâle.

Les urédospores sont brun marron clair; elles se montrent en touffes entourées par l'épiderme. Les téleutospores d'un brun très foncé sont globuleuses ou piriformes, avec une petite papille terminale plus claire (fig. 94).

D'après les observations faites en Allemagne, les æci-

Fig. 94. — *Uromyces*
Trifolii.

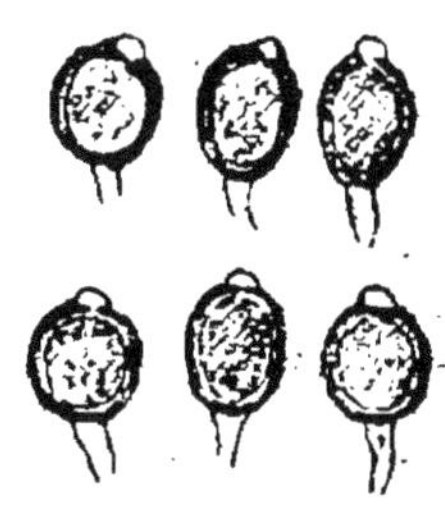

Fig. 95. — *Uromyces*
Pisi.

dies de l'*Uromyces* du Trèfle ne se montrent que sur le *Trifolium repens*. Dans les régions montagneuses élevées, les æcidies, uredospores et téleutospores s'y forment presque en même temps sur le même mycélium qui est vivace et produit sur les pétioles et les nervures des gonflements et des déformations. Dans les contrées plus basses on ne trouve sur le *Trifolium repens* que des téleutospores, dont les sporidies produisent de nouveau un mycélium vivace. Sur les autres espèces de Trèfle (*Trifolium pratense, hybridum,* etc.), il se forme des urédospores et des téleutospores et point d'æcidies.

Les touffes de téleutospores provenant d'un mycélium hivernant restent plus longtemps couvertes par l'épiderme et produisent une sorte de callosité sur la tige, tandisque quand elles sont produites par le mycélium d'été les touffes de téleutospores sont petites, disséminées sur les feuilles et sont à nu de bonne heure (1).

Uromyces Pisi (Pers.) de Bary.
(Rouille du Pois.)

Syn. : I *Æcidium Cyparrissiae* D. C.
II *Uredo appendiculata*, β *Pisi* Pers.
III *Uromyces Lathyri* Fück.

C'est une Rouille hétéroïque dont les *Æcidium* apparaissent sur l'*Euphorbia Cyparissias*. Son mycélium se répand dans le corps entier de l'Euphorbe et cause un changement complet de l'aspect normal de la plante dont les feuilles deviennent plus courtes, elliptiques et épaisses au lieu d'être linéaires et minces. Le mycélium hiverne dans l'Euphorbe.

La forme *Uredo* et les téleutospores se montrent sur le Pois et sur les Gesses (*Lathyrus tuberosus, L. pratensis, L. sylvestris*) et les Vesces (*Vicia tenuifolia, V. cracca*, etc.).

L'*Uredo* (*Uredo appendiculata*, β *Pisi* Pers.) forme des touffes brun cannelle ou rouille-brun de spores elliptiques, échinulées. Les téleutospores sont presque globuleuses; finement ponctuées, leur paroi d'un brun marron est épaissie au sommet en une papille incolore, leur support est mince de longueur variable (fig. 95).

Sur l'Euphorbe, les æcidioles et les æcidies sont répandues sur toute la surface des feuilles. Le péridium

(1) Ludwig. *op. cit.*, p. 118.

des æcidies est blanchâtre, les spores subglobuleuses ou polygonales, sont finement verruqueuses.

On trouve sur les Euphorbes des *Æcidium* d'une autre espèce très voisine, dont le mycélium produit sur la plante des déformations très analogues, mais l'Euphorbe infectée reste plus petite, ses feuilles sont plus courtes et plus larges que quand elle est envahie par le mycélium de l'*Uromyces Pisi*. Cette seconde sorte d'*Æcidium* de l'*Euphorbia Cyparissias* a ses formes à urédospores et téleutospores sur le *Lotus corniculatus*, les petits Trèfles (*Trifolium arvense*, *T. agrarium*, *T. minus* et aussi sur la Luzerne. C'est l'*Uromyces striatus*, Schröt. Ses téleutospores sont marquées de fines lignes onduleuses.

Phragmidium
(Rouille des Rosacées.)

Dans le genre *Phragmidium* les téleutospores sont composées de plusieurs loges disposées en file à la suite les unes des autres. La loge terminale a un pore de germination à son extrémité comme les spores d'*Uromyces*, les autres, plusieurs pores placés à l'équateur.

Phragmidium Rubi-Idæi (D. C.) Karst.
(Rouille du Framboisier.)

Syn. : I *Æcidium columellatum* Schum.
II. *Uredo Rubi Idœi* Pers. — *Uredo gyrosa* Rebent.
III. *Puccinia gracilis* Grev. — *Phragmidium intermedium* Eysenhardt. — *Phragmidium effusum* Auersw. — *Phragmidium gracile* Berk.

Cette sorte de Rouille produit successivement de

juin à octobre ses diverses formes de fructifications
æcidiospores, urédospores et téleutospores sur les feuilles du Framboisier.

Les *Æcidium* se montrent réunis le plus souvent en

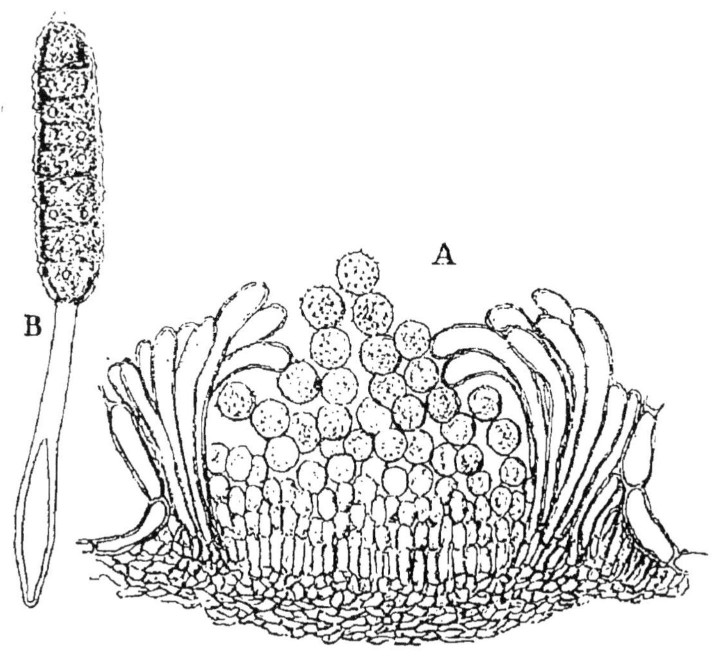

Fig. 96. — *Phragmidium Rubi-Idaei.*
A. Æcidium. — B. Téleutospore.

groupes circulaires d'un jaune vif, avec une dépression
au milieu, sur la face supérieure des feuilles, rarement
en bourrelets allongés sur les pétioles et les tiges. Leurs
spores sont globuleuses ou elliptiques, échinulées, à contenu orangé (fig. 96).

Elles ne forment pas de longues files et se dissocient très tôt. Ces *Æcidium* n'ont pas de péridium

comparable à celui des æcidies des Puccinies; les touffes de spores sont simplement entourées par plusieurs rangées de paraphyses qui se recourbent plus ou moins au-dessus d'elles.

Les touffes d'*Uredo* (*Uredo gyrosa* Rabenh.) diffèrent fort peu des *Æcidium*. Les urédospores sont globuleuses, ou ovoïdes, ont une membrane échinulée, un contenu rouge orange comme les æcidiospores, et sont entourées de paraphyses.

Les téleutospores forment des petites touffes noires souvent très nombreuses et répandues sur la face inférieure des feuilles du Framboisier. Ces téleutospores ont de 5 à 10 loges. Elles sont cylindriques et terminées au sommet en une pointe conique obtuse, ou arrondies à l'extrémité avec une courte pointe conique. La membrane un peu transparente est d'un brun noir; elle est couverte de papilles. Le pédicule est renflé en massue à sa partie inférieure.

Plusieurs autres espèces de *Phragmidium* sont communes sur les Ronces.

Les Rosiers dans les jardins sont très fréquemment attaqués par le *Phragmidium subcorticium* Schrank.

Dans beaucoup de *Phragmidium* les pédicelles des téleutospores sont enflés en massue vers leur base. Ils se gonflent dans l'eau en augmentant de volume tant en longueur qu'en largeur, par suite de la gélification de la substance des portions interne et moyenne de la paroi que la partie superficielle, qui n'est pas gélifiable, entoure d'une fine pellicule. Selon M. Dietel les mouvements qu'exécutent les pédicelles en se dilatant et se contractant sous l'influence de l'humidité et de la sécheresse ont pour effet de les détacher de la plante nourricière. La séparation se fait au point où la résistance est moindre, au-dessous de la partie renflée en massue (1).

Rœstelia et Gymnosporangium.

(Rouille grillagée du Poirier et Rouille du Genévrier.)

On voit très souvent dans les jardins les feuilles des Poiriers se couvrir dans les mois de juillet, d'août et de septembre de grandes taches de couleur vive, jaune orangée ou rouge, selon les variétés. En ces points le tissu de la feuille est épaissi et gonflé. Si on examine ces taches par le côté supérieur des feuilles où elles ont une nuance plus intense, on voit qu'elles sont parsemées de petits points saillants brunâtres qui sont l'extrémité de spermogonies ou æcidioles, dont l'organisation est tout à fait analogue à celle des organes de même nom que l'on trouve associées aux æcidies de l'Épine-Vinette, des Borraginées, etc.

A la face inférieure de la tache se trouvent des corps blanchâtres relativement gros, car ils dépassent souvent 2 millimètres de longueur, qui font saillie en forme de dôme allongé et sont enfoncés à demi par leur base dans le tissu gonflé de la feuille (fig. 97 et 98). Ces corps ont une organisation fort semblable à celle des *Æcidium*; dans leur intérieur se trouvent des files de spores à peu près rondes, rendues seulement polygonales par la pression qu'elles subissent en grossissant serrées les unes contre les autres, à l'intérieur d'une enveloppe blanchâtre qui est un péridium formé d'une couche de cellules allongées. Comme dans les *Æcidium* les spores se forment à l'extrémité de cellules dressées qui tapissent le fond

(1) Dietel, *Ueber Quellungserscheinungen an den Teleutosporensticlen von Uredineen. Jahrb. für Wissensch. Botanik*, vol. XXVI, p. 52. 1894.

de la cavité qu'entoure le péridium : elles naissent les

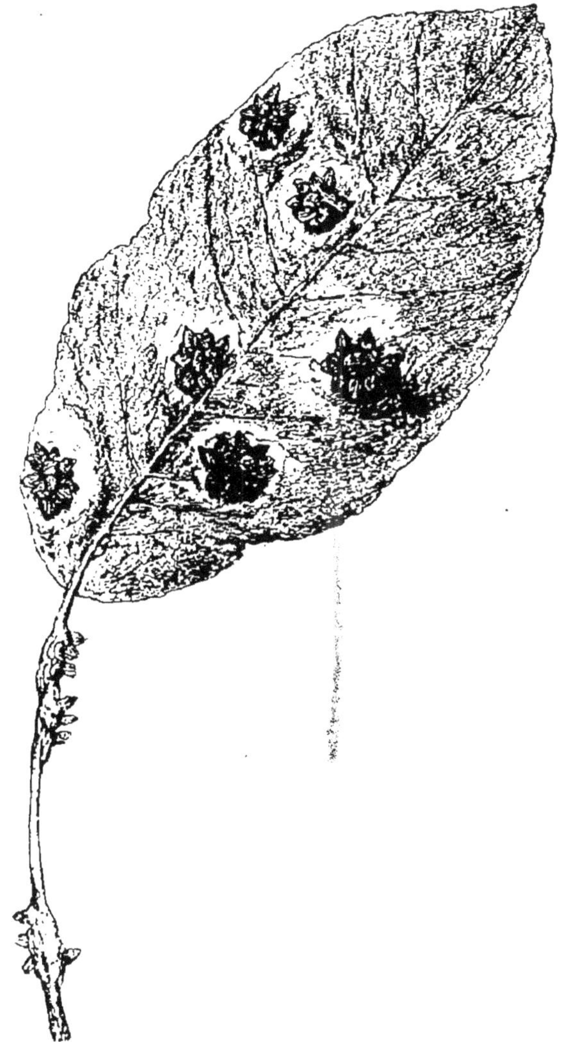

Fig. 97. — Feuille de Poirier attaquée par la Rouille grillagée.

unes au-dessous des autres et restent adhérentes en file

jusqu'au moment de la maturité où elles se disséminent. La différence qu'il y a entre ces sortes d'*Æcidium* de la Rouille du Poirier et les vrais *Æcidium* consiste, outre

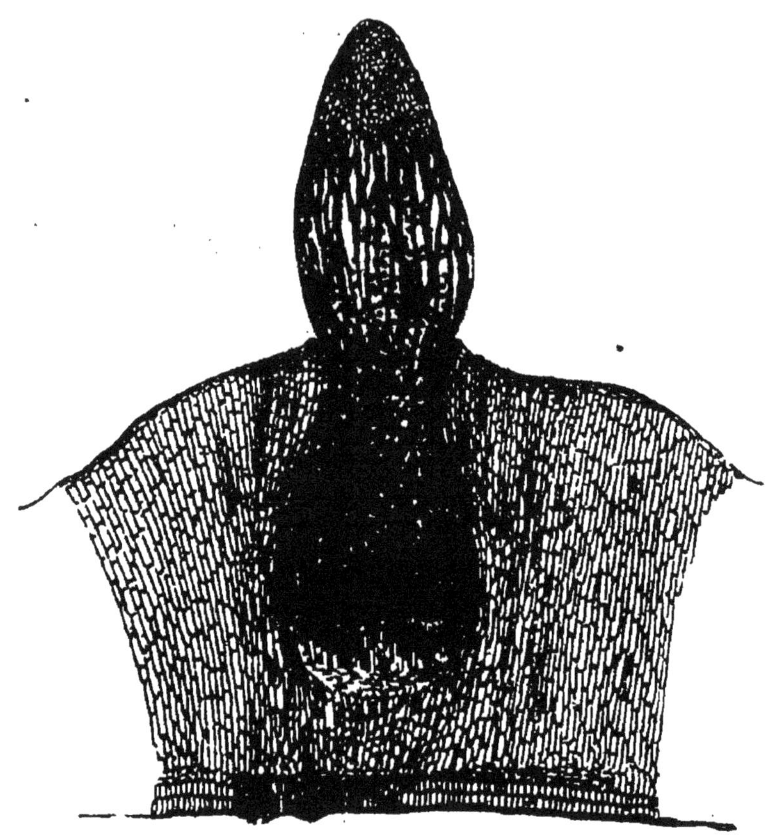

FIG. 98. — *Ræstelia cancellata*
FORME *Æcidium* DU *Gymnosporangium Sabinae*.

leur taille considérable, en ce que leur péridium ne s'ouvre pas au sommet en forme de timbale. Il se coupe seulement sur les côtés par de nombreuses fentes qui le divisent en bandes formées de files de cellules qui s'étendent longitudinalement entre le voisinage du sommet et le niveau de la surface de la feuille. Comme souvent ces fentes ne se prolongent pas sans interruption du sommet à la base de la partie saillante du péridium, les bandes sont alors reliées par place les unes aux autres et l'ensemble du péridium extérieur à la feuille représente une sorte de grillage à mailles étroites allongées à travers lesquelles se répandent les spores.

Ce mode particulier de déhiscence du péridium de certaines æcidies les a fait réunir en un genre spécial sous le nom de *Rœstelia*. L'æcidie de la Rouille du Poirier, l'ancien *Æcidium cancellatum* D. C. est devenu le *Rœstelia cancellata* Rabenh.

C'est ordinairement sur les feuilles du Poirier que se développent les taches couvertes de *Rœstelia :* quand elles sont nombreuses, que la plupart des feuilles d'un arbre en sont atteintes, la végétation en est fort affaiblie; mais le mal devient plus dommageable encore quand le parasite attaque les fruits et les jeunes rameaux. Il cause alors une hypertrophie considérable des tissus situés au-dessous de l'épiderme. Les poires et les rameaux envahis par le mycélium se boursoufflent irrégulièrement, leur croissance est arrêtée et ils se couvrent de mamelons tuméfiés au sommet de chacun desquels se montre un conceptacle de *Rœstelia*. Les fruits ainsi hypertrophiés par place et arrêtés en même temps dans leur croissance sont déformés, petits, desséchés et absolument sans valeur. Quand la Rouille du Poirier se développe au point d'envahir ainsi les jeunes fruits, la récolte est entièrement perdue.

Connaissant les faits de polymorphisme bien établis pour les *Puccinia* des céréales et les *Uromyces* des Légumineuses, il était naturel de chercher si le *Rœstelia cancellata*, forme æcidienne isolée sur le poirier, ne pourrait pas être rattaché à une Rouille vivant sur quelque autre plante et y produisant des urédospores ou des téleutospores.

Œrstedt a résolu expérimentalement cette intéressante question. Dans un jardin en Danemark où un genévrier (*Juniperus Sabina*) s'était couvert de Rouille, il vit en 1862 apparaître pour la première fois le *Ræstelia cancellata* sur des Poiriers qui n'en avaient jamais été atteints jusque-là. Le même fait se reproduisit dans un jardin botanique où on avait transplanté un Genévrier Sabine couvert de Rouille pour l'étudier; l'année suivante, les Poiriers au voisinage se couvrirent de *Ræstelia cancellata* que l'on observait là aussi pour la première fois. Cette Rouille du Genévrier appartient au genre *Gymnosporangium* qui est caractérisé par ce fait que ses spores qui sont des téleutospores à deux loges comme celles des *Puccinia*, sont portées à la surface de grosses masses mucilagineuses qui sortent à travers l'écorce de l'arbre dans lequel se développe le mycélium du parasite.

Gymnosporangium Sabinæ (Dicks.) Wint.

Syn. : I. *Ræstelia cancellata.* — *Æcidium cancellatum* Jacq. — *Cæoma Ræstelites* Lk.
III. *Tremella Sabinae* Dicks. — *Tremella digitata* Hoffm. — *Tremella fusca* D. C. — *Podisoma Sabinae* Fr. — *Gymnosporangium fuscum* Œrst.

La fructification du *Gymnosporangium Sabinae*, Rouille spéciale du Genévrier Sabine, se montre au printemps, vers la fin du mois d'avril. On voit alors sortir de l'écorce du *Juniperus Sabina* (fig. 99) des corps de consistance gélatineuse d'un brun fauve, larges à la base

et obtus au sommet qui présentent à peu près la forme
de langues. Aux points où ils se montrent, les branches
portent des renflements fusiformes causés par l'action
irritante du mycélium du parasite. Dans l'air chargé
d'humidité, ils se gonflent sensiblement. Leur surface
est couverte d'une sorte d'efflorescence orangée formée
par des spores brunes ou
orangées, fusiformes, à deux
loges ne présentant pas au
niveau de la cloison transversale, de rétrécissement
appréciable. Elles sont portées par des pédicules extrêmement allongées et gélifiés
qui, unis les uns aux au-
tres, forment la masse mucilagineuse qui sort à travers l'écorce (fig. 100). Ce
sont des téleutospores, mais
elles ne sont pas toutes pareilles ; les unes ont des parois plus minces et incolores, leur contenu leur donne
une couleur orangée ; les

Fic. 99. — *Gymnosporangium
Sabinae.*
Masses gélatineuses couvertes
de teleutospores.

autres des parois plus épaisses et de couleur foncée ;
les premières germent plus tôt que les secondes.

A maturité, les spores se détachent de cette sorte de
receptacle qui les porte à sa surface. Chacun des deux
compartiments de la spore a quatre pores de germination
par où il peut émettre un promycélium, portant des
sporidies. Ces sporidies semées par Œrstedt sur des
feuilles de Poirier y ont pénétré et y ont fait apparaître des taches orangées, sur lesquelles se sont mon-
trées d'abord des spermogonies, puis plus tard à la face

inférieure des feuilles des conceptacles de *Rœstelia*.

L'expérience a été souvent répétée depuis avec succès et la preuve est faite aussi complète que possible de l'infection des Poiriers par la Rouille de la Sabine. Le *Gymnosporangium Sabinae* ne vient pas seulement du reste sur le *Juniperus Sabina*, mais encore sur d'autres espèces de Genévriers (*Juniperus Oxycedrus*, *J. virginiana*, *J. Phœnicea*).

M. Cornu a produit au Muséum d'histoire naturelle, l'apparition du *Rœstelia* en ensemençant sur des Poiriers des spores de *Gymnosporangium* portés par les *Juniperus virginiana*, *sphœrica*, *japonica* et diverses variétés horticoles de Genévrier (1)

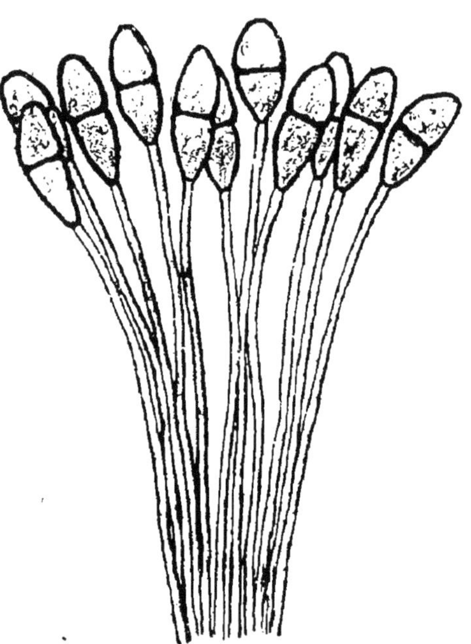

Fig. 100. — Téleutospores de *Gymnosporangium Sabinae*.

J'ai eu occasion de voir dans un clos entouré de murs, à Beaune, tous les poiriers dévastés par le *Rœstelia*, d'une façon tout à fait insolite et qui était signalée là pour la première fois, du moins avec une pareille intensité; non seulement toutes les feuilles, mais les fruits et les

(1) M. Cornu, *Bull. Soc. Bot.*, t. 25, p. 122 (1878).

jeunes rameaux étaient déformés par le parasite, tandis que les jardins du voisinage étaient presque complètement épargnés. Dans ce clos ainsi ravagé par la rouille du Poirier, deux pieds de Genévrier s'étaient au printemps couverts de fructifications de *Gymnosporangium Sabinae*. On les arracha, mais le mal était déjà produit. Ces Genévriers ne se rapportaient pas au *Juniperus Sabina,* mais à une variété horticole désignée sous le nom de *J. macrocarpa.*

M. Plowright a fait connaître l'existence sur le *Juniperus Sabina* d'un *Gymnosporangium* autre que le *Gymnosporangium Sabinae,* avec lequel on l'a confondu et qui produit des *Rœstelia* qui diffèrent du *Rœstelia cancellata* sur le Néflier et les *Crataegus*. Il l'a nommé *Gymnosporangium confusum.* Des expériences de M. Fischer ont confirmé ce fait; des Coignassiers en caisse qui avaient été placés près d'un *Juniperus Sabina* chargé de *Gymnosporangium*, se sont couverts d'un *Rœstelia* à péridium allongé, cylindrique ou cylindrique-fusiforme fendu et déchiré, correspondant non au *Gymnosporangium Sabinae*, mais au *Gymnosporangium confusum.* De nombreuses infections avec cette espèce ont réussi sur le Coignassier et divers *Crataegus,* mais non sur le *Sorbus aucuparia*, le Pommier et le Poirier en général. Une fois cependant, l'infection réussit sur un Poirier, mais il s'y produisit le Rœstelia du *Gymnosporangium confusum* et non le *Rœstelia cancellata* (1).

Les téleutospores du *Gymnosporangium confusum* ressemblent beaucoup à celles du *G. Sabinae*, mais elles ont la cellule supérieure plus arrondie et sont un peu plus longues. Dans les essais d'infection la durée d'in-

(1) Fischer, sur le *Gymnosporangium Sabinae* Diks. et le *Gymnosporangium confusum* Plowright. — *Zeitschrift f. Pflanzenkrankh eiten.* I p. 193 et 283.

cubation a toujours été un peu plus longue pour le *Gymnosporangium Sabinae* que pour le *Gymnosporangium confusum*, treize à dix-sept jours pour la première espèce, sept à onze jours pour la seconde, avant l'apparition des spermogonies. Outre la différence de forme du péridium du *Rœstelia*, les æcidiospores correspondant au *Gymnosporangium confusum* sont plus pâles et plus petites.

Le Genévrier commun porte assez fréquemment un autre *Gymnosporangium*, le *Gymnosporangium clavariaeforme* Jacq., dont le mycélium vivace produit aussi le renflement fusiforme des branches; il a sa forme æcidienne sur l'Aubépine, c'est le *Rœstelia lacerata* Tub. Les expériences d'infection réussissent facilement sur les *Crataegus*. Ensemencées sur des feuilles du Poirier les sporidies du *Gymnosporangium clavariaeforme* ont quelquefois pu causer une tache sur laquelle se sont développés des péridium de *Rœstelia*, mais ils étaient semblables à ceux de l'Aubépine et non au *Rœstelia cancellata*.

D'après les recherches de M. Tubeuf (1), les æcidies du *Gymnosporangium clavariaeforme* présentent, du reste, des différences extérieures notables selon les plantes hospitalières sur lesquelles elles se développent. En ensemençant les mêmes sporidies, il obtint sur des *Crataegus* des péridiums très longs et courbés en corne et sur le *Sorbus latifolia* des æcidies à péridium très court. La forme des péridiums ne peut donc suffire à déterminer une espèce.

Le Genévrier commun porte en outre une seconde espèce de *Gymnosporangium*, le *Gymnosporangium*

______

(1) Tubeuf, *Sitzungsberichte des Bot. Vereins in München.* — *Bot Centralblatt*, XLVII, p. 18.

juniperinum (L.) Wint, qui produit ses æcidies sur l'Alisier (*Sorbus aria*), le Sorbier des oiseleurs (*Sorbus aucuparia*), le Pommier et l'Amélanchier. Ces formes æcidiennes ont été décrites sous les noms de *Rœstelia cornuta* et de *Rœstelia penicillata*.

Les arbres résineux et feuillus des forêts sont attaqués par diverses sortes de Rouilles se rapportant à des genres d'Urédinées autres que ceux dont nous venons d'étudier des exemples.

Peridermium.
(Rouille vésiculeuse.)

On a distingué sous le nom de *Peridermium* des sortes d'*Æcidium* dont le péridium qui fait d'abord saillie hors de la plante sous forme d'une vésicule fermée, se déchire irrégulièrement au moment de la maturité, de façon à former autour de la masse des spores une sorte de collerette membraneuse.

A part cette disposition particulière du péridium, l'organisation et le mode de formation des spores sont les mêmes que celles des autres *Æcidium*. L'apparition de ces *Æcidium* est comme d'ordinaire précédée de la production de spermogonies.

Peridermium oblongisporium Fuck. — Coleosporium Senecionis (Pers.) Fries.
(Rouille vésiculeuse des aiguilles du Pin.)

Peridermium oblongisporium.

Syn. : *Æcidium Pini* Pers. — *Peridermium Pini* Chev. — *Peridermium acicolum* Link. — *Peridermium Pini acicola* Rob. Hart.

Très souvent le feuillage des Pins se couvre vers le

mois de mai de la Rouille que produit le *Peridermium oblongisporium* Fuckel. On voit apparaître en quantité, sur les aiguilles des jeunes arbres surtout, des sortes de sacs allongés, blanchâtres qui sortent à travers l'épiderme fendu, et à l'intérieur desquels on distingue la couleur orangée des spores qu'ils contiennent. Bientôt l'enveloppe membraneuse se déchire, et forme une large bande à bords irréguliers qui entoure la tache poudreuse, d'où les spores se disséminent (fig. 101).

La surface des aiguilles où se développent ces conceptacles de *Peridermium* est, en outre, semée de très petites taches d'un brun rougeâtre dont la formation a précédé celle des *Peridermium* et qui sont des spermogonies présentant l'organisation ordinaire.

Fig. 101. — *Peridermium oblongisporium* SUR LES AIGUILLES DE PIN.

Ce sont les jeunes peuplements de 3 à 10 ans qui sont le plus ordinairement attaqués par cette Rouille. Il s'y développe une si grande quantité d'æcidies que les arbres en sont jaunes et que l'on a peine à trouver une feuille qui n'en porte pas. Vers le mois de juin le mal semble avoir disparu et les Pins ont repris leur aspect ordinaire, mais la Rouille reparaît l'année suivante, le mycélium continue de vivre à l'intérieur des aiguilles sans les épuiser au point de les tuer. Il se développe entre les cellules nourricières sans y causer d'altération profonde; les places où ont apparu les conceptacles se couvrent de résine, et les feuilles ainsi tachées n'en végètent pas moins jusqu'à la troisième année. Elles tombent quelques mois seulement avant les autres, sans qu'il en résulte pour l'arbre un dommage bien appréciable.

On a longtemps attribué à une même espèce la Rouille des aiguilles et la Rouille des écorces du Pin. M. R. Hartig a étudié et distingué seulement comme variétés le *Peridermium Pini acicola* et le *Peridermium Pini corticicola*. Ce sont deux espèces. M. Fuckel a donné au *Peridermium* des aiguilles le nom de *Peridermium oblongisporium* à cause de la forme de ses æcidiospores (fig. 102) qui diffère assez notablement de celle des œcidiospores du *Peridermium Pini* des écorces (fig. 106).

Coleosporium Senecionis (Pers.) Fries.

Syn. : II et III. *Uredo farinosa* var. *Senecionis* Pers. — *Uredo Senecionis* Schlecht. — *Trichobasis Senecionis* Berk. — *Cœoma Senecionis* Schlecht.

Le parasite qui a reçu le nom de *Peridermium oblongisporium* quand il produit des conceptacles æcidiens sur les feuilles de Pin est hétéroïque; il habite sous d'autres formes diverses espèces de Seneçons, et constitue là le *Coleosporium Senecionis* Fries, comme l'a découvert en 1872 M. Wolff (1). Ayant semé au printemps des spores de *Peridermium oblongisporium* sur des pieds de

____

(1) Wolff, *Bot. Zeitung*, 1874, p. 184.

Fig. 102. — Spores de *Peridermium oblongisporium*.

Senecio sylvaticus, il vit leurs tubes de germination pénétrer au bout de 20 à 3o heures dans le Seneçon, l'infecter et y faire naître six à huit jours après la forme *Uredo* du *Coleosporium*. M. Cornu (1) a répété avec succès cette expérience sur le *Senecio vulgaris*. Une quinzaine de jours après avoir été ensemencé par les spores du *Peridermium* des feuilles du Pin, le Seneçon se couvrit des pustules de la Rouille que produit le *Coleosporium Senecionis*.

Léveillé a donné le nom de *Coleosporium* à des sortes d'*Uredo* qui portent, non pas une seule spore isolée à l'extrémité d'un support, mais une file de 3 à 4 spores disposées en série linéaire et qui se dissocient à maturité et se résolvent en poussière. Tulasne a fait plus tard l'observation que les touffes ainsi formées de files de spores, ne se comportent pas toutes de même au moment de leur maturité, et qu'il en est dont les articles ne se séparent pas. Tantôt les files cohérentes de spores se trouvent associées à d'autres files dont les spores s'égrènent, tan-

(1) M. Cornu, *Bulletin de la Société botanique*, t. 27, (1880), p. 179.

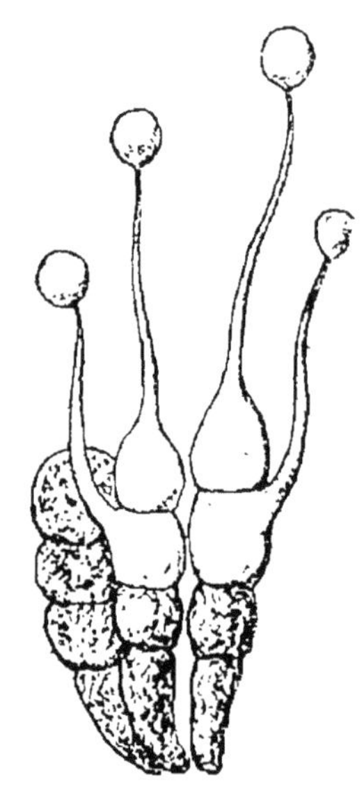

Fig. 103. — *Coleosporium Senecionis*.

Germination
(D'après M. Plowright.)

tôt elles forment des touffes particulières qui demeurent entières et solides.

Dans les files cohérentes, la cellule terminale et aussi souvent la cellule suivante germent aussitôt qu'elles sont mûres en produisant un tube court en forme de poinçon (fig. 103) qui n'est pas divisé par des cloisons transversales en plusieurs cellules comme le promycélium des téleutospores des autres Urédinées et qui ne porte qu'une seule sporidie à son extrémité. Le promycélium de chaque spore de *Coleosporium* rappelle ainsi le petit rameau pointu, le stérigmate, d'une des cellules du promycélium d'une téleutospore normale d'*Urédinée*.

Les spores dont les files s'égrènent germent en produisant un tube de germination à la façon ordinaire des spores d'*Uredo*.

Les urédospores et les téleutospores du *Coleosporium* qui se montrent successivement ou mélangées sur les feuilles du Seneçon, sont les formes estivales de la Rouille des aiguilles du Pin.

Jusqu'ici on n'est parvenu qu'à infecter les Seneçons avec les spores du *Peridermium oblongisporium* et non à produire la Rouille du Pin en ensemençant sur ses jeunes aiguilles les sporidies du *Coleosporium Senecionis*, mais il n'est pas douteux que cette infection se puisse produire dans la nature.

La Rouille vésiculaire des aiguilles de Pin ne cause d'ordinaire que de faibles dommages. On a proposé pour en empêcher la propagation d'enlever et de détruire toutes les plantes, qui, dans les bois peuvent être envahies par le *Coleosporium Senecionis;* cela ne semble guère praticable.

Peridermium Pini Wallr.

(Rouille vésiculaire de l'écorce du Pin.)

Syn. : *Æcidium Pini* Pers. — *Peridermium Pini corticola* Rabenh.

La Rouille des aiguilles du Pin ayant été distinguée comme espèce spéciale sous le nom de *Peridermium oblongisporium* Fuckel, le nom de *Peridermium Pini* Wallr. doit s'appliquer exclusivement à la Rouille de l'écorce du Pin. Celle-ci est infiniment plus redoutable que celle des aiguilles.

La Rouille de l'écorce du Pin se montre sous forme de vessies ou de sacs membraneux blanchâtres, remplis de poussière orangée qui crèvent l'écorce pour apparaître au dehors, puis se déchirent irrégulièrement et laissent échapper les spores (fig. 104 et 105); ces sacs sont plus grands, plus allongés que ceux du *Peridermium* des aiguilles (*Peridermium oblongisporium*). Ils atteignent souvent 15 millimètres de longueur. On les voit se montrer en mai ou juin, soit au bas de la tige des jeunes plantes, soit sur les branches des arbres de divers âges. Comme le mycélium qui produit ces æcidies est vivace, il se reforme chaque année sur les places attaquées de nouveaux conceptacles de *Peridermium* jusqu'à ce qu'enfin la branche ou l'arbre entier meure d'épuisement.

Le mycélium du parasite est formé de filaments qui s'étendent en se ramifiant entre les cellules de l'écorce et du liber et pénètrent même plus profondément en s'enfonçant dans le bois par les rayons médullaires.

Sous l'influence du parasite la fécule contenue dans les cellules se change en térébenthine qui se dépose en gouttelettes sur les parois et qui les infiltre. L'épuise-

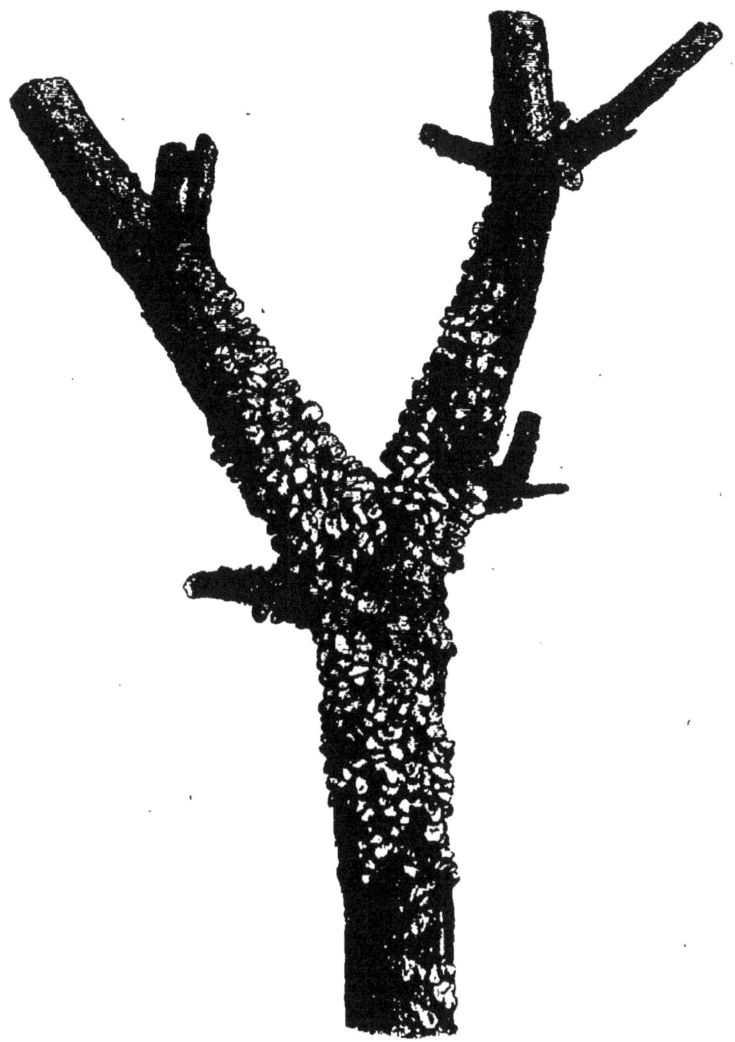

Fig. 104. — *Peridermium Pini* sur un rameau de pin.

ment et la mort de l'écorce et des parties extérieures

du bois sont les conséquences de l'invasion des tissus par le mycélium du *Peridermium*; la térébenthine produite en excès s'écoule à travers les crevasses de l'écorce morte et se résinifie à la surface des parties malades.

Fig. 105. — *Peridermium Pini.*

Le mycélium s'étend en rayonnant et la place envahie par lui augmente d'année en année. Sur les jeunes Pins le mal a bientôt envahi tout le pourtour de la tige et causé par suite la mort du petit arbre. C'est ainsi que dans les jeunes peuplements il fait en peu d'années de terribles ravages. Les arbres plus âgés résistent plus longtemps : ils languissent cependant et perdent peu à peu leurs rameaux et leur flèche. Les parties situées au-dessus des places envahies par le mycélium et dans lesquelles le bois est altéré et imprégné de résine se dessèchent et meurent; le tronc dont non seulement l'écorce mais la couche cambiale est en partie détruite par le parasite ne croît plus que sur une portion de son pourtour. Le bois sain par où la sève peut monter se trouve trop réduit pour que la végétation continue longtemps dans les parties élevées.

Fig. 106. — Spores de *Peridermium Pini.*

Les fructifications du *Peridermium* de l'écorce ont une structure presque identique à celle du *Peridermium* des aiguilles. Au voisinage des conceptacles remplis de files de spores orangées sont aussi des spermogonies assez peu visibles du reste, et qui occupent de petites taches rondes de 3 à 7 millimètres de diamètre. Toutefois des caractères bien marqués différencient les deux espèces; d'une part les conceptacles vésiculeux des aiguilles sont différents de forme et de taille de ceux de l'écorce; de l'autre, l'époque de leur apparition n'est pas la même; elle est plus tardive pour ceux de l'écorce. En outre, leurs spores diffèrent assez notablement de taille et de forme (fig. 102 et 106). De plus, il y a ce fait fort remarquable qui est de nature à faire écarter l'idée de rapporter les deux Rouilles vésiculeuses du Pin à une même espèce, c'est que là où le *Peridermium* des aiguilles se trouve extrêmement répandu et envahit tout le feuillage des arbres, le *Peridermium* des écorces peut manquer complètement; l'inverse est également vrai.

Cependant MM. Wolff et Magnus assurent avoir obtenu la production du *Coleosporium Senecionis* sur le Seneçon en y semant des spores du *Peridermium Pini* de l'écorce, aussi bien que du *Peridermium oblongisporium* des aiguilles.

Cronartium asclepiadeum (Willd.) Fries.

Syn. : *Uredo Vincetoxici* D. C. — *Cœoma Cronartites* Link. — *Cronartium gentianeum* Thüm.

Si ces faits sont exacts et il n'est guère possible d'en douter, car ils viennent d'être confirmés par M. Klebahn, on est obligé d'admettre qu'il y a plusieurs espèces de *Peridermium* venant sur l'écorce du Pin et qui ont été confondues, sous la dénomination de *Peridermium Pini*.

En effet, M. Cornu a établi que les spores du *Peridermium* de l'écorce des Pins de la forêt de Saint-Germain près Paris peuvent infecter une plante fort différente des Seneçons, le Dompte-venin (*Vincetoxicum officinale*), fort répandu dans le bois où la Rouille vésiculeuse s'était manifestée avec une intensité redoutable. La Rouille produite ainsi par l'ensemencement des spores du *Peridermium* de l'écorce du Pin sur les feuilles du *Vincetoxicum* n'est pas un *Coleosporium* comme celle du Seneçon mais un *Cronartium*, le *C. asclepiadeum* (fig. 107).

Les *Cronartium* dont Tulasne a bien fait connaître l'organisation réunissent les deux formes de fructification, urédospores et téleutospores, comme les *Coleosporium*.

Vers le milieu de l'été on voit souvent apparaître sur la face inférieure des feuilles du Dompte-venin de très petites pustules au-dessus desquelles l'épiderme se perce pour laisser sortir les spores jaunes, elliptiques, finement verruqueuses que renferment les pustules. Ce sont des urédospores (fig. 107 Aa), les spores de l'*Uredo Vincetoxici* D. C. qui offre cette particularité singulière que chaque touffe est entourée par une poche membraneuse, dont les parois sont minces et transparentes. C'est une sorte de péridium qui ne s'élève point au-dessus de l'épiderme comme celui des *Æcidium* et des *Peridermium* et s'ouvre seulement par un pore étroit correspondant à la rupture de l'épiderme qui se produit au-dessus de la pustule.

Tandis que les spores d'Uredo se forment et se disséminent il naît, du milieu de l'espace où elles se développent, une petite colonne (b) qui s'allonge au point que pour un diamètre de 5 à 8 centièmes de millimètre, elle atteint jusqu'à deux millimètres de longueur. Cette colonne est formée tout entière de cellules allongées

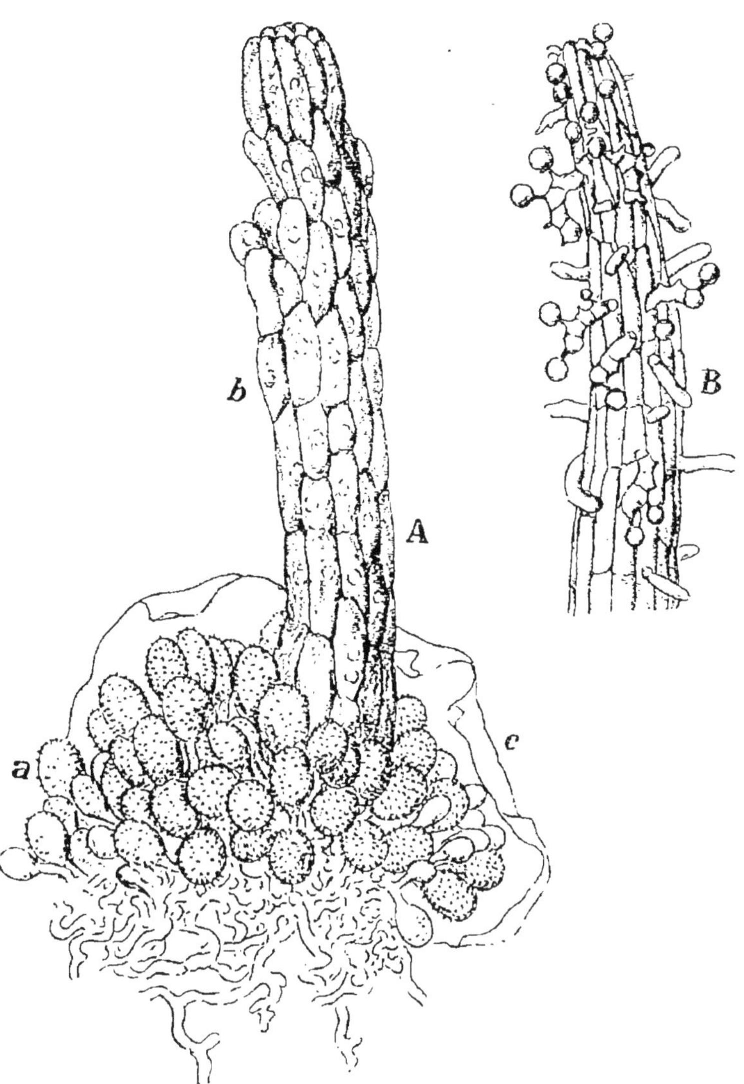

FIG. 107. — *Cronartium asclepiadeum.*
(D'après Tulasne.)

oblongues ou fusiformes, intimement soudées entre

elles et qui sont remplies d'une matière granuleuse orangée.

Chacune de ces cellules est une téleutospore capable de germer en émettant un promycélium cylindrique, trapu qui se cloisonne et dont chaque article produit une sporidie globuleuse (fig. 107 B).

Ces sporidies peuvent sans doute pénétrer dans les jeunes pousses du Pin et y produire le *Peridermium* de l'écorce, mais le fait n'a pu être jusqu'ici réalisé expérimentalement, M. Cornu a bien fait naître le *Cronartium* sur les feuilles du Dompte-venin en y semant les spores du *Peridermium,* mais l'infection inverse du Pin par le *Cronartium* n'a pas plus réussi que celle des aiguilles par le *Coleosporium Senecionis.* Le fait de la relation génétique entre le *Cronartium asclepiadeum* et le *Peridermium* de l'écorce du Pin n'en est pas moins absolument établie (1).

Mais comme d'autre part, d'après les observations de MM. Wolff, Magnus et Klebahn (2), il peut exister une pareille relation entre le *Peridermium* de l'écorce du Pin et le *Coleosporium Senecionis* qui produit aussi la Rouille des aiguilles (*Peridermium oblongisporium*), on est amené à admettre qu'il y aurait deux espèces distinctes confondues sous la dénomination de *Peridermium Pini* (**corticola**) : l'une ayant ses téleutospores sur le Seneçon (*Coleosporium Senecionis*), l'autre sur le Dompte-venin (*Cronartium asclepiadeum*). Pour distinguer cette dernière en tant que Rouille vésiculaire de l'écorce du

---

(1) Des ensemencements de spores du *Peridermium* sur le *Vincetoxicum* faits au laboratoire de Pathologie végétale ont entièrement confirmé les expériences de M. Cornu.

(2) Klebahn, *Ueber die Formen und Wirthswechsel der Blasenroste der Kiefern. Berichte der deutsch. bot. Gesellschaft* VIII, 1890.

Pin, on a proposé de désigner la forme æcidienne sous le nom de *Peridermium Cornui* Rostrup et Klebahn.

Peridermium Strobi Klebahn. — Cronartium ribicolum Dietr.
(Rouille vésiculaire du Pin Weymouth.)
(Rouille du Groseillier.)

M. Klebahn avait, dès l'été 1887, établi, par les observations qu'il fit aux environs de Brême, que le Pin Weymouth peut être attaqué par une Rouille vésiculaire de l'écorce qui est différente de celle du Pin commun. Des essais d'ensemencement de cette Rouille du Pin Weymouth faits en 1888 sur diverses espèces de Groseilliers (*Ribes nigrum, R. aureum, R. alpinum*) ont permis de les infecter et d'y faire naître un *Cronartium*, le *C. ribicola*, Rouille qui se développe très fréquemment dans les cultures de Cassis (*Ribes nigrum*). Ce *Cronartium* forme d'abord sur les feuilles des Cassis des pustules d'*Uredo*, d'où les spores sortent en fil d'un rouge orangé par un pore qui s'ouvre au sommet du péridium; la colonne de téleutospores d'abord orangée puis brunâtre se développe ensuite et atteint une longueur de 2 millimètres.

Il résulte très sûrement des expériences de M. Klebahn et de M. Rostrup (1), que ce *Cronartium* est une forme alternante du *Peridermium* de l'écorce du Pin Weymouth. Non seulement ces deux observateurs ont fait naître le *Cronartium* sur les feuilles des divers Groseilliers en y semant des spores de *Peridermium*, mais M. Klebahn a réussi à réaliser l'infection inverse. Deux petits pieds

(1) Rostrup, *Botan. Centralblatt* XLIII, p. 353.

de Pin Weymouth élevés en pots furent ensemencés par lui en 1889 avec des sporidies de *Cronartium ribicolum*. En grattant les petites cornes portant les sporidies, il en faisait avec de l'eau une sorte de bouillie qu'il déposait sur les jeunes rameaux; en outre, à plusieurs reprises, des feuilles fraîches de groseilliers couvertes de *Cronartium*, furent suspendues entre les rameaux; sur l'un des pieds ainsi traités, on vit apparaître au printemps de 1890, un gonflement à un des verticilles de la tige, et vers la fin de juin il se montra en cette place et sur les rameaux une abondante production des spermogonies qui précèdent toujours l'apparition des conceptacles du *Peridermium*.

Ce *Peridermium* de l'écorce du Pin Weymouth correspondant au *Cronartium ribicolum*, a reçu de M. Klebahn le nom de *Peridermium Strobi*.

Il attaque le *Pinus Strobus*, les *P. Lambertiana* et *P. Cembro*.

Peridermium elatinum

(Rouille vésiculaire, Balais de sorcière du Sapin).

SYN. : *Æcidium elatinum* Alb. et Schw. — *Cœoma elatinum* Link.

Le *Peridermium elatinum* trouble d'une très singulière façon la végétation des pousses de Sapin dans lesquelles son mycélium qui est vivace se développe (1). Il pénètre non seulement dans le tissu cortical et le liber des tiges et des branches, mais dans la couche cambiale et dans le bois. Sous son action irritante, la production

(1) De Bary, *Ueber den Krebs und die Hexenbesen der Weistanne. Bot. Zeitung*, n° 33, 1867, Rob. Hartig. *Baumkrankheiten*, p. 69.

ligneuse prend un développement anormal ; la place où
la pousse est attaquée se gonfle d'une façon extraordinaire. On rencontre des Sapins d'âge fort divers dont le
tronc est renflé en forme de tonneau sur une longueur
atteignant au plus le double du diamètre de l'arbre ; parfois on peut voir, à différentes hauteurs, sur une même
tige deux ou même trois de ces renflements. Plus rarement ces tumeurs ligneuses n'occupent qu'une partie de
la circonférence du tronc. On en rencontre de semblables, à la taille près, sur des rameaux de tout ordre, aussi
bien à leur extrémité qu'à n'importe quelle autre place.
Elles sont dues à une hypertrophie et des couches ligneuses, et des tissus de l'écorce. L'écorce se gerce et se
crevasse profondément ; fendue, déchirée, desséchée par
places, elle protège malles couches ligneuses qui s'altèrent
au bout d'un temps plus ou moins long. C'est ainsi que
se forment les plaies profondes que les forestiers désignent sous le nom de *chaudrons*.

On trouve en quantité dans les tissus des tumeurs
ligneuses du Sapin, les filaments de mycélium du parasite qui les produit ; ils pénètrent jusque dans les rayons
médullaires et les cellules du parenchyme ligneux, mais
jamais il ne se forme là de fructifications.

C'est quand l'infection a lieu sur un bourgeon que l'on
voit le parasite prendre tout son développement. Son
mycélium envahit alors la jeune pousse dès qu'elle commence à s'allonger et il en altère si profondément l'organisation, qu'elle prend un aspect absolument différent
de celui d'une pousse normale et devient ce que l'on a
nommé un *balai de sorcière* (fig. 108). Sa direction est
tout autre que celle d'un rameau ordinaire ; au lieu de
se diriger horizontalement, elle fait flèche et simule un
petit arbre nain de forme singulière implanté sur une
branche de sapin. La tige du balai produit aussi sou-

vent de nombreux jets latéraux, qui se dressent aussi et forment autour d'elle une touffe en broussaille.

Les aiguilles des pousses ainsi déformées sont relativement courtes et larges ; elles sont éparses sur la péri-

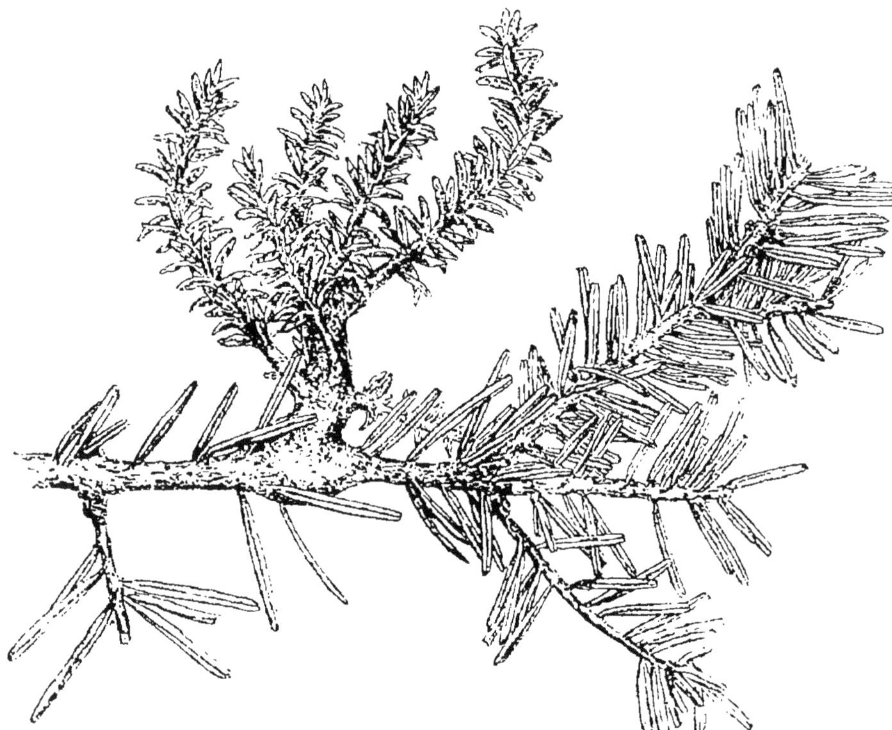

Fig. 108. — Balai de sorcière produit par le *Peridermium elatinum*.

phérie des rameaux, au lieu d'être disposées sur deux rangs, et elles restent pâles et jaunâtres (fig. 109).

Au commencement d'août apparaissent sur leur face inférieure les fructifications de *Peridermium* disposées en ligne à droite et à gauche de la nervure médiane. Elles se forment dans l'intérieur des aiguilles et crèvent l'épiderme pour faire saillie au dehors. Leur apparition a été précédée de celle de spermogonies qui se montrent sous forme de petits points de couleur orangée, à la face supérieure des feuilles avant qu'elles aient atteint leur complet développement.

Le péridium de la fructification æcidienne qui offre du reste la structure ordinaire, se déchire irrégulièrement et laisse échapper des spores ovales oblongues, dont la surface est marquée de granulations saillantes et qui sont colorées par leur contenu en rouge orangé.

Les feuilles rouillées des balais de sorcière tombent à la fin de l'été, et durant tout l'hiver les balais forment de petites broussailles dépouillées dont l'aspect tranche singulièrement avec celui des branches à feuillage persistant du Sapin qui les porte.

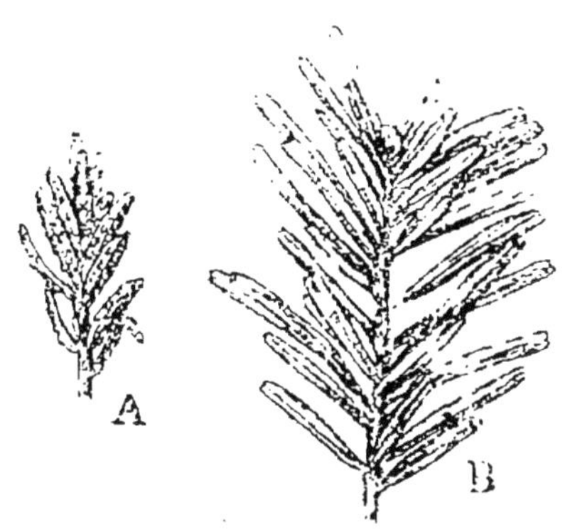

Fig. 109. — *Peridermium elatinum.*
A. Feuilles envahies par le *Peridermium elatinum.*
B. Feuilles normales.

On ne connaît pas au *Peridermium elatinum* de formes à téleutospores vivant sur d'autres plantes.

La seule mesure à proposer pour diminuer la multiplication du *Peridermium elatinum* serait la destruction des jeunes balais de sorcière avant que leurs petites feuilles ne se soient couvertes des fructifications du parasite.

Peridermium abietinum Alb. et Schwein. —
Chrysomyxa Rhododendri (D. C.) De Bary.

SYN. : I *Æcidium abietinum* Alb. et Schw. — *Cœoma piceatum*
Link —
II *Uredo Rhododendri* D. C. —

(Rouille vésiculaire des aiguilles de l'Épicéa).

Les Épicéas qui croissent sur les hautes montagnes à
une altitude d'environ 1000 mètres, sont souvent attaqués
par un *Peridermium* qui se développe dans leur feuillage.

Les feuilles envahies par le parasite prennent par
places une couleur jaune brun. En ces points leur tissu
est parcouru par de nombreux filaments de mycélium :
vers les mois de juillet ou d'août apparaissent d'a-
bord à la surface des parties décolorées de nombreux
petits points qui sont des spermogonies, puis des fructifications de *Peridermium*. Les sacs membraneux remplis de spores se montrent au dehors en crevant l'épiderme,
s'allongent, puis se déchirent en dents irrégulières et
laissent échapper des spores arrondies ou oblongues
couvertes de petites granulations et colorées par leur
contenu en jaune orangé.

Cette Rouille vésiculaire des aiguilles de l'Épicéa ressemble beaucoup à celle des aiguilles du Pin.

En août et septembre, les arbres attaqués répandent
des nuages de Rouille que les vents peuvent porter au
loin. Les feuilles rouillées meurent et tombent l'année
même où elles ont été envahies par le *Peridermium*.

De Bary (1), très frappé du fait que cette Rouille ne se
montre que sur les Épicéas qui poussent en montagne

(1) De Bary, *Botanische Zeitung*, 1879.

à une hauteur déterminée au-dessus de la mer et n'atteint point ceux qui sont au-dessus ou au-dessous d'une zone dont l'altitude moyenne est de 1000 mètres, fit la remarque que c'est aussi à cette hauteur que croissent en quantité les Rhododendrons (*Rhododendrum ferrugineum* et *Rh. hirsutum*).

Examinant au printemps un peu après la fonte des nei-

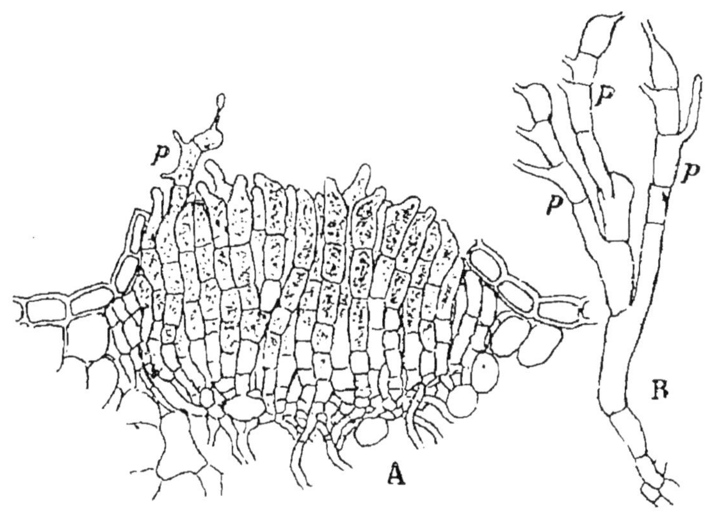

Fig. 110. — *Chrysomyxa Rhododendri.*

A. Coupe d'une touffe de téleutospores germant. — B. File de téleutospores produisant des promycéliums d'où se sont détachées les sporidies.

(D'après de Bary.)

ges, les feuilles de ces Rhododendrons, de Bary reconnut qu'elles portaient en quantité sur leur face inférieure, des taches saillantes d'un rouge brun formées de files de cellules dirigées perpendiculairement à la surface et recouvertes par l'épiderme. Par leur extrémité inférieure, elles prennent naissance sur les filaments entrecroisés d'un mycélium dont elles sont des ramifications fertiles (fig. 110). Les trois derniers articles de ces files de cellules sont des téleutospores. Dans un milieu suffisamment humide et chaud, les cellules de la file qui servent de support à celles qui sont fertiles, s'allongent d'abord, l'épiderme se déchire et on voit apparaître les téleutospores d'un jaune orangé qui émettent chacune un promycélium. Pour celle qui termine la rangée, il sort par son sommet, pour les suivantes d'un point rapproché de la cloison qui la sépare de la spore située au-dessus. Chacun de ces promycéliums se divise par trois ou quatre cloisons transversales en articles qui portent chacun le plus souvent, une sporidie arrondie ou réniforme à l'extrémité d'un stérigmate.

Cette organisation spéciale des téleutospores caractérise le genre *Chrysomyxa*.

L'espèce découverte par de Bary sur les Rhododendrons a reçu de lui le nom de *Chrysomyxa Rhododendri*.

La supposition que les sporidies de ce *Chrysomyxa* peuvent infecter les Épicéas et faire naître sur leurs feuilles le *Peridermium abietinum* a été expérimentalement vérifiée par de Bary qui a vu les tubes de germination des sporidies du *Chrysomyxa* pénétrer dans les cellules de l'épiderme des feuilles sur des pousses très jeunes d'Épicéa. Quelques jours après, des places jaunes se montraient au voisinage des points où la pénétration avait eu lieu; au bout de dix jours, on y voyait des spermogonies et au bout d'un mois des conceptacles œcidiens de *Peridermium*.

L'infection inverse des Rhododendrons par les spores du *Peridermium* réussit de même.

La forme *Uredo* du *Chrysomyxa Rhododendri* est l'*Uredo Rhododendri* de DeCandolle, qui se montre souvent dès le mois de juin à la face inférieure des feuilles de Rhododendron. L'*Uredo* du *Chrysomyxa*, comme celui du *Coleosporium* présente des files serrées de spores formées successivement et constituant d'abord une masse compacte qui s'égrène ensuite en spores isolées à travers l'épiderme déchiré. Chacune des files de spores est produites par le cloisonnement répété de l'extrémité d'un rameau dressé du mycélium.

Dans les régions élevées, à une altitude de 1,000 à 1,200 mètres où l'on trouve l'Épicéa couvert de *Peridermium*, on rencontre rarement la forme *Uredo* et très fréquemment au contraire la forme *Chrysomyxa* ; tandis que dans les vallées et sur les sommets dépassant la zone de l'Épicéa, c'est la forme *Uredo* qui est commune.

Chrysomyxa Abietis (Wallr.) Unger.
(Rouille des aiguilles de l'Épicéa.)

Syn. : *Blennoria Abietis* Wallr.

Les *Chrysomyxa* n'ont pas tous la propriété de revêtir des formes diverses et de passer d'une plante nourricière à une autre. A côté d'espèces hétéroïques à cycle complet, comme le *Chrysomyxa (Euchrysomyxa) Rhododendri*, il y a des espèces pour lesquelles on ne connaît absolument que la forme à téleutospores. Tel est le *Chrysomyxa (Leptochrysomyxa) Abietis* qui cause la Rouille très commune des aiguilles d'Épicéa.

C'est dans le cours de l'été, ordinairement de la mi-juin au milieu de juillet, suivant les localités, que les feuilles attaquées par cette Rouille commencent à montrer des symptômes d'altération. On voit se dessiner sur les aiguilles atteintes, des zones annulaires plus pâles qui bientôt prennent une couleur jaune de plus en plus marquée et qui tranche avec la couleur verte de la partie voisine (fig. 111 A).

Ce sont les jeunes feuilles qui seules peuvent être atteintes ainsi.

Les anneaux jaunes sont assez étroits quand l'épidémie présente peu d'intensité; d'autres fois ils sont plus larges

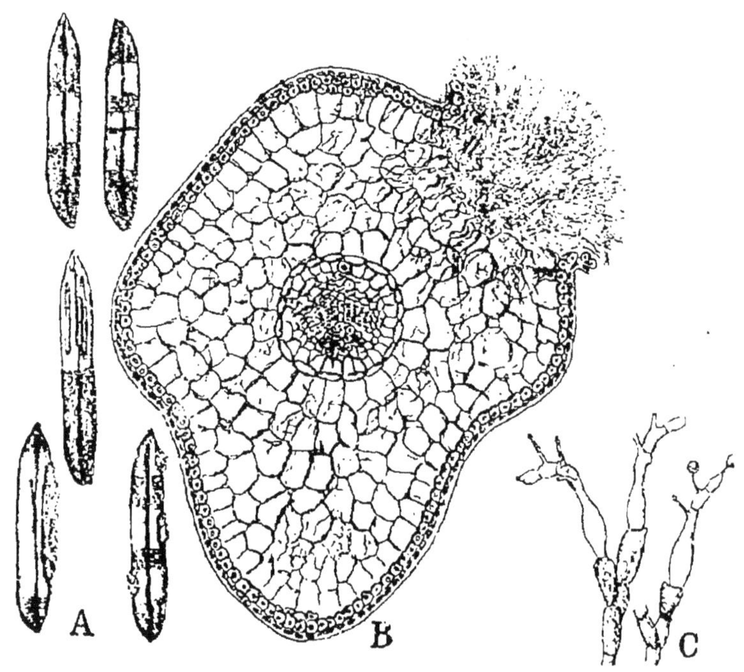

FIG. 111. — *Chrysomyxa Abietis.*

A. Feuilles attaquées par le *Chrysomyxa Abietis.* — B. Coupe transversale d'une feuille. — C. Téleutospores produisant du promycélium.

et occupent une grande partie de la feuille; parfois c'est l'extrémité seule de l'aiguille qui est atteinte.

Le mycélium du *Chrysomyxa* est localisé dans les zones colorées. Il est formé de filaments sinueux et ramifiés qui traversent les cellules de la feuille de l'Épicéa; dans le courant de l'été, ils se remplissent de granulations de couleur orangée.

Ces filaments paraissent exercer sur la production de l'amidon dans les cellules du voisinage une action considérable. Les grains d'amidon se trouvent dans la feuille attaquée, accumulés en quantité bien plus grande dans la zone jaune que dans les parties qui restent vertes. Des faits semblables se peuvent observer du reste dans des feuilles attaquées par divers mycéliums parasites : mais le phénomène est ici particulièrement frappant.

A l'automne, commencent à se former sur les côtés des aiguilles, dans les parties jaunes, des coussinets allongés, saillants, d'un jaune d'or qui sont formés par les téleutospores du *Chrysomyxa*.

Après l'hiver, l'épiderme se fend au-dessus des téleutospores qui émettent leur promycélium chargé de sporidies, au mois de mai, au moment où les jeunes pousses commencent à se développer (fig. 111 B. C). Ces sporidies germent alors en produisant un tube qui pénètre dans les cellules de l'épiderme des très jeunes aiguilles et reproduit l'infection sur les pousses nouvelles.

Si, pour quelques arbres le moment du développement des jeunes rameaux ne correspond pas exactement à celui de la germination des téleutospores du *Chrysomyxa*, ils se trouvent ainsi préservés de la Rouille qui attaque tous les pieds voisins.

L'intensité du mal varie d'une année à l'autre, selon que les conditions de climat ont favorisé ou entravé le réensemencement du *Chrysomyxa* sur les feuilles naissantes.

Les feuilles d'Epicéa attaquées par cette Rouille tombent seulement après la germination des téleutospores et par conséquent l'année qui suit celle où elles ont été attaquées, tandis que celles qu'a infectées le *Peridermium abietinum*, meurent l'année même où elles ont été envahies par ce parasite.

Cœoma pinitorquum A. Br. — Melampsora Tremulæ Tul.

(Rouille courbeuse du Pin. — Rouille du Tremble.)

On désigne sous le nom de *Cœoma*, une forme d'Urédinée analogue aux *Æcidium,* mais dont les files de spores ne sont point entourées d'un péridium.

C'est à un *Cœoma,* le *Cœoma pinitorquum* qu'est due une Rouille du Pin qui attaque les jeunes peuplements ou les extrémités des pousses des arbres plus âgés, en altère singulièrement la croissance normale et peut causer de graves dommages. Le mycélium du *Cœoma* désorganise les tissus sur un des côtés des pousses en voie de développement, il rend ainsi l'allongement tout à fait inégal et oblige la flèche à se courber du côté malade (fig. 112 A). Quand la maladie se développe avec intensité, elle fait périr les extrémités des pousses et si le plant n'a que deux ou trois ans elle détruit le peuplement tout entier.

Le mal apparaît vers le commencement du mois de juin, au moment où les bouquets de jeunes feuilles commencent à se montrer. On voit alors se marquer sur l'écorce verte de la jeune pousse des taches d'un jaune pâle, longues de un à trois centimètres et larges d'un demi à un. Sur ces taches on peut distinguer à la loupe de petits points saillants qui sont des spermogonies naissant tout à fait à la surface de l'écorce, soit dans l'épiderme, soit au-dessus entre l'épiderme et la cuticule. Puis, au-dessous, dans le parenchyme cortical commencent à se former les fructifications du *Cœoma* (fig. 112 B).

Les filaments du mycélium se montrent en quantité entre les cellules de l'écorce qu'ils enveloppent de toute part ; ils se dirigent vers l'extérieur et vont se terminer tous au même niveau peu au-dessous de l'épiderme. Ils

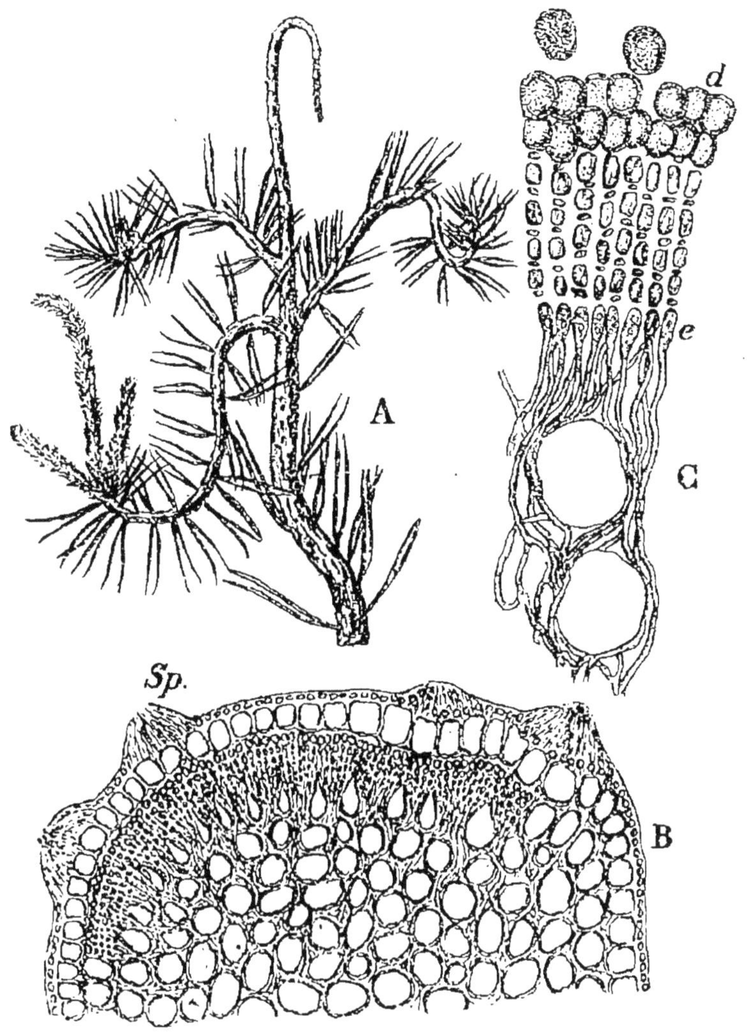

FIG. 112. — *Cœoma pinitorquum.*

A. Rameaux courbés par le *Cœoma pinitorquum*. — B. *Cœoma* fructifiant dans le tissu de la tige ; *sp.*, spermogonies. Au dessous on voit se former les files d'œcidiospores — C. Fragments de la figure précédente à un plus fort grossissement — *e* Baside produisant les files de spore. — *d*. Spores entièrement formées. (D'après M. R. Hartig.)

constituent là une sorte de couche fertile (*hyménium*) formée de filaments serrés les uns contre les autres et au sommet desquels se forment des séries de spores qui s'organisent les unes au-dessous des autres, successivement (C). Les plus anciennes pressent contre la mince couche de parenchyme et d'épiderme qui les recouvrent et produisent par transparence la tache d'abord pâle puis d'un jaune plus marqué que l'on voit sur la jeune pousse. L'épiderme se bombe sous la poussée des spores qui se forment incessamment et grossissent au-dessous de lui et bientôt se déchire suivant une fente longitudinale par où les spores se disséminent.

Au voisinage des points où se forment les fructifications tout le tissu cortical envahi par le mycélium dépérit et meurt; comme sur le côté opposé de la tige, le tissu est sain et que la croissance y est normale, la tige présente bientôt la courbure caractéristique qui accompagne les lésions du *Cœoma pinitorquum*. Parfois après s'être infléchis, les jeunes rameaux se relèvent par leur extrémité en s'allongeant et présentent la forme d'un ∽ .

Sur les plants de un à deux ans, la tige est si mince qu'une seule place attaquée par le *Cœoma* suffit à la tuer. Sur les arbres plus forts il faut que de nombreuses taches se produisent pour entraîner leur mort. Après une forte attaque de cette Rouille, il semble que les arbres malades aient eu leurs jeunes pousses détruites par des gelées. Les pointes mortes des tiges et des rameaux sont remplacées au bout de quelque temps par le développement de pousses accessoires dues surtout à l'allongement des rudiments de rameaux qui à l'état normal s'éteignent après avoir produit seulement les aiguilles, mais comme la maladie quand elle s'est une fois montrée dans un peuplement de Pins, y reparaît tous les ans, elle ne laisse pas de causer d'importants dommages.

Quand le printemps est sec, le mal produit par le *Cœoma* est faible et l'arbre tend à se rétablir; mais quand la température est humide et douce à la fin de mai et au commencement de juin le parasite se développe alors avec une intensité remarquable. Quand les arbres atteignent une trentaine d'années, la maladie disparaît d'elle-même.

Il était naturel de supposer qu'au *Cœoma pinitorquum,* qui est une forme æcidienne isolée, correspond sur une autre plante une Urédinée produisant des téleutospores. M. R. Hartig avait depuis longtemps (1874) remarqué que presque toujours sur les points où apparaît d'abord la Rouille courbeuse du Pin, il y a au voisinage quelque Tremble (*Populus Tremula*) et il soupçonnait que cet arbre devait être la plante nourricière sur laquelle le parasite du Pin pouvait présenter ses autres formes. Il put en fournir la preuve certaine en 1885 (1). En semant les spores du *Cœoma pinitorquum* sur des feuilles coupées de Tremble tenues dans un milieu très humide et les couvrant d'une cloche de verre, il en produisit l'infection; il vit s'y produire des urédospores, à l'aide desquelles il put aisément infecter des Trembles à l'air libre. Déjà M. Rostrup avait indiqué les relations qui existent entre le *Cœoma pinitorquum* et une Rouille du Tremble se rapportant au genre *Melampsora* et qu'il a nommé pour cette raison *Melampsora pinitorqua.*

Ce qui caractérise le genre *Melampsora* c'est que, après avoir commencé par produire durant l'été des *Uredo,* ces Rouilles forment à l'arrière-saison sous l'épiderme qui ne se déchire pas, des téleutospores qui sont serrées les unes contre les autres de façon à constituer une croûte compacte (fig. 114 b.).

(1) *Bot. Centralblatt,* XXIII, n° 12, p. 362 (1885).

Parvenues à leur complet développement après l'hiver, les téleutospores de *Melampsora* sont alors des cellules présentant la forme de prismes à parois épaisses, allongés perpendiculairement à la surface de l'épiderme. Placées dans des conditions d'humidité convenables elles germent après l'hiver en émettant chacune, à la façon ordinaire des téleutospores d'Urédinées, un promycélium en forme de tube cylindrique cloisonné qui porte des sporidies à l'extrémité de stérigmates (fig. 113).

Les touffes d'*Uredo* qui précèdent la formation des croûtes noires de *Melampsora* sont souvent entremêlées et entourées de paraphyses (fig. 114 a).

Les Peupliers de diverses espèces, les Bouleaux, les Saules sont fréquemment attaqués par ces sortes de Rouilles. Les feuilles jaunissent et tombent dès le mois de septembre.

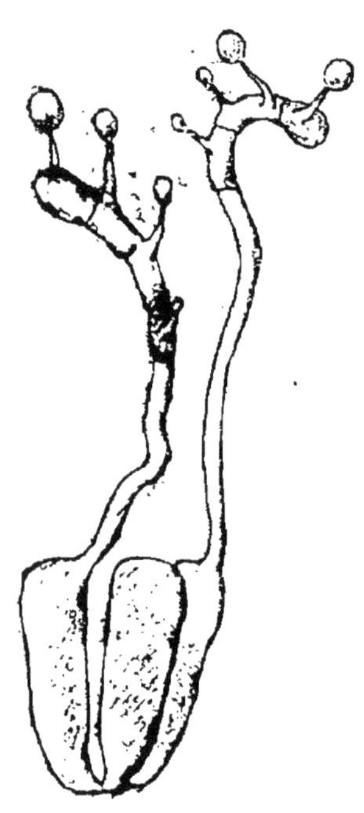

Fig. 113. — *Melampsora betulina.*

(D'après M. Plowright.)

On a décrit comme distinctes plusieurs espèces de *Melampsora* attaquant des espèces différentes de Peuplier; bien que les divers auteurs ne soient pas entièrement d'accord à ce sujet, on admet généralement trois espèces de *Melampsora* des Peupliers. Le *Melampsora Tremulae* (Tulasne) sur le Tremble (*P. Tremula*), le *Melampsora aecidioides* (De Candolle) sur le *Populus alba* et le *P. canescens* et le *Melampsora populina* (Jacquin) sur les *Populus nigra*, *P. balsamifera*, *P. monilifera* et *P. italica.*

Il est bien établi que le *Melampsora* du Tremble est
une espèce hétéroïque dont la forme æcidienne se forme
sur le Pin et y est connue sous le nom de *Cœoma pinitorquum*, puisque M. Rostrup et M. R. Hartig en ensemençant les spores de *Melampsora* sur le Pin ont obtenu les spermogonies et les amas de spores du *Cœoma*,
et inversement par des semis de spores du *Cœoma* sur
les feuilles du Tremble ont obtenu le *Melampsora*. Mais

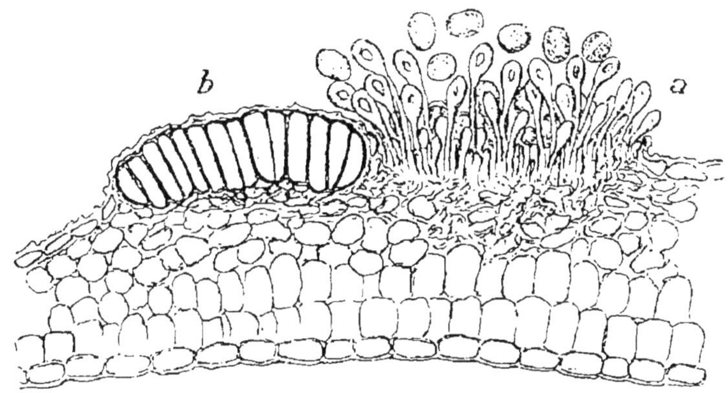

FIG. 114. — *Melampsora Tremulae.*
a. Urédospores. — *b.* Téleutospores.

d'autre part, M. Rostrup et Nielsen paraissent avoir
établi par des expériences d'infection qu'il y a une semblable relation entre le *Melampsora* du Tremble et un
Cœoma parasite de la Mercuriale (*Cœoma Mercurialis*). On devrait donc distinguer sur le Tremble plusieurs
espèces de *Melampsora*; M. Rostrup en admet trois :

Le *Melampsora aecidioides* D. C. correspondant au
Cœoma Mercurialis, le *Melampsora pinitorqua* Rostr.
au *Cœoma pinitorquum* et le *Melampsora Laricis* R.
Hart. correspondant au *Cœoma Laricis.*

Cœoma Laricis (Westend.) Rob. Hart.
(Rouille des aiguilles du Mélèze).

Cette Rouille se montre à la fin de mai ou au commencement de juin sur la face inférieure des feuilles. Ses fructifications présentent une organisation analogue à celle du *Cœoma pinitorquum;* seulement les files de spores en contiennent un moins grand nombre. Elles sont en outre entourées de paraphyses qui forment au bord de chaque touffe fertile un bourrelet que l'on peut regarder comme un commencement de péridium. Après l'émission des spores les aiguilles meurent et tombent.

M. Rob. Hartig sema les spores de ce *Cœoma* sur les feuilles du *Populus Tremula*, il réussit ainsi à les infecter ; aussi bien qu'avec les spores du *Cœoma pinitorquum*. Il obtint ainsi un *Melampsora* (*M. Laricis* R. Hart.) qui lui parut différer un peu par la forme de ses paraphyses de celui que produit le *Cœoma pinitorqum*, le *Melampsora pinitorqua* Rostr.

Toutefois la séparation de ces diverses espèces de *Melampsora* est difficile à concilier avec les expériences de M. R. Hartig (1) qui est parvenu à infecter avec l'Uredo du *Melampsora* de *Populus nigra* (*Melampsora populina*) le Tremble et qui, d'autre part, a produit le *Cœoma Laricis* sur les aiguilles du Mélèze, aussi bien avec le *Melampsora* du Tremble qu'avec celle du Peuplier noir.

Il semblerait donc que le *Cœoma Laricis* et le *Cœoma pinitorquum* ne sont qu'une seule espèce qui se développe d'une façon différente sur le Mélèze, où il n'attaque que les feuilles, et sur le Pin, où il envahit les pousses.

(1) *Die Formen der Melampsora*, in *Sitzungsberichte des Botan. Vereins in München Bot. Centralblatt*, 1891, XLVI, n° 14-15, p. 18.

Cette espèce produirait ses téleutospores aussi bien sur le *Populus Tremula* que sur le *Populus nigra*.

M. Plowright (1) a annoncé que le *Melampsora* du Bouleau, *M. betulina* (Persoon) infecte les feuilles du Mélèze, aussi bien que les *Melampsora* du Tremble et celui du Peuplier noir et y développe ses æcidies sous forme de *Cœoma Laricis*.

Le *Melampsora betulina* et le *M. populina* ne seraient donc aussi qu'une même espèce : les différences de forme qu'on y a constatées étant dues seulement à l'influence de la plante nourricière.

Peridermium columnare (Alb. et Schwein) Kunze et Schm. — Calyptospora Gœppertiana. J. Kühn.

(Rouille vésiculaire des feuilles de Sapin.)

Ces sortes d'*Æcidium* se montrent à la face inférieure des feuilles du Sapin sur deux lignes longitudinales parallèles. Ils sont remarquables par la très grande longueur de leur péridium qui est à peu près tubulaire et atteint 3 millimètres de longueur (fig. 115). Il se déchire au sommet pour laisser échapper les spores qui sont globuleuses ou elliptiques et hérissées de petites pointes.

Ces spores germent en produisant un tube qui peut se développer en mycélium quand elles ont été semées sur une espèce d'Airelle le *Vaccinium Vitis-Idœa* (2). Le tube de germination perce l'épiderme ou pénètre par un stomate dans l'intérieur du tissu cortical de la petite plante. Le mycélium parasite s'y étend s'y ramifie et atteint le bourgeon terminal du *Vaccinium*. Au prin-

(1) Plowright, *Einige Impfversuche mit Rostpilzen* — *Zeitschrift f. Pflanzenkrankheiten*, 1ᶜ vol. p. 130, 1891.

(2) R. Hartig, *Lehrbuch der Baumkrankheiten*, 1ʳᵉ éd. p. 56, pl. 11.

temps de l'année suivante la pousse qui se développe est profondément altérée par le parasite. Elle prend une taille beaucoup plus élevée que celle des plantes saines ; elle est en outre gonflée d'une façon extraordinaire ; elle a une consistance spongieuse et atteint la grosseur d'un tuyau de plume. Sa couleur est blanche ou rosée puis plus tard elle devient d'un brun foncé. Sous l'influence irritante du mycélium parasite, les cellules du tissu en voie de croissance ont pris un développement extraordinaire et atteint une taille tout à fait anormale. Cette action ne se manifeste que sur la pousse jeune et en voie de croissance ; l'année précédente le mycélium parasite a pu traverser l'écorce pour parvenir au bourgeon terminal sans causer aucune déformation, parce qu'à cette époque les cellules avaient atteint leur taille définitive elles avaient cessé de croître, leur développement était achevé.

Fig. 115.

A. Pousse de Sapin dont les feuilles sont couvertes de fructifications de *Peridermium columnare*. — B. Æcidies du *Peridermium columnare* un peu grossies.

(D'après M. R. Hartig.)

Dans l'écorce gonflée et spongieuse de l'Airelle on voit le mycélium qui rampe entre les cellules du parenchyme dans lequel il plonge seulement des suçoirs. Il se ramifie et envoie des branches jusque sous l'épiderme.

Là, de l'extrémité renflée de ces rameaux émanent de petits tubes qui se renflent en vésicules à l'intérieur des cellules épidermiques. Il y en a de 4 à 8, le plus souvent

6, par cellule; en grandissant elles en occupent la cavité entière (fig. 116 A). Ces cellules, en se divisant en quatre par des cloisons longitudinales qui sont perpendiculaires à la surface de la feuille, deviennent les téleutospores d'une sorte de *Melampsora* qui a été distinguée comme genre spécial parce que ses téleutospores se forment, non

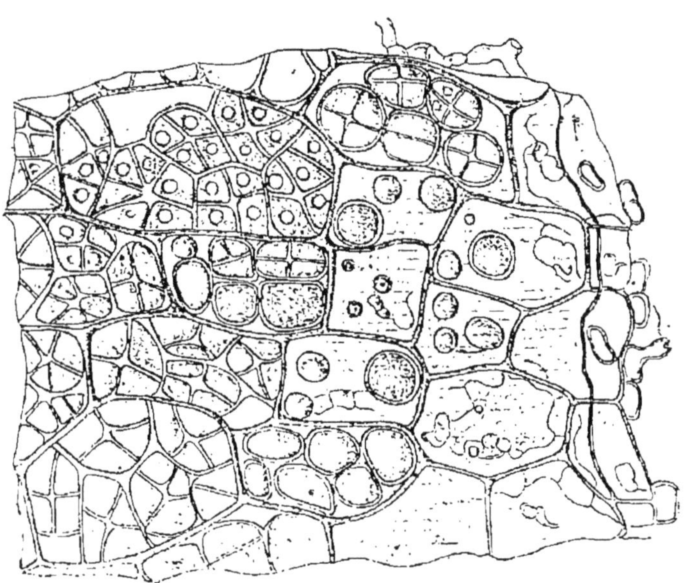

FIG. 116 A. — *Calyptospora Gœppertiana.*

Téleutospores à divers degrés de développement se formant dans les cellules de l'épiderme. (D'après M. R. Hartig).

pas sous l'épiderme, mais dans les cellules épidermiques elles-mêmes et qu'elles se divisent longitudinalement en quatre. Elles forment, du reste, réunies toutes les unes aux autres comme celles du *Melampsora*, une croûte étendue sans contours déterminés.

M. Kühn a donné à ce genre le nom de *Calyptospora*. Le parasite du *Vaccinium Vitis-Idœa* est le *Calyptospora Gœppertiana* Kühn.

La croûte qui recouvre la tige gonflée de l'Airelle est formée de spores dormantes qui passent l'hiver à l'état de vie latente. Au mois de mai de l'année suivante, quand la température est humide, chacune d'elles germe en produisant un promycélium formé d'une file d'environ

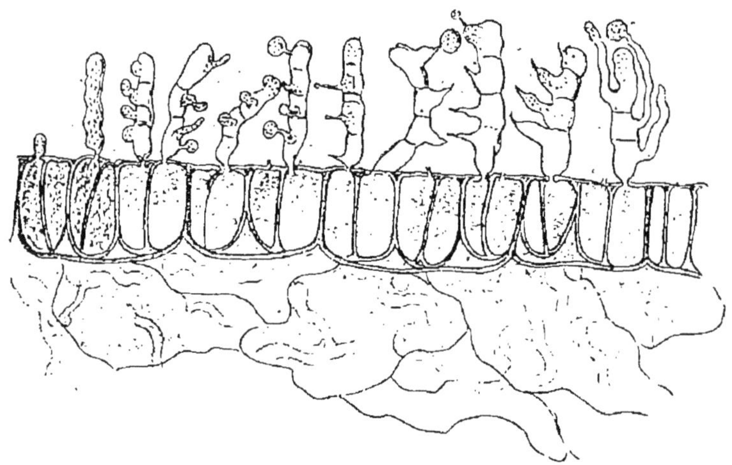

FIG. 116 B. — *Calyptospora Gœppertiana.*

Téleutospores germant (d'après M. R. Hartig).

quatre cellules dont chacune porte une sporidie à l'extrémité d'un court stérigmate (fig. 116 B).

Ces sporidies peuvent infecter les aiguilles de Sapin et y faire naître le *Peridermium columnare,* qui n'est rien autre chose que la forme æcidienne du *Calyptospora Gœppertiana;* mais elles peuvent aussi infecter directement d'autres pieds de *Vaccinium Vitis-Idæa* et y reproduire le *Calyptospora Gœppertiana,* sans passer par la forme æcidienne.

CHAPITRE VI.

BASIDIOMYCÈTES.

Hyménomycètes.

On donne le nom de baside à un conidiophore qui a une forme et une taille bien exactement déterminées et qui porte à sa surface au bout de petites pointes saillantes nommées stérigmates, un nombre fixe et constant de spores.

Dans les formes supérieures de *Basidiomycètes*, les basides sont unicellulaires, courtes, en forme de cylindre ou de massue et portent le plus souvent chacune 4 spores. Souvent entremêlées d'hyphes stériles qui sont renflées de diverses façons, les basides forment toutes ensemble une sorte de membrane dont la surface se couvre de spores, c'est ce que l'on nomme l'*hyménium*. Cet hyménium est porté par un corps massif plus ou moins épais que l'on désigne, quelle qu'en soit la forme, sous la dénomination générale de réceptacle.

Les champignons à basides ou *Basidiomycètes* ayant un hyménium à leur surface sont dits *Hyménomycètes*. Parfois l'hyménium occupe toute la superficie du réceptacle, mais le plus souvent il n'en couvre qu'une partie. Cette portion fertile du réceptacle n'est pas toujours unie et lisse comme cela a lieu par exemple pour les *Stereum* et les Clavaires ; le plus souvent elle est couverte ou de pointes (*Hydnes*) ou de tubes (*Polypores*) ou de lames saillantes (*Agarics*). La surface de l'hyménium qui la tapisse se trouve ainsi fort multipliée.

Dans les formes inférieures il n'y a pas de corps fructifères, de réceptacle différant du lacis des hyphes du mycélium ; les basides en naissent directement et ne forment pas un hyménium nettement déterminé.

L'un des exemples les plus simples que l'on puisse donner de cette disposition nous est fourni par un parasite de la Vigne, l'*Exobasidium Vitis*.

Exobasidium Vitis (Viala et Boyer) Prill. et Del.

Syn. : *Aureobasidium Vitis* Viala et Boyer.

Ce petit Champignon a été observé et décrit pour la première fois par MM. Viala et Boyer sur des grains de raisin récoltés en Bourgogne en 1882, et conservés dans l'alcool dans les collections de l'École d'agriculture de Montpellier. L'altération qu'il avait causée n'avait pas, du reste, présenté grande importance ; depuis il a été observé à l'état frais sur les feuilles des Vignes du Beaujolais et de la Charente. Il y a produit le desséchement partiel, le grillage du feuillage à la suite d'une saison très humide.

L'*Exobasidium Vitis* se développe soit au printemps, soit à l'automne dans les mois de septembre et d'octobre.

On voit apparaître alors sur les grains attaqués une petite tâche sombre qui grandit et devient livide, puis la peau se déprime et s'affaisse sur une surface égale au plus, au tiers du grain qui, jusque là mou et juteux, se ride et se dessèche.

La partie creusée du grain est parsemée, avant qu'il se ride, de petites pustules isolées, d'un brun doré d'après MM. Viala et Boyer, qui sont dues à des bouquets veloutés peu consistants, formés par les extrémités dressées et un peu renflées en baside des hyphes du mycélium, dont les ramifications cloisonnées se trouvent en abondance dans la chair du grain malade.

Dans les feuilles attaquées les fructifications du parasite observées à l'état frais se montrent sous forme de sortes d'efflorescences blanches concrètes ressemblant à une fine poussière de plâtre ou de craie formant çà et là des petits amas plus épais et d'un blanc plus mat (1).

Le mycélium de l'*Exobasidium Vitis* est légèrement jaunâtre cloisonné, assez lâche et à peine agrégé; ses ramifications ultimes très grêles, qui s'insinuent entre les cellules sont hyalines. Par places il crève l'épiderme et émet des touffes de filaments, les uns stériles et s'allongeant à la surface de la feuille, les autres fertiles (fig. 117 A). Ces derniers se renflent le plus fréquemment en massue à leur extrémité et deviennent des basides qui portent un nombre variable de spores à l'extrémité de très courts stérigmates : parfois cependant tout en produisant des spores à son extrémité, le filament fructifère reste cylindrique. Le plus souvent la baside termine le filament mycélien, mais elle peut aussi être latérale et se former à l'extrémité d'une courte ramification. Parfois un rameau devient baside, tandis que le filament principal reste stérile et s'allonge. Il y a des filaments grêles et peu cloisonnés qui se terminent en

(1) Prillieux et Delacroix. *La Brûlure des feuilles de la Vigne produite par l'Exobasidium Vitis. — Comptes rend. de l'Acad. des Sciences.* CXIX, p. 106. Juillet 1894.

basides; il y en a d'autres plus gros, formés d'éléments courts à parois plus épaisses, d'apparence toruloïde, qui sont souvent stériles, mais qui dans certains cas produisent des rameaux latéraux se renflant en basides ou donnent des spores sur leur dernier article.

Les basides sont hyalines; leur largeur varie ordinai-

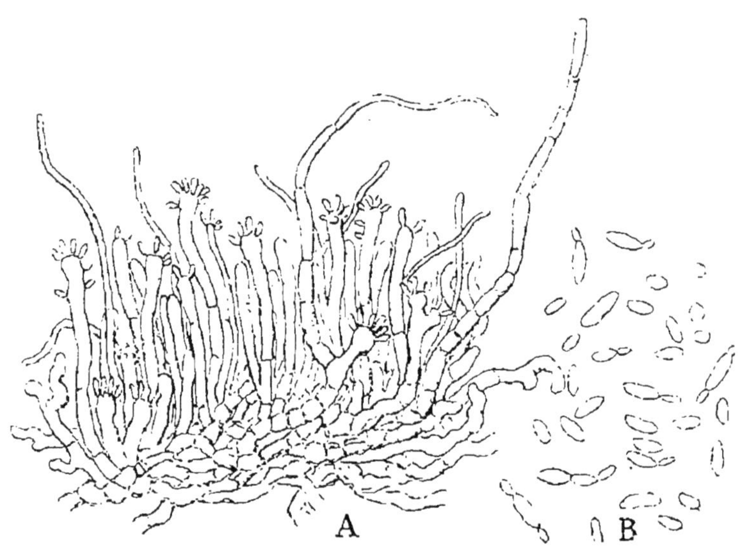

FIG. 117. — *Exobasidium Vitis.*
A. Basides chargées de spores. — B. Spores germant (à un plus fort grossissement).

rement entre 8 et 10 μ. L'insertion des spores y est le plus souvent terminale; parfois cependant elle descend un peu sur le côté pour une ou plusieurs spores. Le nombre des spores varie de 2 à 9. Il est toujours plus considérable sur les basides terminales; sur les latérales on n'en voit souvent que 2 ou 3.

Les spores sont tout à fait hyalines, droites, rarement un peu arquées, tantôt ovoïdes, tantôt cylindriques atténuées aux deux bouts. Leur forme et leur taille sont très variables; leurs dimensions oscillent en général entre 12 μ et 16 μ de long pour une largeur de 4 μ à 6 1/2 μ.

Elles germent en bourgeonnant à la façon des le-vûres (fig. 117 B.). A leurs pôles se montrent des bour-geons, uniques la plupart du temps, quelquefois au nombre de deux qui peuvent proliférer et produire un court chapelet.

MM. Viala et Boyer ont créé pour ce parasite observé pour la première fois sur les grains en automne le genre *Aureobasidium;* mais il ne paraît pas offrir de caractères essentiels qui permettent de le séparer du genre *Exoba-sidium,* dont il se rapproche et par le nombre considéra-ble et en même temps variable des spores naissant sur des basides disposées en touffes et aussi par le mode de germination de ces spores.

Ni sur les grains, ni sur les feuilles des vignes, l'*Exo-basidium Vitis* n'a causé de dégâts assez importants pour que les cultivateurs s'en soient sérieusement préoccupés.

HYPOCHNUS.

Dans le genre *Hypochnus,* voisin du genre *Exobasi-dium,* les basides sont un peu plus exactement détermi-nées. Elles sont bien de même, formées directement par des filaments d'un mycélium diffus qui se redressent et se renflent en massue à leur extrémité; mais le nombre des stérigmates et des spores qu'elles portent ne varie pas : il est constamment de 4. De plus, les spores ger-ment en donnant un filament, et non en proliférant à la façon des levûres.

Hypochnus Cucumeris Frank.

C'est d'après les observations de M. Frank un vérita-ble parasite qui produit la pourriture des Concombres.

La tige des Concombres malades est enveloppée au niveau du sol par un lacis d'hyphes d'un gris clair que recouvre à l'extérieur une sorte de couche hyméniale formée de basides allongées qui portent à leur sommet 4 spores ovales incolores. Des hyphes pénètrent à l'intérieur des tissus de la tige ; ses feuilles jaunissent et la plante meurt et pourrit.

M. Frank a observé le même parasite sur le Lupin et le Trèfle.

Hypochnus Solani Prill. et Del.

Il se développe sur la partie inférieure des tiges de la pomme de terre. Il y forme une plaque d'un gris blanchâtre qui peut occuper une longueur de 7 à 8 centimètres. Elle est composée d'hyphes septées assez lâches d'un brun clair qui rampent sur la cuticule et y forme un épais lacis. Les rameaux fertiles se redressent et se terminent par une baside qui porte 4 spores hyalines (fig. 118).

L'action de ce champignon sur la pomme de terre dont il couvre le bas de la tige est peu appréciable. Dans les cultures de l'École d'Agriculture de Grignon où il a été observé, les pieds enva-

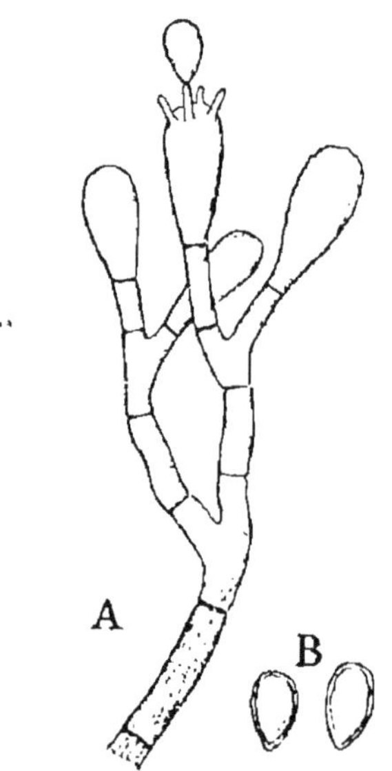

Fig. 118. — *Hypochnus Solani.*
A. Filament fertile dont les ramifications se terminent en basides. — B. Spores.

his ont produit une récolte de tubercules à peu près normale (1).

Dans les formes plus élevées d'Hyménomycètes les hyphes stériles constituent un corps plus ou moins épais, à contours plus ou moins nettement déterminés, un réceptacle, ayant une couche corticale et une partie médullaire. Les basides fertiles souvent entremêlées de sortes de poils et de basides stériles forment une couche hyméniale distincte à la surface de ce réceptacle.

CLAVARIÉES.

Dans les Clavariées le réceptacle revêtu par la couche hyméniale ne forme pas une croûte ou une lame de forme indéterminée étendue sur la surface d'un corps étranger, comme celui des *Hypochnus* ou des *Stereum* que nous allons bientôt étudier, mais une tige dressée de consistance charnue à surface lisse et qui tantôt est renflée en massue comme dans les *Pistillaria* et les *Typhula*, tantôt est ramifiée en broussaille comme dans les Clavaires et rappelle l'apparence de branches de corail. Les Clavariées sont toujours de couleur claire.

La plupart des Clavariées ne sont pas parasites et ne causent aucun dommage aux plantes agricoles. Il paraît y avoir cependant une exception pour une petite Clavariée à réceptacle cylindrique, un peu renflé en massue, le *Typhula variabilis*.

(1) Prillieux et Delacroix, *Société mycologique de France*, t. VII. 1891, p. 220.

Typhula variabilis Riess.

Le mycélium de ce champignon qui paraît être tantôt saprophyte et tantôt parasite produit des tubercules ou sclérotes d'environ 2 millimètres de diamètre, ronds ou ovoïdes , lisses quand ils sont frais et qui ressemblent à de petites graines (fig. 119 A). Blancs d'abord, quand ils se forment, ils deviennent progressivement brun clair puis brun foncé.

Leur ressemblance avec des graines de végétaux supérieurs leur a fait donner, quand on ne les avait observés que sous cette forme stérile, le nom de *Sclerotium semen*.

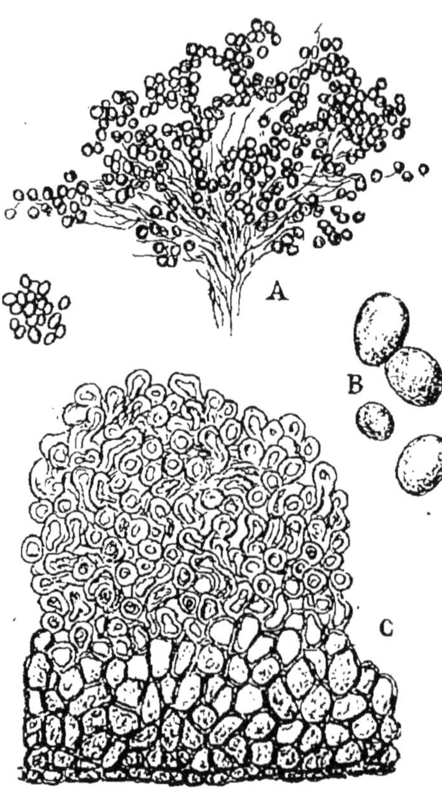

FIG. 119. — *Sclerotium semen.*

A. Mycélium formant des sclérotes de grandeur naturelle. — B. Sclérotes grossis. — C. Coupe d'un sclérote à un plus fort grossissement.

Ces tubercules sont à l'intérieur constitués par une sorte de parenchyme blanc composé de filaments de mycélium cloisonnés, ramifiés, sinueux, entrecroisés et tassés, mais moins serrés les uns contre les autres cependant que dans les sclérotes formées par le *Scle-*

rotinia Libertiana et dans l'Ergot du Seigle. Vers l'extérieur du petit corps les filaments sont plus gros, ils sont divisés par des cloisons plus rapprochées ; chaque article forme une cellule ovoïde. Les cellules superficielles constituent l'écorce brune du sclérote ; elles sont un peu aplaties et leurs parois assez épaisses sont fortement colorées en brun foncé (fig. 119 C).

Ces sclérotes de *Sclerotium semen* se rencontrent assez fréquemment sur les feuilles et les tiges pourrissantes des plantes fort diverses.

Quand les conditions de végétation sont favorables, chaque sclérote produit une pousse blanchâtre dressée de 1 à 2 centimètres, un peu épaissie en massue sur une longueur de 1 à 2 millimètres (fig. 120 A). Cette partie plus épaisse est couverte d'un hyménium grisâtre dont les basides claviformes portent 4 stérigmates, à la pointe desquels naissent des spores cylindriques, à extrémité arrondie, de 6 à 7 μ de long sur 2,5 à 3 μ de large, dont la membrane est incolore et lisse (B).

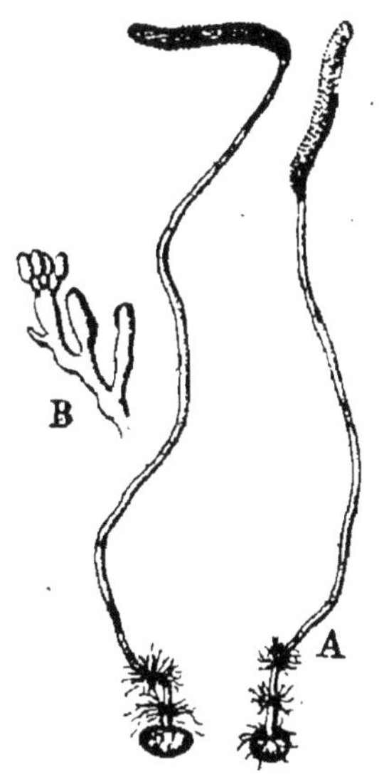

Fig. 120. — *Typhula variabilis.*

A. Pousses de *Typhula variabilis* émises par les sclérotes.— B. Baside.

(D'après M. Brefeld.)

Un mycélium portant des sclérotes qui semblent identiques à ceux du *Sclerotium semen* paraît parasite sur la Betterave.

Des échantillons de Betteraves envahies par un mycélium qui en rongeait les tissus et produisait en abondance de petits sclérotes pareils à ceux du *Typhula variabilis* ont été envoyés d'Espagne au Laboratoire de pathologie végétale; on assure que sous ce climat ce parasite produit des dégâts extrêmement considérables dans les cultures de Betterave que l'on a cherché à y développer. Le mycélium qui couvrait ces Betteraves malades a attaqué et détruit rapidement dans le laboratoire les Betteraves et les Carottes saines mises en contact avec elles; son action désorganisatrice est tout à fait comparable à celle du mycélium des Pezizes à sclérotes, dont la pénétration dans les tissus et le mode d'action ont été si bien décrits par de Bary. Il a produit à la surface des racines qu'il a décomposées de petits sclérotes semblables à ceux du *Typhula variabilis,* mais comme ils n'ont pas jusqu'ici produit de fructifications ce n'est qu'avec un certain doute qu'on peut les attribuer à cette espèce.

En France jusqu'ici on n'a pas signalé le *Sclerotium semen* comme parasite, ni comme causant des dommages aux cultures de Betterave. On l'a observé il est vrai sur de vieux pieds d'Asperge dépérissants qu'on arrachait, mais on ne lui attribuait aucune influence sur le dépérissement des griffes d'Asperge. Des études nouvelles seraient nécessaires pour éclairer plus complètement cette maladie jusqu'ici inconnue des Betteraves. On ne peut guère que la signaler ici à l'attention des observateurs.

THÉLÉPHORÉES.

Les *Théléphorées* ont une surface hyméniale lisse portée par un réceptacle en forme de croûte ou de lame, à ce groupe se rapporte le genre *Stereum.*

Stereum.

Les *Stereum* vivent en général en saprophytes sur le bois mort, mais il en est qui attaquent aussi les parties vivantes des arbres et peuvent être considérés comme des parasites dangereux. Ils produisent la pourriture des arbres sur pied.

Dans bien des espèces de *Stereum*, le réceptacle n'est qu'une sorte de croûte ou de lame plus ou moins épaisse, à contours indéterminés, qui s'étale à la surface d'un support, dans lequel est répandu le mycélium et qui porte à sa surface l'hyménium. On dit alors qu'il est résupiné. Dans d'autres espèces, le bord de la croûte se sépare du support et se recourbe de façon à prendre une position perpendiculaire, c'est-à-dire horizontale quand le support est vertical, comme le tronc d'un arbre sur pied. Le réceptacle devient alors, comme on dit, un chapeau, dont l'hyménium occupe la surface inférieure. Il se manifeste ainsi dans le réceptacle, une différenciation qui manque aux formes résupinées : il a une face supérieure stérile et une face inférieure fertile que tapisse l'hyménium. Les deux formes de réceptacle se montrent, du reste, souvent dans une seule et même espèce, selon la position du support sur lequel elles naissent ; si la surface est horizontale, la forme résupinée se produit seule, si elle est verticale, le réceptacle s'organise en chapeau.

Stereum frustulosum Fr.

Syn. : *Thelephora frustulata* Pers. — *Thelephora sinuans* Pers. — *Thelephora Perdix* R. Hartig.

Ce *Stereum* a été très bien étudié et décrit par M. R.

Hartig, sous le nom de *Thelephora Perdix*, qu'il lui a donné en raison de l'altération fort singulière que son mycélium produit dans le bois des Chênes qu'il attaque (1).

Le bois envahi devient brun foncé et se marque de taches blanches; il prend ainsi un aspect qui a paru présenter une ressemblance éloignée avec le plumage de la perdrix.

Le *Stereum frustulosum* attaque le plus ordinairement le Chêne. Ses réceptacles apparaissent dans les crevasses des arbres qu'il tue, là où le bois est à nu, ou sur les branches mortes, sous forme de petites croûtes dures, grisâtres, variant de taille depuis la grosseur d'une tête d'épingle jusqu'à une largeur de 6 à 8 millimètres. Leurs contours sont arrondis quand ils sont isolés, mais le plus souvent ils sont serrés les uns contre les autres en grand nombre et forment dans leur ensemble une large plaque crevassée, les crevasses séparant les réceptacles qui se pressent par leurs côtés (fig. 121, 122).

Chacun de ces réceptacles crustacés est formé d'hyphes qui sont la continuation des filaments du mycélium qui ronge le bois, et qui, après avoir formé à sa surface une mince couche feutrée (stroma) se redressent et se renflent très faiblement en massue, se serrant les uns contre les autres pour constituer un hyménium. Une partie seulement des tubes dressés qui forment cet hyménium sont des basiles fertiles qui portent à leur sommet quatre spores ovales à l'extrémité de fins stérigmates. Beaucoup restent stériles et ne prennent de développement qu'ultérieurement (fig. 123).

Les réceptacles du *Stereum frustulosum* sont vivaces, ils s'accroissent chaque année en épaisseur en produi-

---

(1) R. Hartig, *Die Zersetzungserscheinungen des Holzes*, 1878, p. 1o3, pl. XIII.

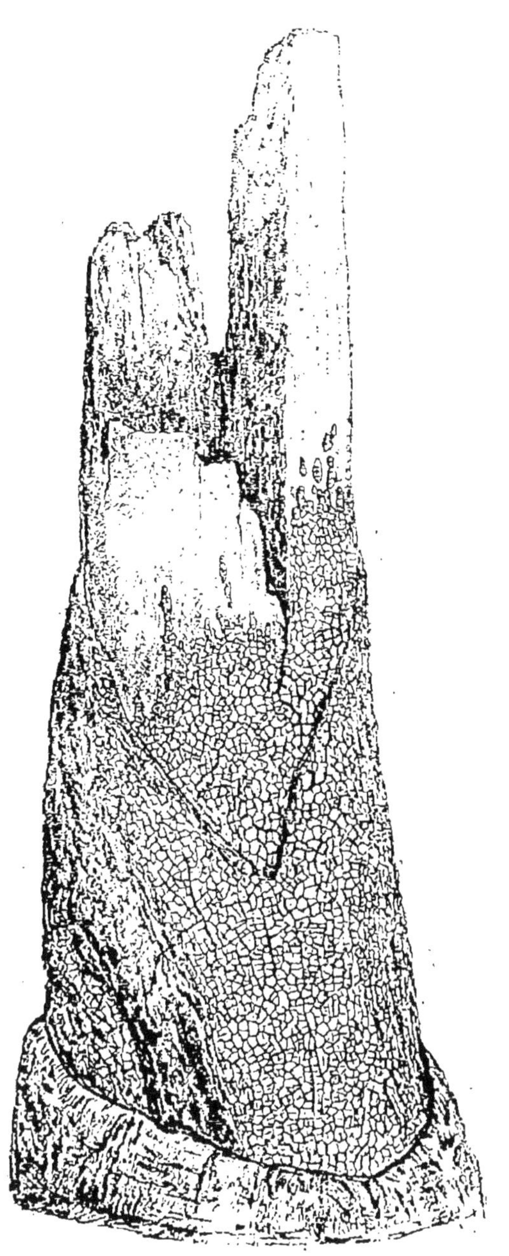

Fig. 121. — Tronçon de branche couvert de réceptacles
de *Stereum frustulosum*.
(Moins grand que nature).

sant à leur surface une nouvelle couche d'hyménium.

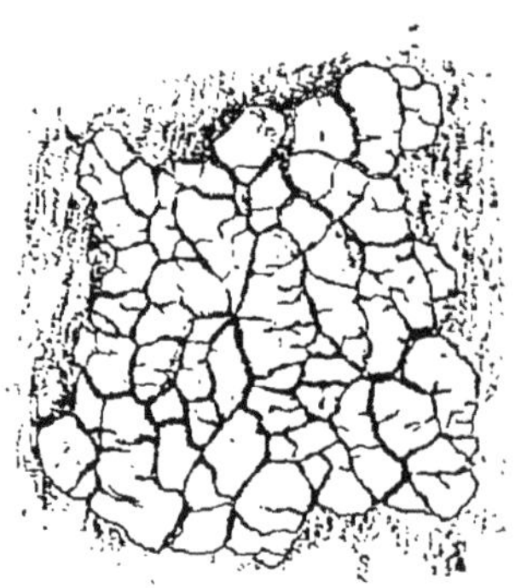

Fig. 122. — *Stereum
frustulosum.*
Réceptacles de grandeur naturelle.

(fig. 124). Sur une coupe transversale on peut parfois compter jusqu'à 15 ou 20 couches annuelles; l'épaisseur atteint dans ce cas jusqu'à 6 à 7 millimètres, et la vie alors s'y éteint.

Chaque couche nouvelle d'hyménium est formée par l'allongement et la ramification des basides stériles de l'hyménium de l'année précédente.

La corrosion du bois du Chêne par le *Stereum frustulosum* est si particulière qu'on ne la peut confondre avec

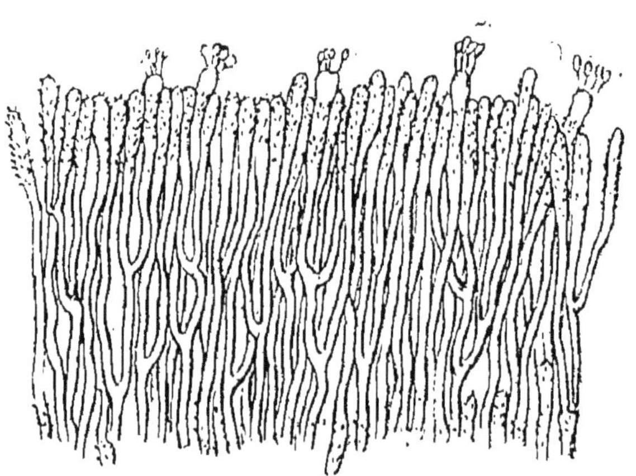

Fig. 123. — *Stereum frustulosum.*
Couche hyméniale (d'après M. R. Hartig).

aucune des altérations que produisent d'autres parasites des bois.

Le bois dans lequel ont pénétré les hyphes du Champignon brunit et sur ce fond rouge brun se montrent des taches d'un blanc de neige, souvent très nombreuses, qui

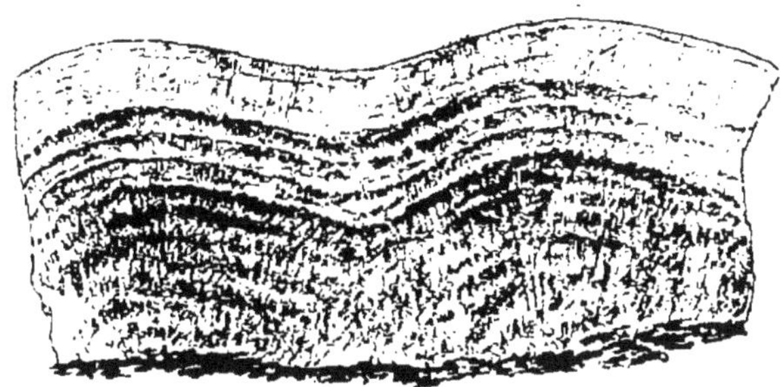

Fig. 124. — *Stereum frustuiosum.*
Coupe du réceptacle montrant les couches annuelles (faiblement grossie).

bientôt deviennent autant de cavités nettement limitées et dont les bords sont tapissés d'un revêtement blanc (fig. 125 et 126). Ces cavités grandissent aux dépens du bois brun et très dur qui les entoure et qui forme entre elles des cloisons qui deviennent de plus en plus minces et finissent même parfois par étre percées en certains points de manière à laisser communiquer çà et là les cavités contiguës. Le revêtement interne prend alors une couleur jaunâtre. Le bois, profondément corrodé par le *Stereum frustulosum* finit ainsi par n'être plus qu'une sorte

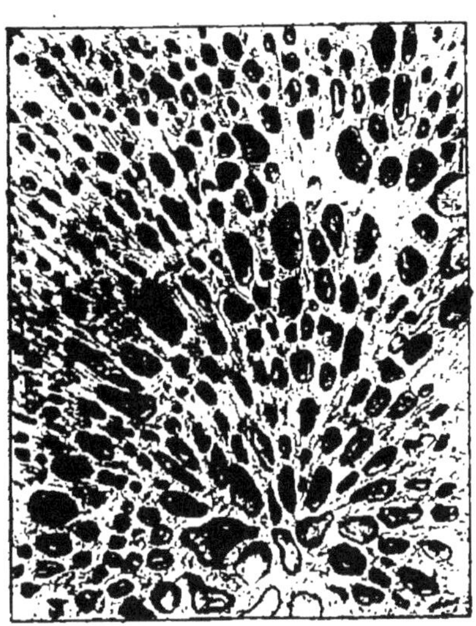

Fig. 125. — Coupe transversale de bois corrodé par le *Stereum frustulosum.* (de grandeur naturelle).

d'échafaudage de coques brunes, très dures, dont l'intérieur est revêtu d'une couche d'un jaune clair.

Sur une coupe transversale, les cavités se montrent très généralement placées entre les rayons médullaires, un peu plus allongées dans le sens radial; mais c'est dans le sens de la longueur de la tige qu'elles s'étendent le plus. Sur une coupe longitudinale du bois, elles présentent une forme ovale très allongée. Elles sont dans ce sens quatre fois plus longues que larges (fig. 126).

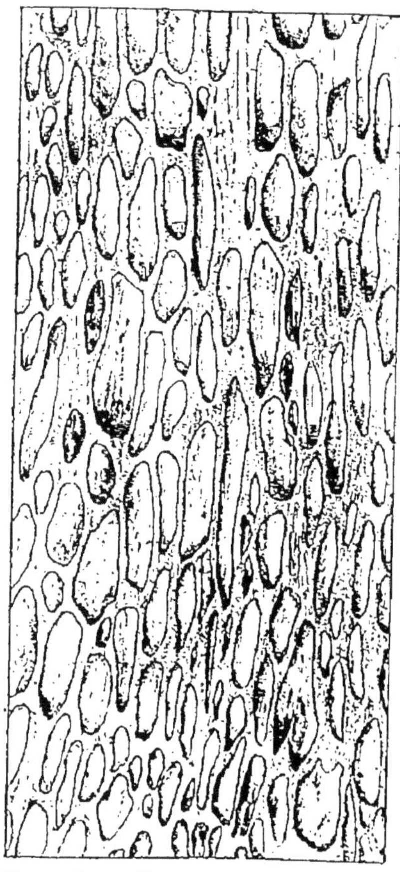

Fig. 126. — Coupe longitudinale de bois de Chêne corrodé par le *Stereum frustulosum.*
(De grandeur naturelle).

L'examen anatomique du bois bruni, autour des taches blanches et des cavités, montre que tous les éléments du bois y sont remplis d'une matière brune amorphe qui est d'abord d'un brun orangé, puis devient très foncée, presque noire. Les cellules des petits rayons médullaires, celles du parenchyme ligneux, les fibres mêmes et bon nombre de vaisseaux en contiennent en abondance. Les grands rayons médullaires subissent bien moins que les tissus voisins cette altération; on y voit à peine, çà et là,

quelques petites masses brunes, quand les cellules avoi-
sinantes et les vaisseaux sont de couleur suie. Au bord
même des cavités tous les éléments se décolorent et se
dissocient. La matière brune formée sous l'influence
de la diastase acide que secrètent les filaments du mycélium, est consommée d'abord par le parasite,

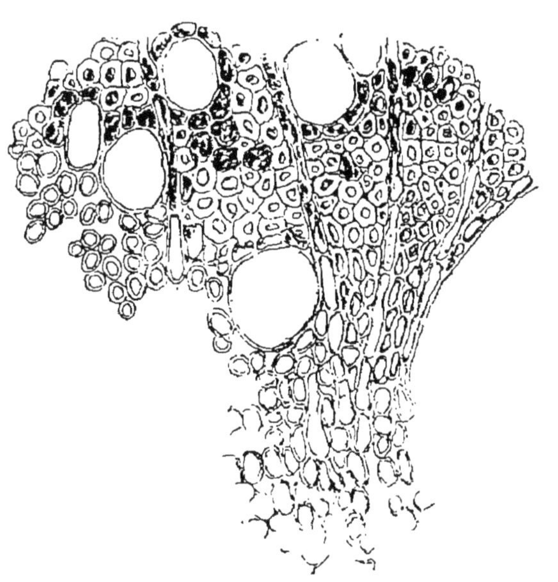

FIG. 128.
FIBRES DU
BOIS CORRODÉ
PAR LE *Ste-
reum frustu-
losum.*

FIG. 127. — TISSU DU BOIS CORRODÉ PAR LE *Stereum
frustulosum.*

puis les éléments eux-mêmes du bois sont corrodés par
lui; la lamelle intercellulaire se dissout la première en
même temps que la substance ligneuse qui incruste les
fibres et la matière brune qui s'est déposée à leur intérieur. Le tissu ligneux se trouve ainsi désagrégé et transformé en une sorte de charpie blanche dans laquelle on
reconnaît les éléments anatomiques, séparés les uns des
autres et plus ou moins profondément altérés (fig. 127).
Les fibres corrodées se fendillent en spirale et finissent

par se réduire en fibrilles comme celles des toiles usées (fig. 128). Elles présentent les réactions de la cellulose et se colorent en violet par l'iodochlorure de zinc.

Tel est le mode ordinaire de décomposition du bois corrodé par le *Stereum frustulosum*, mais quand les cavités deviennent plus nombreuses et communiquent les unes avec les autres, ou quand elles sont à proximité d'une fente du bois, c'est-à-dire probablement quand l'air pénètre plus aisément jusqu'au mycelium, ce caractère de l'attaque des éléments du bois se modifie. Ils sont directement corrodés par les filaments qui les percent de tous côtés sans perdre d'abord leur matière ligneuse incrustante et sans présenter la coloration caractéristique de la cellulose sous l'action de l'iodochlorure de zinc ou de l'iode et de l'acide sulfurique, même quand ils ne forment plus qu'une masse désagrégée, jaunâtre, composée de débris rongés des parois des fibres et des cellules.

Stereum hirsutum (Willd) Fries.

Syn. : *Auricularia reflexa* Bull. — *Thelephora hirsuta* Willd. — *Thelephora papyracea* Flora dan. — *Auricularia aurantiaca* Schum.

C'est surtout un Champignon saprophyte. On le rencontre très fréquemment sur les branches mortes de toutes sortes d'arbres, principalement sur les vieilles souches de Chêne et de Charme, sur les piquets, poteaux, barrières etc., mais il peut aussi pénétrer par une plaie sur laquelle une de ses spores germe, dans l'intérieur du corps d'un arbre sain et en désorganiser le bois.

Les réceptacles du *Stereum hirsutum* se développent à la surface du bois altéré ou sur l'écorce morte, d'abord sous forme d'une croûte coriace dont les bords sont un peu enroulés, puis, après que la croûte adhérente au

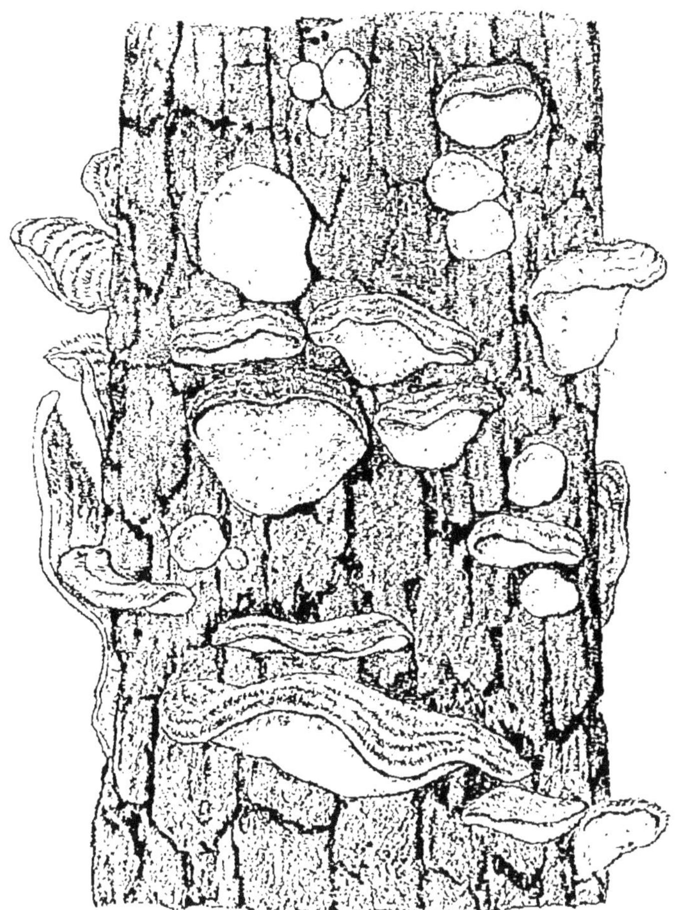

FIG. 129. — ÉCORCE COUVERTE DE RÉCEPTACLES DE *Stereum hirsutum*.
(D'après Bulliard.)

support a atteint dans une position résupinée une taille de quelqués centimètres, son bord supérieur se détache, se recourbe et montre une face supérieure stérile couverte de poils raides, bruns, sur laquelle sont marquées, mais d'une façon souvent peu distincte, des zones correspondant aux interruptions qui se sont produites dans la croissance du bord de la lame (fig. 129). La face fertile est lisse et couverte d'un hyménium de couleur jaunâtre

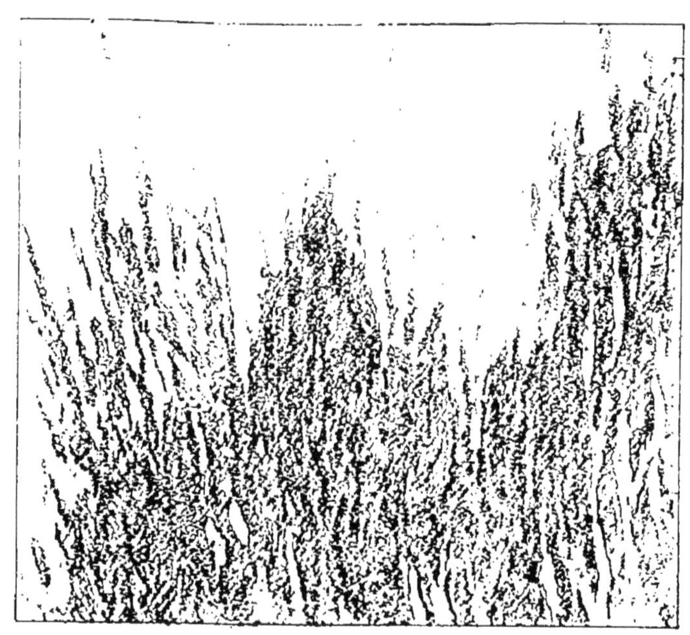

Fig. 130. — Bois altéré par le *Stereum hirsutum*.

formé de basides cylindriques, serrées les unes contre les autres, et portant quatre spores incolores piriformes à l'extrémité de longs stérigmates.

La partie du bois envahie par le mycélium du champignon forme le plus souvent des zones concentriques sur une coupe transversale où le bois brunit d'abord, puis en certaines places devient blanc ou jaune pâle. Ces parties blanches forment des bandes allongées dans le sens de la longueur de la tige. Souvent elles s'étendent beaucoup et une grande partie du bois se change sous l'action du mycélium du *Stereum hirsutum* en une masse d'un blanc jaunâtre où tous les éléments ligneux sont profondément altérés (fig. 130).

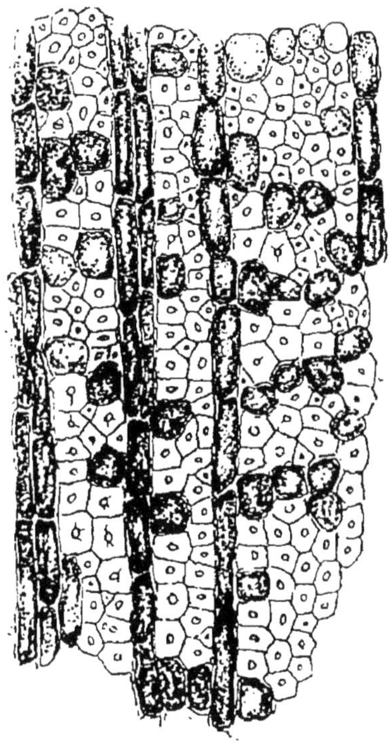

Fig. 131. — Partie encore peu altérée du bois attaqué par le *Stereum hirsutum*.

Les cellules des rayons médullaires et du parenchyme ligneux sont remplies de matière brune.

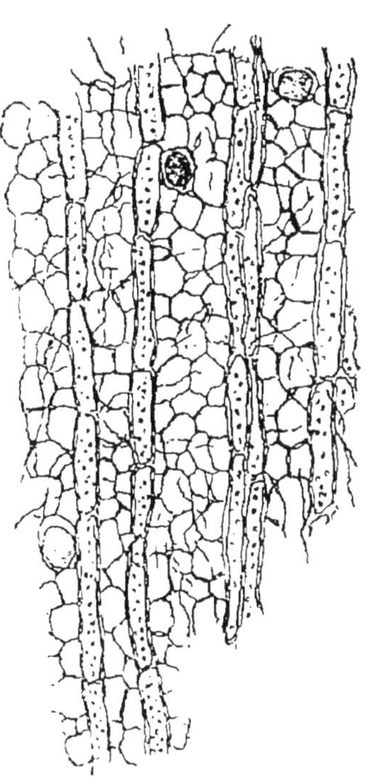

Fig. 132. — Bois très profondément corrodé par le *Stereum hirsutum*.

Le brunissement qui précède la décoloration et la corrosion des éléments du bois est due à la production d'une matière brune plus ou moins foncée que l'on voit déposée dans les cellules des rayons médullaires et du parenchyme ligneux et dans les fibres elles-mêmes comme nous l'avons vu pour le *Stereum frustulosum* (fig. 131). Dans les parties blanches non seulement cette matière brune est consommée par le *Stereum*, mais la matière ligneuse a plus ou moins complètement disparu et les fibres se colorent en violet par l'iodochlorure de zinc. La corrosion diffère ordinairement de celle qui se produit dans les taches blanches du bois attaqué par le *Stereum frustulosum* en ce que ce n'est pas la lamelle intercellulaire qui est attaquée la première ; les fibres ne sont pas séparées les unes des autres mais leurs parois sont corrodées, perforées dans tous les sens et rongées par le mycélium. Il y a, du reste, d'assez grandes inégalités dans la marche de la corrosion et si le plus souvent, dans la pourriture blanche due au *Stereum hirsutum*, la lame intercellulaire persiste seule, tandis que tout le reste de la paroi des fibres a été rongé par les hyphes du champignon (fig. 132), parfois aussi elle se dissout de bonne heure et les éléments se dissocient comme dans le *Stereum frustulosum*.

HYDNÉES.

Hydnum.

Tandis que dans les *Stereum* l'hyménium est uni et lisse, dans les Hydnes la surface fertile du réceptacle est couverte de pointes saillantes sur lesquelles s'étend l'hyménium. Les receptacles sont du reste très différents selon les espèces, tantôt résupinés et réduits à une lame coriace, tantôt formant des chapeaux volumineux de forme et de consistance fort diverses.

On peut citer particulièrement deux espèces d'Hydnes comme vivant en parasites sur les arbres et en produisant la pourriture.

Hydnum diversidens Fries.

C'est un parasite des Chênes et des Hêtres déjà âgés dont il détruit rapidement le bois en causant une pourriture blanche. Il pénètre dans le tronc par les rameaux brisés et s'y propage tant en montant qu'en descendant. Le bois décomposé par son mycélium se colore d'abord en rouge brun; puis bientôt, le bois de printemps surtout prend une couleur gris-jaune particulière, de telle façon que, sur une coupe longitudinale, le bois présente des lignes successives différemment colorées, mais les rayons médullaires, surtout les grands, conservent encore longtemps leur couleur brun-rougeâtre.

En certaines places, la décomposition du bois de printemps a une marche plus rapide; il est entièrement détruit et remplacé par une peau blanche formée de filaments feutrés du mycélium qui sépare les parties ligneuses encore persistantes des deux couches annuelles successives.

Le bois fortement attaqué par l'*Hydnum diversidens* est léger et friable, il s'écrase entre les doigts.

La première altération du bois causée par la pénétration des hyphes du parasite est toujours le brunissement dû à la production de matière brune qu'accompagne la disparition de l'amidon dans les cellules du parenchyme ligneux et dans les rayons médullaires; puis les filaments de mycélium consomment cette matière qui a été produite sous leur influence et le bois se décolore et devient jaune; en même temps ils percent les parois des fibres dans toutes les directions en produisant bientôt dans leur constitution une modification singulière; les couches internes et moyennes se gonflent, se gélifient et se séparent de la lamelle intercellulaire qui reste intacte, puis elles sont dissoutes et consommées par le mycélium du parasite, sans avoir présenté les réactions de la cellulose, comme on l'a vu pour les *Stereum* et comme c'est aussi le cas ordinaire pour les corrosions de bois produites par les Polypores. Ces membranes profondément altérées se colorent toujours en jaune non en violet par l'iodochlorure de zinc (1).

Les réceptacles de l'*Hydnum diversidens* se montrent soit sur des rameaux brisés qui ne sont pas recouverts d'un bourrelet, soit sur des places où l'écorce est tout à fait décomposée. Ils apparaissent sous forme d'un petit coussinet blanc qui prend un développement différent selon la place où il se produit. S'il occupe une surface large, le coussinet devient un

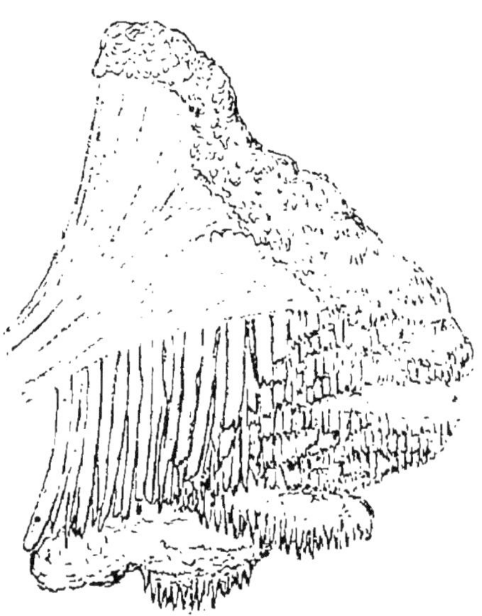

Fig. 133. — *Hydnum diversidens.*
Coupe d'un chapeau portant des dents fertiles à la partie inférieure. (D'après M. R. Hartig).

réceptacle résupiné, une croûte sans face supérieure stérile ; s'il n'apparaît que sur une place resserrée, tout en étant puissamment nourri, il forme un chapeau qui croît horizontalement en forme de console ou plusieurs étages de consoles soudées et confondues les unes avec les autres (fig. 133). La substance du chapeau à l'état frais est char-

(1) R. Hartig, *Die Zersetzungserschein. d. Holzes,* p. 100, pl. XII.

nue et d'un blanc jaunâtre. Sa face fertile est couverte de saillies en forme de dents qui peuvent atteindre une longueur de 2 à 3 centimètres et qui souvent se soudent entre elles jusqu'à une certaine hauteur. Elles sont couvertes d'un hyménium dont les basides en massue portent des spores incolores à l'extrémité de longs stérigmates. D'abord simple, cet hyménium s'épaissit périodiquement par production de nouvelles couches qui se forment, comme dans le *Stereum frustulosum* par l'allongement des basides demeurées stériles, sur la couche hyméniale précédente. Il peut se produire ainsi 5 à 8 couches successives d'hyménium à la partie inférieure des dents qui s'épaissit notablement (fig. 134).

Fig. 134. — *Hydnum diversidens.*
Coupe transversale de dents un peu grossie d'un réceptacle montrant des couches d'accroissement (D'après M. R. Hartig).

Hydnum Schiedermayri Heufl.

Syn. : *Sarcodontia Mali* Schulzer. — *Hydnum luteo-carneum* Secrétan.

Cet Hydne est parasite du Pommier. Il en ronge le bois, le creuse et arrive même à tuer l'arbre, s'il n'est pas auparavant brisé par le vent.

Les réceptacles de ce Champignon sont de grosses masses de forme tout à fait irrégulière qui peuvent atteindre 50 centimètres et plus de diamètre sur une épaisseur de 10 centimètres. Ils apparaissent au dehors en septembre ou octobre, rompent l'écorce et remplissent

les cavités que la pourriture produit dans le bois (fig.
135 et 136). Ils sont charnus, d'abord d'un jaune soufre

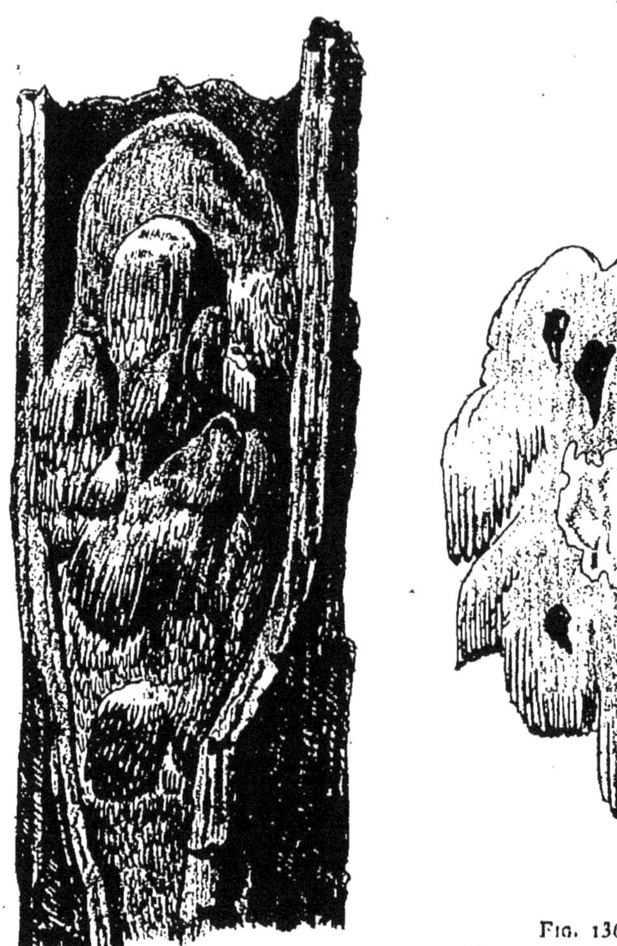

FIG. 135. — *Hydnum Schiedermayri*.
Réceptacle vu de face (D'après Kalchbrenner).

FIG. 136.
COUPE D'UN RÉCEPTACLE
D'*Hydnum Schiedermayri*.
(D'après Kalchbrenner.)

à l'extérieur et à l'intérieur, puis plus tard, deviennent
brun-clair; leur surface est inégale, bosselée. Les poin-

tes de la surface fertile, longues de 1 à 2 centimètres, sont en forme d'alène rarement comprimée ; elles sont terminées par une touffe de poils blancs.

Le mycélium répandu dans le bois lui donne une couleur d'un jaune verdâtre avant d'en produire la complète désorganisation.

Ce Champignon d'après l'observation de von Thümen qui l'a particulièrement signalé comme un parasite dangereux exhale une forte odeur d'anis (1).

Il est du reste assez peu répandu ; il a été observé d'abord en Autriche par le Dr Schiedermayr à qui on l'a dédié.

POLYPORÉES.

Les Polyporées (*Polyporus* et genres voisins) sont caractérisées par la formation à la surface de leur réceptacle soit seulement de plis, soit ordinairement de lamelles saillantes qui s'anastomosent fréquemment de façon à laisser entre elles soit de faibles dépressions (*Merulius*), soit des cavités tubulaires profondes s'ouvrant au dehors par une ouverture ronde, ovale ou allongée. (*Polyporus, Daedalea*) et dont les parois sont tapissées par l'hyménium.

Les receptacles des Polypores présentent les plus grandes diversités de forme et de consistance. Il y a des formes résupinées dont les réceptacles sont réduits à une croûte à contour indéterminé, comme celui d'un *Stereum* et où il n'y a pas de différenciation en une surface fertile et une face stérile, et à côté il y a des espèces du même genre, qui produisent des chapeaux soit char-

____

(1) Von Thümen. *Ein wenig gekannter Apfelbaumschaedling. Zeitsch. Pflanzenkr.*, 1, p. 132. (1891.)

nus soit ligneux, en forme de console, de sabot de cheval, etc., attachés latéralement par toute leur base à l'arbre dans l'intérieur duquel est répandu leur mycélium ou même portés à l'extrémité d'un pied rétréci latéral ou central.

A côté du mode de fructification ordinaire et bien connu des Hyménomycètes où les spores se forment en nombre déterminé (4 le plus souvent) sur les basides de l'hyménium, on a signalé encore un mode accessoire de fructification dans un certain nombre d'espèces de Polypores. C'est ainsi que : M. Brefeld a vu des conidies portées directement par le mycélium du *Polyporus annosus*. M. de Seynes a découvert des spores analogues, non plus seulement sur le mycélium mais à la surface et à l'intérieur même du chapeau du *Polyporus sulphureus*, du *Polyporus biennis* et de la Fistuline.

Polyporus.

L'ancien genre Polypore que l'on a diversement divisé en genres distincts contient beaucoup d'espèces qui attaquent les arbres des forêts et des vergers et causent des dégâts qui peuvent être extrêmement redoutables. Le plus souvent tout en attaquant les parties saines du bois dont ils causent l'altération, ils se nourrissent des produits de cette altération et des matériaux morts du corps ligneux. Ils nuisent à l'arbre à la façon du *Stereum frustulosum* et de l'*Hydnum diversidens*. Pénétrant dans l'arbre par une branche brisée ou une plaie où le vieux bois est à nu, ils forment les foyers d'une désorganisation qui gagne de plus en plus vers l'extérieur, vers la partie essentiellement vivante où se forme chaque année une couche nouvelle de bois. Pourtant la marche

de la corrosion est lente ; le mycélium se nourrit des
tissus morts, et c'est dans la zone récemment tuée qu'il
présente le plus abondant développement ; dans le bois
sain il envoie seulement de fines ramifications qui y
versent la diastase acide qui le tue. La pourriture du
cœur pénètrant par le haut de l'arbre s'étend peu à peu,
la partie vivante est réduite à n'être plus qu'un tube
dont la solidité diminue de plus en plus, l'arbre pourri
au cœur est exposé à être brisé et renversé par le vent,
mais il vit souvent bien longtemps encore.

Il est d'autres Polypores dont l'action est infiniment
plus active et plus redoutables : ce sont ceux qui attaquent spécialement les parties extérieures, les plus jeunes et les plus vivantes du bois du bas du tronc et des
racines. Tel est le *Polyporus annosus.*

Polyporus annosus Fries.

Syn. : *Polyporus subpileatus* Weinm. — *Polyporus serpentarius*
Pers. — *Polyporus resinosus* Rostk. — *Polyporus scoticus* Klotsch. —
Trametes radiciperda R. Hart.

Ce redoutable parasite attaque ordinairement les arbres résineux, particulièrement l'Épicéa et le Pin. Il
pénètre dans le bois par les plaies faites aux racines et,
gagnant de proche en proche, atteint le tronc et même
s'y élève dans l'Épicéa à une grande hauteur en décom-
posant peu à peu le bois.

Souvent il tue les jeunes Pins de 4 à 5 ans, mais le
plus ordinairement c'est sur des peuplements d'Épicéa
et de Pin de 40 à 60 ans que la maladie exerce surtout
ses ravages.

Les bois formés d'un mélange d'arbres feuillus et résineux ont beaucoup moins à en souffrir. Le *Polyporus annosus* a cependant été observé sur l'Alisier, le Sorbier, le Bouleau, le Hêtre et le Chêne vert, mais il n'y prend pas d'extension comme dans les arbres résineux.

Les effets du mal que cause le *Polyporus annosus* se manifestent plus ou moins vite et sont plus ou moins intenses, selon la place où le parasite s'est introduit dans la racine.

Si le point d'attaque est sur une grosse racine près du tronc, les symptômes de la maladie peuvent apparaître au bout de quelques mois. M. R. Hartig cite un arbre qui au printemps donnait une pousse de 60 centimètres et ne montrait aucune apparence de maladie et qui en septembre était mourant et avait perdu toutes ses feuilles.

Le mal se propage de proche en proche; des racines du premier arbre attaqué, il gagne celles des arbres voisins qui succombent à leur tour; 7 ou 8 ans après la première apparition d'un foyer d'infection, il peut s'être formé une place vide de plus de 10 ares.

Les réceptacles du *Polyporus annosus* se forment sous terre, sur les racines ou sur le bas du tronc des arbres qu'il a tués (fig. 137). Ce sont des sortes de plateaux qui venant dans le sol ne peuvent se développer que d'une façon très irrégulière et présentent des formes fort variables. Ils sont plus ou moins complètement résupinés, adhèrent à leur support par leur côté stérile, et montrent une surface fertile d'un blanc de neige. Quand leur étendue dépasse l'épaisseur de la racine ou de la tige sur laquelle ils se forment, le côté stérile libre a tendance à se contourner et en se tournant vers le bas, à donner au réceptacle une disposition rappelant la forme en console. Leur surface stérile est inégale, rugueuse, bosselée, elle forme une croûte dure

d'un brun chocolat qui a un aspect soyeux sur les réceptacles jeunes ; plus tard elle est lisse et brillante avec un
bord blanc.

La surface fertile du réceptacle est couverte de tubes
hyménophores où les hyphes aboutissent perpendiculairement par une extrémité renflée
en massue, sur laquelle quatre stérigmates portent des spores ovoïdes
incolores, toutes les hyphes ne
produisant pas ainsi des basides
fertiles (fig. 138).

Le réceptacle est vivace, les tubes hyménophores ne s'allongent
pas d'année en année ; les anciens
se comblent par le développement
à leur intérieur des hyphes qui

Fig. 137. — Réceptacles
résupinés de *Polyporus
annosus.*

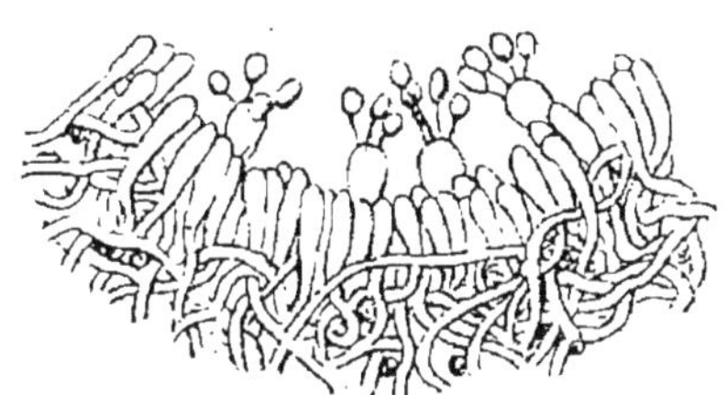

Fig. 138. — *Polyporus annosus.*

Coupe de l'hyménium.
(D'après M. Brefeld).

n'ont pas produit de basides fertiles et il se forme au-
dessus d'eux une couche nouvelle sur laquelle s'organisent de nouveaux tubes hyménophores. Cette formation d'une nouvelle couche fertile peut se renouveler
deux ou trois fois, puis la surface qui avait été fertile
devient stérile et se recouvre d'une couche brune.

Les filaments de mycélium qui pénètrent dans une

racine saine, soit qu'ils proviennent de la germination d'un spore, soit qu'ils sortent d'une racine malade placée au contact de la racine saine, envahissent d'abord les rayons médullaires, puis le bois dans lequel ils produisent des altérations qui se manifestent par des changements de coloration et de consistance faciles à constater à l'œil nu.

Le bois qui commence à être envahi prend tout d'abord une couleur d'un gris-lilas dans l'Épicéa, plutôt rougeâtre dans le Pin, bien différente de celle du bois sain qui est d'un blanc-jaunâtre. Puis le bois altéré pâlit, il prend une nuance jaune-brun et on voit apparaître sur le fond brunâtre de petites taches noires, surtout à la limite interne des couches annuelles, c'est-à-dire dans le bois de printemps. Enfin ces petites taches noires qui tendent à s'effacer s'entourent de taches blanches qui grandissent et souvent se joignent les unes aux autres. Là, le bois est entièrement décomposé et ses éléments complètement dissociés sont à l'état de charpie.

L'altération que présente le bois qui prend une nuance violacée ne se manifeste que dans les rayons médullaires. Ils sont envahis par les hyphes du parasite sous l'influence desquelles le contenu s'altère et se change en un liquide brunâtre; on voit les grains de fécule que renferment leurs cellules se couvrir d'un enduit brun puis se dissoudre. Cette matière brune produite par l'action du parasite est consommée par lui. A ce moment, à la couleur gris-violacé succède une couleur jaunâtre et de petites taches allongées, noirâtres apparaissent dans le bois de printemps. Les filaments du mycélium ont alors produit de nombreuses ramifications qui se sont enfoncées dans le bois en perçant de trous les épaisses parois des trachéides; en bien des places elles en sont criblées. Le bois, non seulement a changé de couleur, mais est devenu plus léger et a beaucoup perdu de sa solidité.

Les taches noires sont dues à ce que le liquide brun des rayons médullaires s'est répandu dans les trachéides qui y sont contiguës; les filaments mycéliens qui y pénètrent, y trouvent une abondante nourriture; ils y augmentent de grosseur et s'y ramifient beaucoup. Ils diffèrent des hyphes répandues dans le reste du bois par leur coloration en brun. Quand ces petites masses de mycélium ont consommé la matière brune qui se trouve à leur portée, ils exercent à distance une action corrosive sur les tissus voisins, et les dépouillent de la matière ligneuse qui les incruste; l'emploi de l'iodochlorure de zinc qui les colore en violet, montre qu'ils ne sont plus constitués que par de la cellulose. Dans les parties où les éléments désagrégés forment les taches d'un blanc pur qui se détachent sur le fond brunâtre du bois moins profondément altéré, l'examen microscopique montre que la lame primaire intermédiaire aux trachéides qui perdent leur matière incrustante se transforme aussi et se dissout. Ce sont les trachéides dissociées et altérées qui forment cette sorte de charpie que l'on voit dans les taches blanches (1). Ce mode d'altération est le même que celui que l'on observe dans les taches blanches qui se creusent en caverne dans le bois de chêne attaqué par le *Stereum frustulosum*.

Dans les parties plus éloignées, la corrosion a un autre caractère, la lame primaire est la portion de la paroi qui persiste le plus longtemps; les couches d'épaississement ne s'en séparent pas, mais se dissolvent peu à peu par leur côté intérieur. Finalement comme on le voit dans le bois de printemps profondément altéré on

____

(1) R. Hartig, *die Zersetzungsersch. d. Holzes*, p. 23, pl. III et IV.

ne trouve plus au milieu d'un lacis d'hyphes fort déliées que des lames triangulaires, derniers restes de la lame primaire de trois trachéides contiguës.

En outre des basidiospores qui se forment sur l'hyménium des réceptacles, le *Polyporus annosus* produit aussi des conidies qui naissent sur des filaments dressés émanant du mycélium. Elles ont été découvertes par M. Brefeld dans des cultures artificielles du Champignon (1), mais elles se produisent aussi dans la nature, aux mêmes endroits que les réceptacles, sur les racines coupées où le mycélium forme une lame feutrée. Les conidiophores sont des filaments dressés plus gros que ceux qui composent le mycelium et qui sont renflés à leur sommet en une tête arrondie à la façon des *Aspergillus*. C'est sur ces têtes renflées que sont

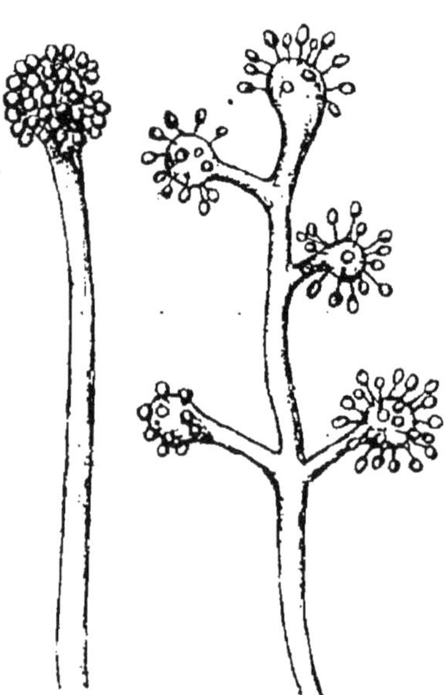

Fig. 139. — *Polyporus annosus.*
Conidiophores chargés de conidies.
(D'après M. Brefeld.)

portées les conidies à l'extrémité de fins stérigmates. Ce sont des sortes de basides à formes variables et portant un nombre indéterminé de spores (fig. 139).

Le support varie beaucoup de grosseur et d'aspect, tantôt la tête qui le termine est bien renflée, tantôt elle

(1) Brefeld, *Untersuchungen aus dem Gesammtgebiete der Mykologie,* Heft VII, p. 161 et ss. pl. X et XI. Leipzig; 1889.

est à peine marquée. Faiblement nourris, les conidiophores restent simples, mais quand ils se développent
avec vigueur, ils sont le plus souvent ramifiés.

La propagation du *Polyporus annosus* se fait soit
par les spores (basidiospores et conidies) qui peuvent
germer sur les racines et y sont sans doute transportées
par les rongeurs qui se creusent des terriers, soit par le
mycélium qui d'une racine infectée gagne les racines
d'un arbre voisin.

Le mycélium qui corrode le bois prend aussi un grand
développement dans l'écorce; il forme entre les écailles
de l'écorce crevassée de petites masses de stroma qui
peuvent être le rudiment de réceptacles ou bien servir
à l'infection des racines saines. Là où une racine infectée se trouve au contact de la racine d'un arbre
voisin, ce qui dans un massif est fort commun, le mycélium qui forme un petit coussinet entre les écailles
de l'écorce desséchée de la racine malade pénètre dan
l'écorce de la racine voisine. M. R. Hartig a montré
que l'on peut aisément opérer ainsi des infections artificielles.

Pour arrêter le mal, on a proposé de limiter le foyer
d'infection par un fossé qui doit être assez profond pour
atteindre et trancher toutes les racines. Il doit être assez
éloigné du foyer d'infection transformé en clairière pour
enfermer tous les arbres déjà attaqués. Si en faisant le
fossé on rencontre quelque racine malade, on doit le
repousser plus loin sans quoi on ferait un travail inutile.
Mais il peut se produire des réceptacles et même des
conidiophores sur les racines coupées au bord du fossé,
et on aura augmenté les chances d'infection par les
spores en cherchant à mettre obstacle à l'infection par le
mycélium.

Dans la pratique, dans les localités où le *Polyporus*

annosus fait des ravages, on devra particulièrement recommander de mélanger des arbres feuillus aux résineux; l'expérience a démontré que dans de telles conditions la maladie ne prend pas d'extension redoutable.

Polyporus Pini Pers.

Syn. : *Daedalea Pini* Fries. — *Trametes Pini* Fries.

Ce Polypore produit la pourriture rouge du Pin. Il attaque aussi assez fréquemment le Mélèze, moins souvent l'Épicéa. Bien que la façon dont il corrode le bois dans lequel s'étend son mycélium, soit fort analogue à celle qui vient d'être exposée pour le *Polyporus annosus*, les effets de ses attaques sont fort différents et beaucoup moins dangereux, il ne pénètre pas par les parties souterraines, ne détruit pas les racines, n'envahit pas les parties jeunes du bois. Il se développe dans le bois de cœur et non dans l'aubier où l'abondance de résine empêche sa pénétration. Il s'introduit seulement par des plaies sur lesquelles il y a du vieux bois non protégé par une couche de résine et où peuvent germer les spores. C'est pour cela que la pourriture rouge est une maladie des vieux arbres. Quand les branches brisées ne contiennent encore que de l'aubier, les tronçons sont protégés par la résine contre la pénétration du *Polyporus Pini*, mais quand les branches sont assez âgées pour contenir du bois de cœur, l'infection par les spores du parasite est à craindre. En général, ce n'est que sur des arbres de plus de cinquante ans que l'on voit apparaître des réceptacles du Polypore du Pin.

Ce sont des chapeaux ligneux très durs, fort épais par derrière et amincis en devant en forme de console

(fig. 140), mais d'aspect variable et pouvant être réduits
au point de n'être qu'une sorte de croûte, leur face supérieure est brune et marquée de sillons concentriques, leur
intérieur d'un brun jaunâtre. Les tubes qui couvrent leur
face intérieure ont des pores tantôt ronds, tantôt oblongs

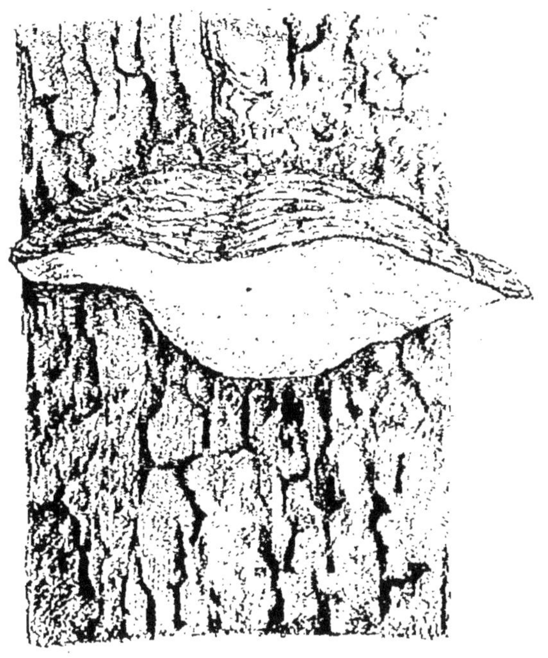

Fig. 140. — *Polyporus Pini.*

plus ou moins allongés s'ouvrant sur une surface inclinée. Ils sont entièrement revêtus d'un hyménium dont les
basides sont entremêlées de grands poils subulés à parois épaisses. Les basides portent chacune quatre spores
incolores à l'extrémité de longs stérigmates (1).

(1) Hartig, *Wichtige Krankh. der Waldbaüme,* tab. III.

Les réceptacles sont vivaces; les tubes hyménophores s'allongent périodiquèment, tandis que leur fond se comble par des rameaux latéraux des hyphes qui les bordent.

Le mycélium parvenu par une plaie dans le bois de cœur, s'y développe surtout en suivant la longueur de la tige ; mais la place infectée, d'abord étroite, gagne bientôt aussi horizontalement ; elle s'étend sur les bords dans le sens de la périphérie bien plus que dans la direction radiale. Le bois infecté forme ainsi sur une coupe transversale, un croissant ou un anneau complet de quelques couches annuelles d'épaisseur qui s'étend entre la partie centrale encore saine du cœur, et l'aubier. Sur le bord interne de celui-ci, le bois s'infiltre de résine de façon à former une zone infranchissable pour le mycélium du parasite.

Le bois envahi se colore d'abord en rouge brun ; il s'y forme dans la partie la plus tendre des couches annuelles, c'est-à-dire dans le bois de printemps, des cavités irrégulières qui grandissent par les côtés, se joignent les unes aux autres et peuvent arriver à produire ainsi la complète séparation des portions les plus résistantes des couches annuelles successives. Leurs parois sont en partie tapissées d'un revêtement blanc (fig. 141). Le bois de Pin se trouve ainsi finalement divisé en feuillets formés par les couches d'automne qui, plus riches en résine et formées d'éléments à parois épaisses, résistent seules encore longtemps.

Cette altération du bois par le *Polyporus Pini* a une très grande analogie avec celle qui a été décrite plus haut pour le *Stereum frustulosum* et aussi pour le *Polyporus annosus.*

Cette pourriture annulaire du bois des résineux ne détruit pas rapidement les arbres mais ôte à leur bois,

toute valeur. Comme le mal est propagé exclusivement
par les spores du parasite, pour en arrêter l'extension, on
doit recommander d'abattre les arbres qui portent des
chapeaux de *Polyporus Pini* aussitôt qu'on en découvre

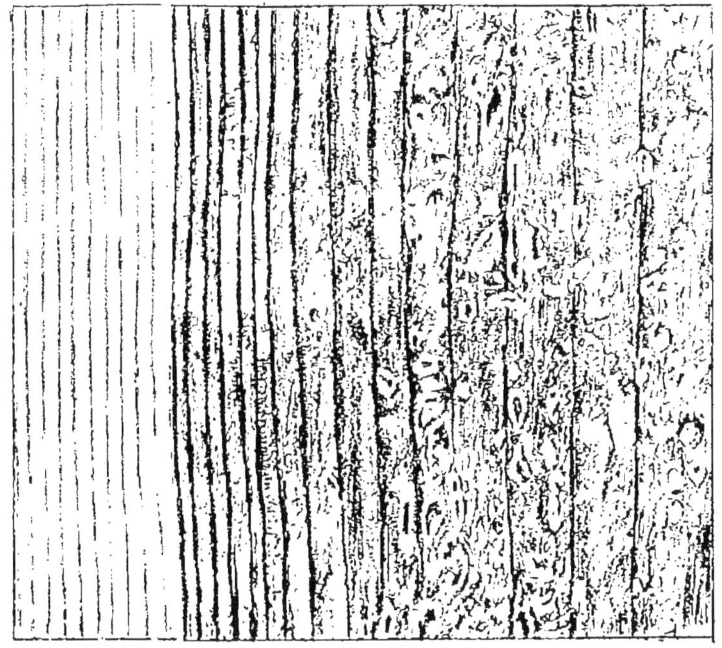

Fig. 141. — Bois de pin altéré par le *Polyporus Pini*.

l'apparition ; on a ainsi en outre l'avantage, quand l'invasion a eu lieu par des branches élevées surtout, de permettre, tout en arrêtant la propagation du parasite, de
tirer encore un certain produit du bois du tronc avant
que la pourriture ne l'ait entièrement détruit.

Polyporus Hartigii Allescher.

Syn. : *Polyporus igniarius* Fries *pro parte*. — *Polyporus igniarius var. Pinuum* Bresad.

Ce Polypore, très voisin du *Polyporus igniarius*, mais vivant sur les arbres résineux et non sur les feuillus, a été étudié par M. R. Hartig sous le nom de *P. fulvus* Scop. Il attaque le Sapin et cause la pourriture blanche de son bois. C'est surtout par les plaies produites par le *Peridermium elatinum*, par ces chancres que l'on désigne sous le nom de *Chaudrons* que pénètrent les filaments provenant de la germination de ses spores.

A partir du point d'infection, le mycélium se répand dans la tige, pénétrant aussi bien dans le jeune bois que dans le bois âgé. Le bois de Sapin moins riche en térébenthine que celui du Pin ne peut former comme ce dernier, quand il est attaqué par le *Polyporus Pini*, une couche imprégnée de résine infranchissable pour le parasite à la limite du bois sain et du bois attaqué.

Le mycélium se répandant sans obstacle dans l'écorce, peut former ses fructifications sur un point quelconque et non pas seulement dans les endroits où le vieux bois est mis à nu.

Les réceptacles du *Polyporus Hartigii* sont durs, ligneux, persistants, demi-globuleux ou tubéreux ou en forme de console à surface stérile d'un brun jaunâtre, couverte de courts poils rudes, plus tard grise et lisse marquée de sillons (fig. 142). Les tubes hyménophores de la face fertile ont des pores arrondis, très peu marqués, très étroits, d'abord cerclés de gris brun can-

nelle. Les spores sont incolores et l'intérieur du chapeau
est de couleur fauve.

L'altération du bois de Sapin attaqué par le *Polyporus*

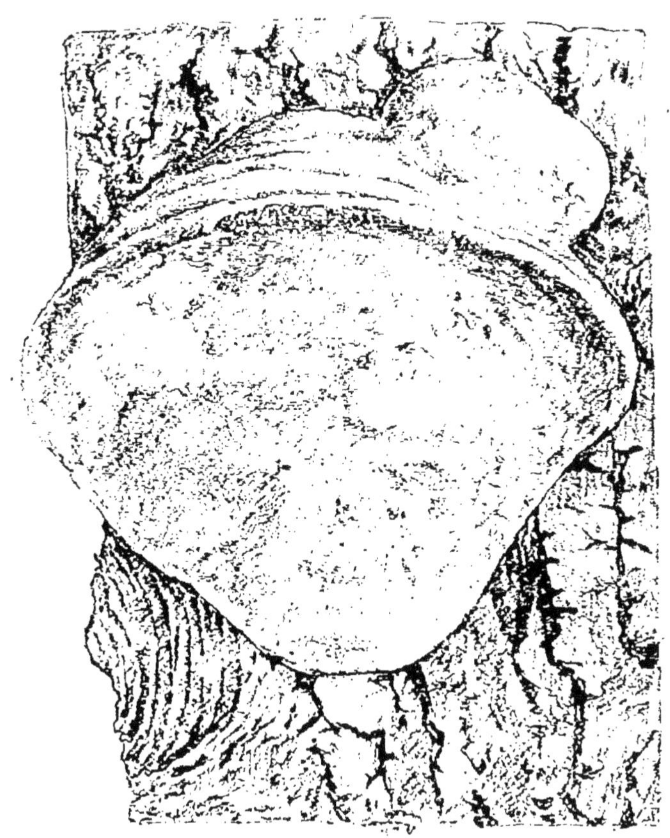

Fig. 142. — Réceptacle du *Polyporus Hartigii*.

Hartigii se manifeste d'abord par une couleur jaune
sale. Le contour du bois malade est marqué par une
ligne brunâtre foncée; de semblables lignes entourent
aussi dans le bois malade des places dont la nuance est
un peu plus foncée que celle du reste.

Le bois altéré perd toute consistance, les vents, le poids de la neige, brisent aisément les arbres dans les places où ils sont envahis par le mycélium du Polypore.

Ce mycélium est formé dans les parties du bois récemment envahies et colorées en brun, où il trouve une riche nourriture, d'hyphes épaisses, d'un jaune brunâtre à cloisons rap-

Fig. 143. — Mycélium du *Polyporus Hartigii* dans les parties brunes du bois attaqué.

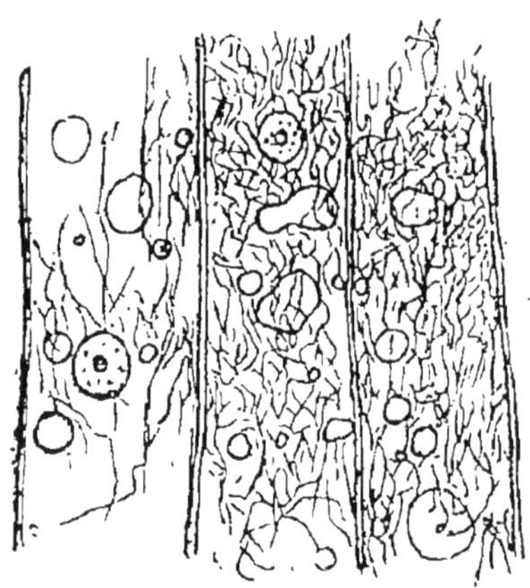

Fig. 144. — Bois très profondément corrodé par le mycélium du *Polyporus Hartigii*.

prochées et qui portent de nombreuses ramifications courtes, s'enfonçant souvent par les ponctuations dans les trachéides, à l'intérieur desquelles elles forment des amas inextricables d'hyphes entortillées (fig. 143). Dans les bois plus profondément altérés, on ne trouve que des lacis de fils d'une excessive ténuité qui remplissent entièrement les trachéides (fig. 144); sous leur action, les parois sont corrodées, elles se percent de trous plus ou moins gros, la lamelle primaire se sépare des couches d'épaississement et se dissout, puis ces dernières qui sont restées quelque temps isolées, s'amincissent de plus en plus et se dissolvent à leur tour.

Si l'on veut tenter d'arrêter le développement de la maladie, on devra non seulement abattre les arbres sur lesquels se montrent des chapeaux du *Polyporus Hartigii*, mais encore ceux sur lesquels le *Peridermium elatinum* a produit des chancres, puisque le Polypore pénètre d'ordinaire par ces points et en fait des foyers d'infection de cette pourriture blanche qui ôte aux Sapins toute valeur.

Polyporus borealis Fries.

Syn. : *Boletus borealis* Wahlenb. — *Boletus albus* Schæf.

C'est encore un parasite des arbres résineux qui a été étudié par M. R. Hartig. Il attaque le Sapin et l'Épicéa.

L'infection produite sur une plaie du tronc au-dessus du sol, peut atteindre une partie considérable de l'intérieur de l'arbre. La limite entre le bois altéré et le bois sain est encore marquée par une ligne brunâtre foncée. Au delà, le bois infecté est d'un jaune brun, et quand l'altération devient plus grande, il se montre coupé à intervalles réguliers par de petites lames horizontales de mycélium blanc, épaisses surtout dans le bois de printemps. Sur une coupe radiale elles présentent dans chaque couche annuelle la figure d'un coin dont la pointe est dans le bois d'automne et la base dans le bois de printemps. Si on laisse à l'air humide le bois altéré, le mycélium qu'il contient forme à sa surface une peau épaisse d'abord blanche, puis d'un blanc jaunâtre. M. R. Hartig n'a observé les réceptacles du champignon que sur les bois abattus. Ce sont des chapeaux à peu près en forme de consoles, mais qui souvent montrent une tendance à former un pied latéral rétréci et à devenir spatulés. Leur couleur est d'un blanc nuancé par places d'une teinte rouge brunâtre. D'abord charnus, spongieux, ils ont ensuite une consistance subéreuse. Leur surface supérieure est inégale, ru-

Fig. 145. — Réceptacle du *Polyporus borealis*.
(D'après Rostkovius.)

gueuse et velue; leur chair est blanche mais devient rouge brunâtre pâle au contact de l'air (fig. 145 et 146).

Les tubes hyménophores qui occupent la face inférieure du chapeau sont tapissés d'un hyménium dont les basides sont entremêlées de poils dilatés en une tête pointue dont l'extrémité à paroi épaissie fait saillie en forme de dôme aigu au-dessus de l'hyménium.

· Le mycélium pénétrant dans le bois sain se ramifie activement dans les rayons médullaires. Sous son influence, le contenu des cellules se change en une matière brune et les hyphes elles-mêmes y sont colorées en jaune. C'est en cette place que se trouve la ligne brune qui sépare le bois altéré du bois qui paraît encore sain. Quand la matière brune est épuisée, le mycélium perd sa couleur jaune. Il attaque les trachéides en suivant un trajet horizontal : alors sous l'influence du ferment qu'il sécrète, la constitution des couches d'épaississement des trachéides s'altère à partir de l'intérieur qui présente quand on les traite par l'iodochlorure de zinc, une couleur gris violacé, tandis que la lame primaire et les couches d'épaississement qui la bordent se colorent encore en jaune. La transformation de la paroi en cellulose et sa dissolution vont progressant. Les lamelles primaires résistent les dernières. De grosse taille et colorées en jaune dans les parties du bois récemment envahies, les hyphes ne sont plus, là où il est fort altéré, que des fils incolores d'une telle finesse qu'on a peine à les distinguer aux plus forts grossissements du microscope. Ils forment une sorte de fine ouate qui remplit les trachéides et entoure leurs débris profondément corrodés.

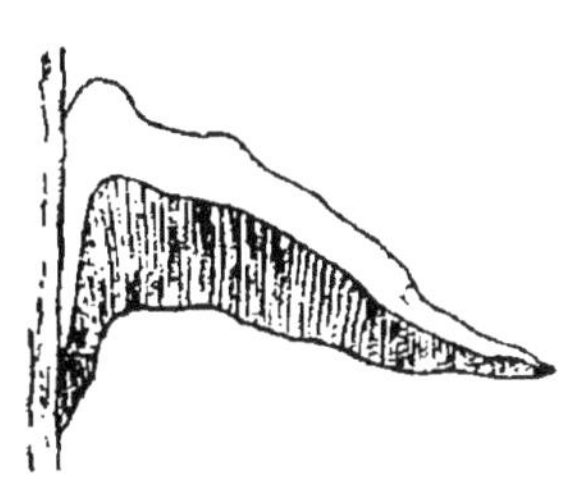

Fig. 146.
Polyporus borealis.
Coupe du réceptacle.

Polyporus vaporarius Fries.

Syn. : *Boletus vaporarius* Pers. — *Poria vaporaria* Pers. — *Polyporus incertus* Pers.

Ce Polypore attaque l'Épicéa et le Pin sylvestre en pénétrant dans la partie inférieure du tronc par des blessures faites au niveau du sol ou aux racines, le plus souvent par la dent du gibier. Il produit une altération du bois qui ressemble beaucoup à celle que cause le Champi-

Fig. 147. — Bois envahi par le mycélium du *Polyporus vaporarius.*
(D'après R. Hartig.)

gnon des charpentes, le *Merulius lacrymans.* Le bois envahi par son mycélium devient d'abord brun clair, puis rouge brun foncé, et se crevasse aussi bien dans le sens horizontal que dans le sens vertical (fig. 147). Quand il se dessèche, les fentes s'élargissent; il devient très léger et ressemble assez à du charbon de bois, sauf sa couleur qui est rouge brun. Coupé en tous sens par de petites fentes, il a perdu sa consistance et se brise aisément entre les doigts en se réduisant en une fine poudre brune.

Le mycélium du *Polyporus vaporarius*, non seulement pénètre le bois en perçant les trachéides et en dissolvant les parois, mais se développe aussi au dehors en formant des cordons blancs et des rubans feutrés, tant entre le bois et l'écorce des arbres morts, que dans les crevasses du bois (fig. 147). Ces cordons blancs très ramifiés, à surface veloutée, sont formés d'hyphes à parois assez épaisses. Dans les fentes du bois, le mycélium se feutre en une sorte d'ouate où se trouvent mélangés des hyphes épaisses comme des cordons et d'autres plus fines à parois très minces (fig. 148). Elles sont septées et présentent çà et là, au niveau des cloisons, des boucles comme beaucoup d'autres Hyménomycètes. Ces boucles sont de petits prolongements tubulaires, courbés qui font communiquer directement l'une avec l'autre les deux cellules que sépare la cloison.

Les hyphes percent de trous fins les épaisses parois des trachéides. Sous l'action de la matière qu'elles répandent autour d'elles les couches d'épaississement se fendillent : il s'y forme de fines crevasses qui n'atteignent pas la couche primaire et qui présentent une disposition caractéristique (fig. 149). Elles sont petites, courtes, obliques, et placées les unes contre les autres de façon à former une grande fente verticale composée.

Les réceptacles du *Polyporus vaporarius* se forment soit dans les fentes du bois, soit à sa surface sous l'écorce, mais on n'en rencontre qu'assez rarement. Ils forment des croutes d'un blanc de neige, puis d'un blanc jaunâtre qui, très rarement, atteignent une épaisseur de 5 millimètres. Ils adhèrent très fortement au bois qui

les porte et auquel ils sont soudés dans toute leur étendue. Naissant sur une paroi verticale, ils forment une
sorte de console tellement étroite, que les tubes hyménophores qu'elle porte sont ouverts jusqu'à moitié, de
telle façon qu'on ne peut dé-
terminer nettement la forme
de l'ouverture des pores. L'hyménium porte, sur des basides

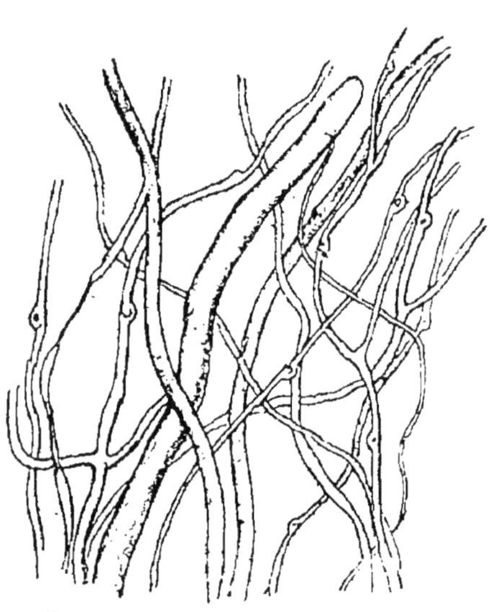

Fig. 148. — Hyphes de *Polyporus vaporarius.*
(D'après M. R. Hartig.)

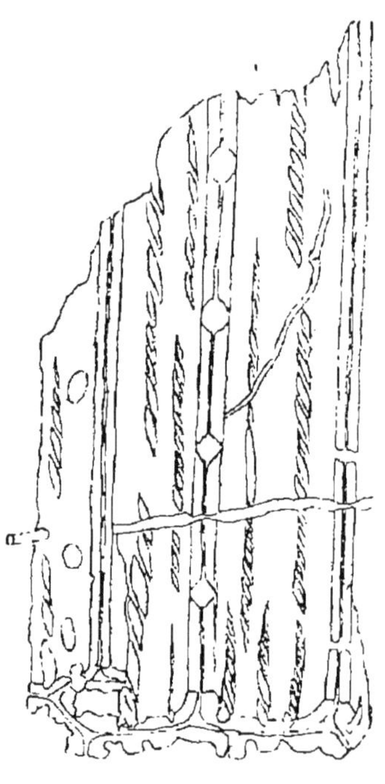

Fig. 149. — *Polyporus vaporarius.*
Altération du bois sous l'action des hyphes
du *Porarius vapolyporus.* (D'après M. R.
Hartig.)

piriformes réunies par petits groupes, des spores incolores oblongues, un peu bombées d'un côté.

Le *Polyporus vaporarius* se développe assez souvent
sur le bois de construction, et son mycélium peut s'é-
tendre au dehors sous forme d'éventail ou de rubans.
On peut aisément le confondre alors, quand il ne porte

pas de fructifications, avec le Champignon ordinaire des charpentes le *Merulius lacrymans.*

Polyporus Schweinitzii Fr.

Syn. : *Daedalea epigea* Lenz. — *Sistotrema spadiceum* Swartz. — *Polyporus mollis* R. Hartig.

Ce Polypore, fort bien étudié et décrit par M. R. Hartig, mais désigné à tort par lui sous le nom de *Polyporus mollis*, attaque et désorganise le bois de cœur des Pins âgés, dans la partie inférieure du tronc et aussi dans le pivot et les racines. L'aubier est protégé contre l'invasion du mycélium par une zone fortement imprégnée de résine.

Le mode d'altération du bois attaqué par le *Polyporus Schweinitzii* est à peu près le même que celui que cause le *Polyporus vaporarius*. Le bois prend une couleur rouge brun, puis se crevasse profondément ; les fentes qui s'y forment sont perpendiculaires les unes aux autres (fig. 150). Le bois altéré diminue beaucoup de volume en se desséchant et les crevasses y deviennent plus larges et plus profondes. Il est beaucoup plus léger que le bois sain ; quand on le presse entre les doigts, il se brise en une fine poussière jaunâtre.

Les fentes du bois sont souvent revêtues d'une lame de mycélium dont la couleur est d'un blanc de neige, et qui est très fortement adhérente à leur surface. Ce mycélium ne forme pas des cordons ou des lames feutrées légères comme celui du *Polyporus vaporarius*, mais une croûte amorphe et dure où les hyphes sont imprégnées de résine (fig. 151).

Les réceptacles du *Polyporus Schweinitzii* se forment

sur le bois qui présente la couleur rouge brun, mais n'est pas encore crevassé. Ils varient beaucoup d'aspect. Ce sont tantôt des croûtes de peu d'épaisseur, tantôt des

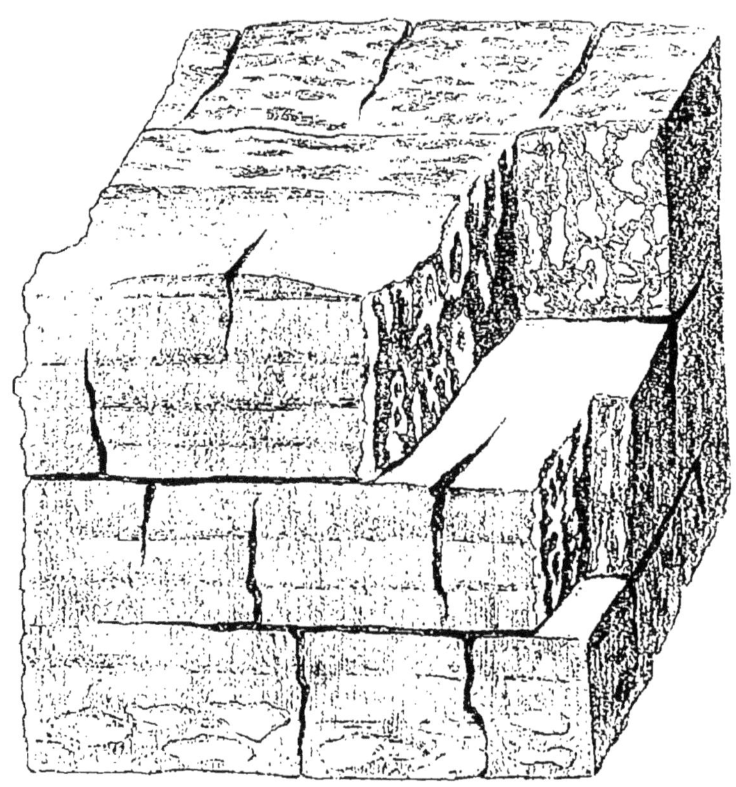

FIG. 50. — BOIS ENVAHI PAR LE MYCÉLIUM DU *Polyporus Schweinitzii.*
(D'après M. R. Hartig.)

sortes de consoles ou même des chapeaux en forme de parasol, avec un pied plus ou moins central. Ils sont de couleur rouge brun, d'abord mous, spongieux; plus tard, ils prennent la consistance du liège; à l'intérieur ils sont d'un brun jaunâtre. Leur face inférieure est couverte de tubes hyménophores qui, jeunes sont d'un jaune verdâtre, mais qui, sous le doigt passent du jaune verdâtre au rouge foncé.

L'altération du bois par le *Polyporus Schweinitzii* a la plus grande analogie avec celle que produit le *Polyporus vaporarius*. Quand les crevasses se forment dans le bois, on voit aussi des fentes se produire dans les couches d'épaississement des

Fig. 151. — *Polyporus Schweinitzii.*

Hyphes encroûtées de résine à la partie inférieure.

La partie supérieure a été traitée par l'essence de térébenthine et débarrassée ainsi de la résine qui imprégnait les hyphes du Polypore.

(D'après M. R. Hartig.)

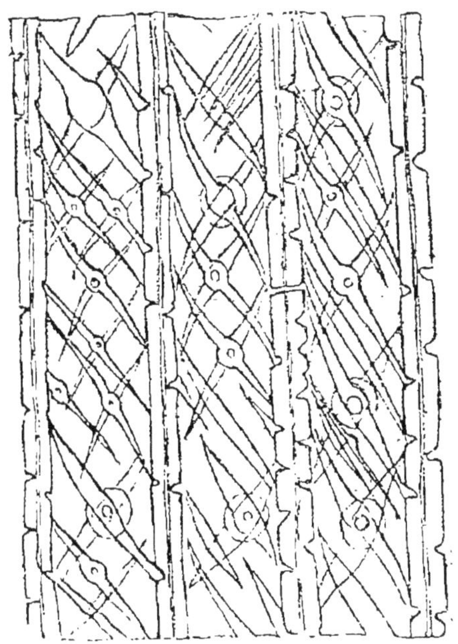

Fig. 152. — Trachéides du bois profondément corrodées par le *Polyporus Schweinitzii.*

(D'après M. R. Hartig.)

parois des trachéides, mais au lieu d'être petites et placées les unes au-dessus des autres, de manière à former par leur ensemble une grande fente verticale, elles sont toutes, grandes et longues et obliquement dirigées parallèlement en montant de droite à gauche (fig. 152).

Polyporus sulphureus Fries.

Syn.: *Boletus sulphureus* Bull. — *Boletus caudicinus var.* Scopoli. — *Boletus coriaceus* Huds. — *Boletus tenax* Bolt. — *Boletus lingua-cervina* Schrank. — *Boletus citrinus* Plan. — *Sistotrema sulphureum* Rebent.

Ce Polypore est fort répandu et attaque un grand nombre d'arbres, dont il corrode le bois en y produisant une pourriture rouge. On le rencontre assez fréquemment sur le Chêne, le Noyer, le Poirier, le Peuplier etc. Il pénètre d'ordinaire dans le tronc des arbres par un rameau brisé sur lequel a germé quelqu'une de ses spores.

Là où la décomposition qu'il produit dans l'intérieur du bois gagne jusqu'à la surface, on voit apparaître à travers l'écorce desséchée, ses chapeaux jaune soufre qui se produisent souvent nombreux les uns au-dessus des autres.

Le bois attaqué par le *Polyporus sulphureus* prend une couleur rouge-brun clair. Quand il est encore bien résistant et solide, on y voit apparaître déjà sur une coupe transversale des points blancs, et sur une coupe longitudinale de fines lignes blanches, dus à ce que les vaisseaux du bois de printemps sont remplis de filaments mycéliens du parasite. La décomposition augmentant, le bois devient plus léger, diminue de volume et se crevasse : il s'y forme des fentes perpendiculaires les unes aux autres, les unes dans la direction des rayons, les autres dans la direction des couches annuelles ; elles se remplissent, comme, du reste, toutes les cavités qui peuvent se trouver à l'intérieur des arbres, de peaux épaisses et de masses blanches feutrées qui sont formées par les hyphes du Polypore. Le bois attaqué devient enfin friable au point de s'écraser aisément entre les doigts en se réduisant en une fine poussière jaunâtre.

Le mode de corrosion du bois par le *Polyporus sulphureus* est analogue à celui qui a été décrit sur les bois résineux attaqués par le *Polyporus vaporarius* et le *Polyporus Schweinitzii;* après s'être remplis de matière brune et colorée en brun, les éléments du bois se fendillent. Il est impossible de les examiner à l'état sec, leurs parois se brisent comme du verre et on n'en peut observer qu'une infinité de petits éclats; mais quand on le fait tremper dans l'eau, le bois altéré se gonfle peu à peu, on voit alors qu'il s'est produit dans les parois des fibres de fines et nombreuses fentes spiralées qui pénètrent de l'intérieur dans les couches d'épaississement sans atteindre la lame primaire en montant de droite à gauche.

Les réceptacles du *Polyporus sulphureus* ont au début l'aspect d'une masse charnue, bosselée, d'un beau jaune clair. En grandissant elle s'épanouit en chapeaux horizontaux, tantôt aplatis, tantôt en dôme à bords ondulés, qui, superposés en assez grand nombre les uns au-dessus des autres se confondent à leur origine au point où le réceptacle sessile s'attache à l'arbre qui le porte (fig. 153). Sa couleur s'accentue; du jaune soufre, elle passe à l'orangé rougeâtre. Sa substance intérieure est d'un blanc pur et a une consistance caséeuse. Les tubes hyménophores dont les pores sont arrondis, petits et d'un jaune soufre portent à leur intérieur des basides en forme de massue qui se terminent par des spores ovoïdes à parois minces et incolores (fig. 154).

Les chapeaux sont annuels, ils se montrent durant tout le cours de l'été, on en peut trouver sur les arbres depuis le mois de mai jusqu'au mois de septembre.

En outre des spores portées sur les basides, le *Poly-*

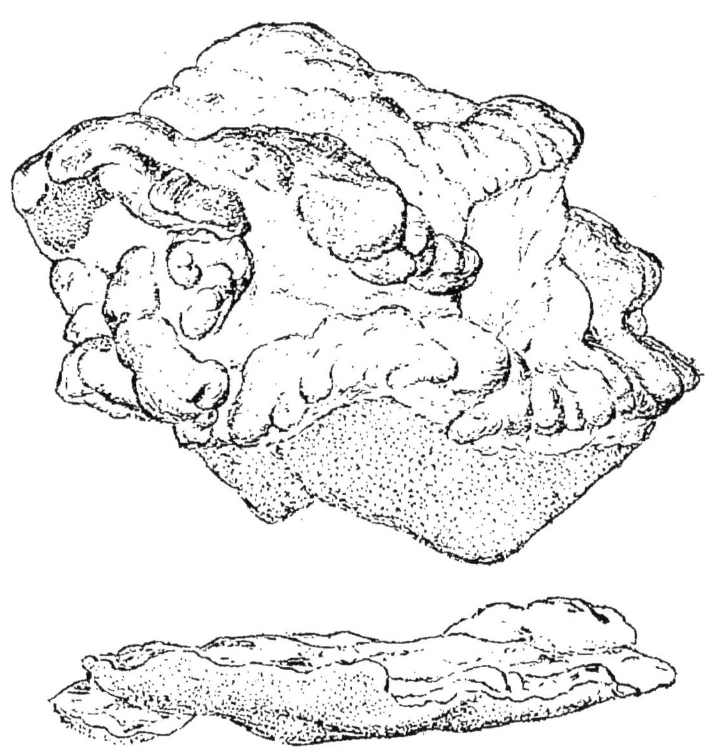

Fig. 153. — *Polyporus sulphureus.*
Deux réceptacles : l'un épais et mamelonné, l'autre plat et étalé en raquette.
(D'après M. de Seynes.)

porus sulphureus produit des conidies qui ont été bien étudiées et figurées par M. de Seynes (fig. 155). Il en a observé sur le mycélium à l'intérieur du bois décomposé, à l'intérieur des réceptacles qui portent des tubes hyménophores et enfin dans des réceptacles spéciaux.

Ces conidies sont de petites cellules globuleuses, à parois assez épaisses qui se forment dans les filaments du mycélium. Elles se rencontrent parfois en grande abondance. M. Hartig qui les avait bien vues dans le bois altéré par le *Polyporus sulphureus* les avait d'abord prises pour les spores d'un champignon saprophyte étranger. En les examinant dans les régions où elles sont un peu rares, on en voit qui se sont formées dans des ramifications le plus souvent amincies des hyphes du Polypore, soit sur leur

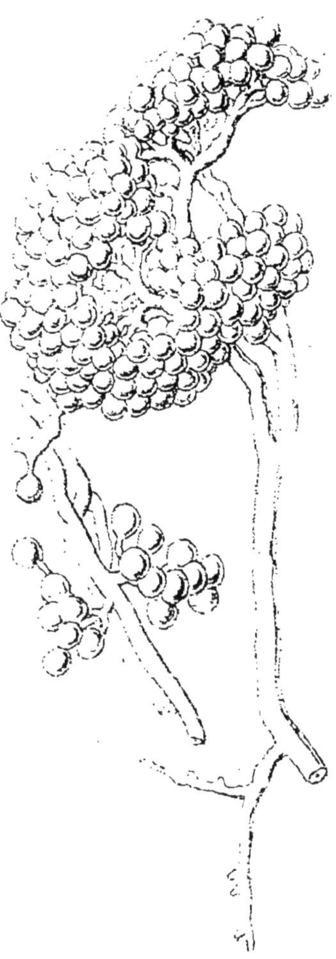

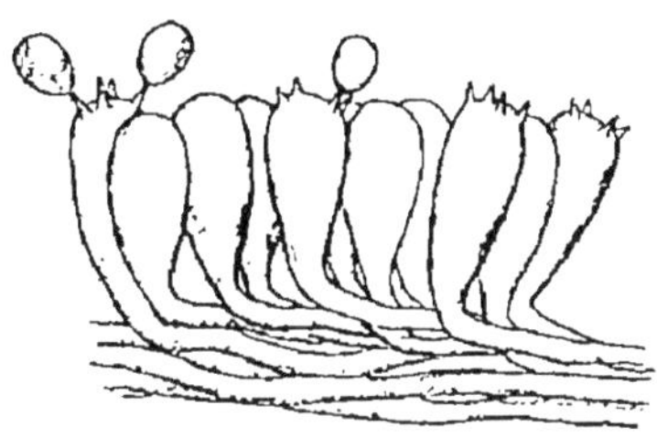

Fig. 154. — *Polyporus sulphureus.*
Basides.
(D'après M. de Seynes.)

Fig. 155. — *Polyporus sulphureus.*
Conidiophores et conidies.
(D'après M. de Seynes.)

trajet, soit à leur extrémité et qui ont des parois plus ou moins épaisses selon leur âge.

Dans les réceptacles c'est seulement dans les chapeaux épais et charnus qu'on les trouve, au-dessous d'une couche stérile épaisse de 1/2 à 2 millimètres.

Enfin il y a des réceptacles de *Polyporus sulphureus* qui restent petits, de forme globuleuse ou ovoïde, régulière ou mamelonnée et qui ne portent jamais de tubes hyménophores à leur surface, mais seulement des conidies à leur intérieur. Elles se forment comme dans les réceptacles ordinaires au milieu du tissu fondamental dont les hyphes se ramifient dans divers sens et dont chaque branche porte une spore à son extrémité.

Ces réceptacles à conidies des Polypores avaient été considérés par Corda comme caractérisant un genre particulier de Champignons auquel il avait donné le nom de *Ptychogaster*. C'est le *Ptychogaster aurantiacus* Patouillard qui correspond au *Polyporus sulphureus*.

Polyporus hispidus (Bull.) Fries.

Syn. : *Boletus hispidus* Bull. — *Boletus velutinus* Sowerb.

Le *Polyporus hispidus* attaque beaucoup d'espèces d'arbres feuillus, il se montre souvent sur les arbres fruitiers et principalement sur le Pommier. Dans les Cévennes on le rencontre fréquemment sur le Mûrier (1).

Dans les pays où on cultive beaucoup de Pommiers et de Poiriers dans les champs pour la fabrication du cidre, on voit assez fréquemment sur les arbres dépérissants et couverts de branches mortes, des masses char-

---

(1) Ed. Prillieux, *sur le Polyporus hispidus* Fr. Bull. de la Soc. Mycologique, t. IX, 1893, p. 255.

Prillieux et Delacroix. — *Maladies des Mûriers, Annales de l'Institut Nat. Agronom.*, tome XIII, 1893.

nues d'un brun jaunâtre ayant la forme de coussins épais, de 15 centimètres et plus de diamètre; elles sont si tendres que leur chair cède sous le doigt quand on cherche à les détacher des branches. Ce sont les réceptacles du *Polyporus hispidus* (fig. 156.) Leur face supérieure fort bombée est couverte de poils agglutinés en petites lames dentelées comme des lames d'étrille et co-

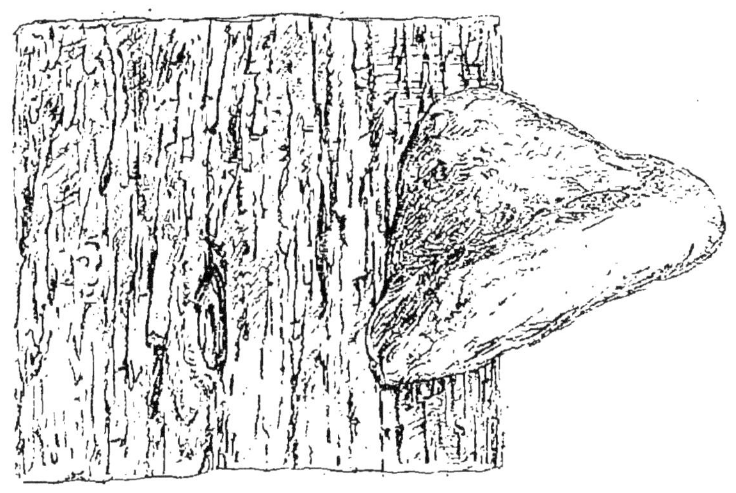

FIG. 156. — RÉCEPTACLE DU *Polyporus hispidus.*

lorés en brun plus ou moins foncé (fig. 157). Le bord du chapeau encore en voie de croissance est d'un jaune pâle qui, peu à peu, devient plus vif puis brunit. Sa face inférieure porte la couche de tubes hyménophores dont les spores sont jaune clair. Les basides renflées en massue portent à leur sommet quatre stérigmates assez longs, à l'extrémité desquels naissent les spores, qui, à maturité, sont brunes et à peu près ovoïdes (fig. 158).

En outre de ces basidiospores il se forme aussi, à ce

que rapporte Schrœter, des conidies à la surface des jeunes chapeaux.

Fig. 157. — *Polyporus hispidus*.
Poils agglutinés formant la surface pelucheuse du réceptacle.

Les vieux réceptacles morts restent attachés aux branches sur lesquelles ils se dessèchent en devenant noirs et durs.

Ce Polypore est un parasite destructeur du bois. Les branches et les troncs des pommiers sur lesquels se montrent ses chapeaux, sont pourris au cœur ou complètement creux. Les arbres attaqués végètent longtemps encore et donnent même du fruit. Les couches de jeune bois qui demeurent saines autour du cœur profondément altéré ou complètement détruit, sont assez nombreuses pour assurer la vie de l'arbre, mais elles ne forment qu'un tube mince qui risque d'être facilement brisé.

L'infection d'un arbre est, comme pour tous les Polypores qui attaquent le bois du cœur, produite par un spore qui germe sur une branche brisée ou coupée. De là, le jeune mycélium gagne le tronc. C'est le milieu des branches, la partie voisine de la moelle, qui est attaquée d'abord; le bois y devient brunâtre, puis l'altération s'étend

Fig. 158. — *Polyporus hispidus*.
Baside et spores.

et gagne les couches plus extérieures et plus jeunes,
tandis que les parties atteintes les premières se corrodent profondément et que le bois s'y transforme en
une masse très tendre, légèrement spongieuse, d'un blanc

Fig. 120. — Bois de Pommier altéré par le *Polyporus hispidus.*

jaunâtre un peu rosé qui n'a plus aucune consistance.
Une zone très dure, colorée en brun rougeâtre foncé, sépare le jeune bois qui paraît encore sain du bois de cœur
carié et entièrement décomposé. Dans la partie centrale,
blanche et molle, on voit aussi de minces lignes sinueuses d'un brun très foncé et d'une consistance très dure

qui entourent des îlots irréguliers de la matière ligneuse décomposée (fig. 159).

Dans le jeune bois situé au delà de la zone brune et qui paraît encore sain, on découvre des filaments très déliés du mycélium qui déjà font subir aux tissus un commencement d'altération. Les grains d'amidon contenus dans les cellules du parenchyme ligneux et des rayons médullaires tendent à disparaître, et on voit apparaître en quantité dans les cellules, dans les vaisseaux et même dans les fibres, des amas de matière brune . d'apparence gommeuse (fig. 160). C'est la partie où tous les éléments ligneux sont imprégnés et remplis de cette matière brune qui forme la zone brune. Là le mycelium nourri abondamment par cette matière brune prend un développement considérable; ses filaments sont gros, sinueux, ramifiés et pelotonnés. Tant que les cellules contiennent de la matière brune, leurs parois sont peu altérées. Ce n'est que dans le bois précédemment envahi où toute la matière brune a été consommée, que les parois sont très rapidement corrodées. Les fibres sont attaquées avant les rayons médullaires; toutes les ponctuations se changent en grands trous ronds qui finissent par se rejoindre par place les uns aux autres divisant ainsi les fibres en lambeaux dentelés. Les couches d'épaississement des parois se colorent en violet par l'iodochlorure de zinc, et s'a-

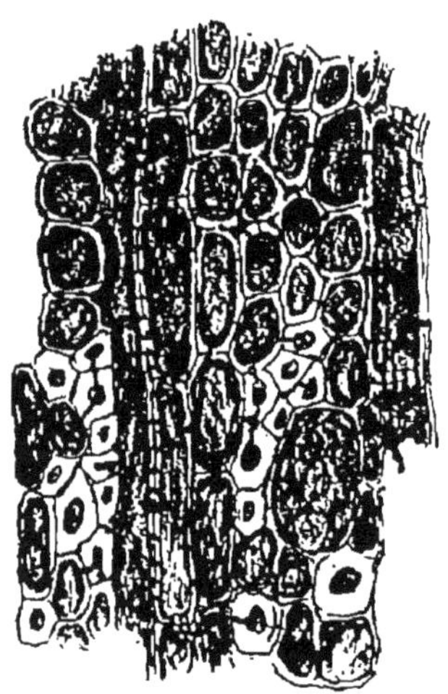

Fig. 160. — *Polyporus hispidus.*
Altération du bois dans la partie brune.

mincissent progressivement. La lamelle primaire résiste
le plus longtemps à l'altération et à la corrosion. Ainsi
que les rayons médullaires et dans la masse tendre et
spongieuse du bois atteint de cette pourriture blanche,
on les distingue encore fort bien sous forme de feuillets
rayonnants entre lesquels sont des lambeaux de fibres

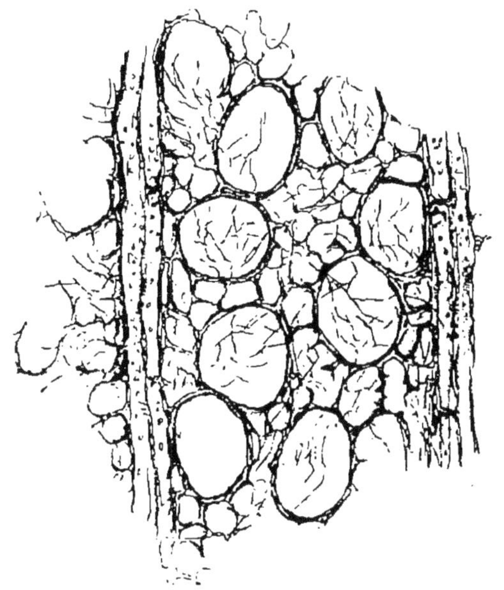

FIG. :61. — *Polyporus hispidus.*

Altération du bois dans la partie blanche et spongieuse

et de vaisseaux enlacés par de très fins filaments de mycélium (fig. 161).

Les filaments extrêmement déliés du mycélium que
l'on trouve entre les débris corrodés des éléments du
bois peuvent, s'ils sont mieux nourris, prendre un développement considérable et se transformer en éléments
constitutifs du chapeau du Polypore. C'est ce qui arrive
quand ils sont exposés à l'air.

Sur des tronçons coupés de la tige d'un pommier vivant envahi par le *Polyporus hispidus*, dont on maintient la branche inférieure à l'abri du dessèchement, on voit au bout de quelques jours la surface coupée prendre une couleur jaune soufre et se couvrir de gouttelettes brunes d'apparence gommeuse, dans lesquelles se répandent des filaments aussi gros, aussi colorés que ceux que l'on trouve dans les rayons médullaires de la zone brune du bois.

Si on fait une coupe longitudinale d'un tronçon dont la surface est couverte de cette matière brune exsudée et où le mycélium bien développé au dehors commence à former le rudiment d'un chapeau , on voit que la matière brune a imprégné jusqu'à une certaine profondeur les débris des éléments du bois entremêlés de filaments très fins du mycélium qui constituent la portion spongieuse et légère du milieu de la tige. On y voit alors fort bien la transition des filaments mycéliens de la partie blanche qui sont incolores et si déliés que l'on peut à peine les distinguer, en ces gros tubes bruns qui se développent dans la portion imprégnée de matière gommeuse brune.

Le *Polyporus hispidus* est particulièrement fréquent sur le Pommier et le Mûrier, à cause des nombreuses plaies que l'on fait à ces arbres en les émondant, puisque c'est par ces points qu'a lieu l'invasion des arbres par le parasite. On diminuerait beaucoup le danger en ayant soin de couvrir avec soin de goudron les plaies d'élagage que l'on fait aux arbres.

Polyporus igniarius (L.) Fries.
Faux-Amadouvier.

Syn. : *Boletus igniarius* L. — *Boletus obtusus* Pers. — *Polyporus igniarius* Fries *pro parte* — *Polyporus fulvus* Scopoli, *non* Fries. — *Polyporus pomaceus* Pers. (?).

C'est un parasite très répandu et qui se développe sur beaucoup d'espèces d'arbres; c'est lui qui est le plus souvent la cause de la pourriture blanche des bois du Chêne. Il se montre aussi sur beaucoup d'autres espèces d'arbres : le Hêtre, le Charme, le Peuplier, le Saule, les arbres fruitiers, etc.

Il attaque le Chêne à partir de l'âge de 50 ans, et produit rapidement l'altération d'une grande partie du bois du tronc. Dans les vieux peuplements, on voit souvent ses chapeaux vivaces à la partie supérieure des arbres. L'infection s'est faite par des branches brisées de la cîme. Toutes les plaies de la tige peuvent être des chemins ouverts à la pénétration du parasite. L'infection se propage de préférence par l'aubier et le liber, et gagne ensuite le bois de cœur; toutefois, celui-ci peut aussi être attaqué le premier. On voit alors dans le cœur de l'arbre des sortes de lunures occupant un certain nombre de couches annuelles.

Le premier degré d'infection du bois se manifeste comme d'ordinaire par la production d'une matière brune qui s'amasse dans les cellules du parenchyme ligneux des rayons médullaires et dans les fibres ligneuses; puis quand le contenu des éléments du bois est consommé, les couches d'épaississement de leurs parois s'altèrent, elles perdent leur matière incrustante et présentent, à l'exception de la lamelle primaire, la réaction de la cellulose, elles se colorent en violet par l'iodochlorure de zinc; puis elles s'amincissent et se dissolvent progressivement, le bois est alors réduit en une masse d'un blanc jaunâtre friable et sans consistance qui est toujours séparée du bois sain par une bordure brune.

Cette pourriture blanche est ainsi analogue à celle que produit le *Polyporus hispidus.*

Le mycélium est comme celui de la plupart des Polypores de forme très variable. Dans les rayons médullaires et à l'intérieur des fibres, il prend un grand développement et remplit la cavité des cellules de ses filaments à circonvolutions sinueuses. Quand la décomposition est plus avancée la taille des filaments diminue, les hyphes très déliées forment au milieu des éléments corrodés du bois un feutrage très délicat.

Exposé à l'air le mycélium prend une couleur jaune; ses hyphes se développent puissamment croissent au-dessus de la surface du bois et y forment des rudiments de réceptacle. Il en est exactement de même, du reste, pour le *Polyporus hispidus.*

Les chapeaux du *Polyporus igniarius* sont persistants, ligneux, très durs, d'un brun de rouille à l'intérieur. Ils varient beaucoup de forme et de taille; jeunes, ce sont d'abord des sortes de tubercules à peu près globuleux; ils prennent ensuite la forme de coussin très épais ou de sabot de cheval (fig. 162). Leur taille varie ordinairement entre 6 et 20 centimètres, mais on en trouve parfois qui atteignent un diamètre de 30 à 40 centimètres. Leur face supérieure d'abord lisse à éclat velouté brun devient ensuite grisâtre et est marquée de quelques zones assez nettes. La surface inférieure et souvent le bord du chapeau sont colorés en brun roux ou cannelle. La consistance en est assez résistante. Sur une coupe on voit qu'il est formé de couches successives marquant les moments d'interruption de sa croissance.

Les tubes hyménophores qui s'ouvrent par des pores
arrondis et fins sont tapissés par un hyménium formé
de basides globuleuses pressées les unes contre les autres,
mais dont une partie seulement sont fertiles ; elles portent

Fig. 162. — *Polyporus igniarius.*

chacune quatre stérigmates courts au sommet desquels
se forment des spores globuleuses incolores. Un certain
nombre des basides qui sont stériles se prolongent en
poils cylindriques. D'autres poils dus au prolongement
des hyphes se renflent à leur extrémité en tête pointue.

Le *Polyporus igniarius* est le Faux-Amadouvier ; il ne
peut servir à la fabrication de l'amadou, mais se con-

sume très lentement et peut servir à conserver du feu :
d'où le nom qu'il a reçu.

Polyporus fulvus Fries, *non* Scopoli.

Syn. : *Polyporus pomaceus* Pers. (?).

Très voisin du *P. igniarius* dont il a pu être regardé
comme une variété, le *P. fulvus* à surface non marquée
de sillons, se développe très fréquemment sur les arbres fruitiers et en détruit le bois de la même façon que
le *P. igniarius* (fig. 163).

On l'a désigné comme var. *Oleae* quand il attaque les
troncs des Oliviers qu'il creuse et où il produit de larges
brèches.

Son action sur l'Olivier a été particulièrement étudiée
par M. R. Hartig (1), en Italie sur les bords du lac
de Garde.

La destruction de certaines places du tronc commence à se manifester sur les arbres encore sains par
l'apparition de places étroites et allongées sur lesquelles
la croissance cesse, de telle façon qu'à la fin de l'année elles paraissent déprimées.

Les propriétaires d'Oliviers savent que pour arrêter
le mal ils doivent tailler, en ces places, non seulement
l'écorce morte, mais le bois qui commence à se né-
croser; l'entaille doit pénétrer jusqu'au bois sain. Cette
pratique habituelle des cultivateurs est la raison pour
laquelle on observe rarement le champignon parasite
du bois, qui est est, selon M. Hartig, une variété du *Po-*

---

(1) R. Hartig, *Die Spaltung der Oelbaum* in *Forstlich-naturwiss. Zeitsch.*,
t. II, p. 57, février 1893.

lyporus fulvus si fréquent sur les arbres fruitiers à pépins et à noyaux.

Les cultivateurs
d'Olivier en entail-
lant les places ca-
riées enlèvent les
chapeaux du Po-
lypore : on n'en
trouve que sur les
arbres négligés et
mal soignés.

Il y a toujours
sur les Oliviers de
nombreuses places
où le bois a été mis
à nu, soit quand
on a émondé les
branches, soit sur-
tout au bas du
tronc, quand on a
enlevé les rejets ou
même seulement
quand on a cul-
tivé le sol. Les
spores du Polypore
trouvent là des
points libres pour
pénétrer dans le
corps de l'arbre.

Sur l'Olivier,
comme sur le Pom-
mier et le Prunier,
l'altération du bois
est pareille à celle

Fig. 163. — *Polyporus fulvus.*

que cause le *P. hispidus* et le *P. igniarius*. Il se colore d'abord en brun foncé et montre sur les bords des parties altérées plus profondément des lignes sinueuses d'un brun noir puis finalement il est complètement détruit par une pourriture blanche. L'altération gagne, par les rayons médullaires de la plaie d'abord infectée, le cœur de l'arbre qui se nécrose et se creuse ; elle s'étend aussi latéralement en se développant surtout rapidement dans le tissu de l'écorce. Elle produit ainsi de grandes et longues brèches entre les parties restées saines du tronc.

Le soin d'enlever l'écorce et le bois déjà altéré dans les places déprimées où la carie commence à se produire est certainement le véritable moyen d'arrêter l'altération. On pourrait sans doute le rendre plus efficace encore en humectant la surface mise à nu avec une solution saturée de sulfate de fer rendue plus active encore par l'adjonction d'un peu d'acide sulfurique.

Il serait bon en outre de protéger toutes les plaies des arbres contre l'infection en les recouvrant d'une couche de goudron de houille.

Polyporus fomentarius (L.) Fries.
Amadouvier.

Syn. : *Boletus fomentarius* L. — *Fomes fomentarius* Sacc.

C'est le véritable Amadouvier. Il attaque le plus souvent le Hêtre et y cause une pourriture blanche qui est caractérisée par la formation dans le cœur du bois qui est envahie par le mycélium, de crevasses dirigées les unes dans le sens radial les autres dans celui de la périphérie. Ces crevasses sont remplies par les hyphes feutrées du Champignon. A un état très avancé de décomposition du bois, ses éléments presque entièrement corrodés et détruits sont enlacés dans un épais feutrage formé par les hyphes du parasite. Le bois de cœur du Hêtre a alors une consistance semblable à celle d'un liège très mou ; il est presque entièrement remplacé par une masse dense de tissu de champignon, dans laquelle sont enfouis les débris de vaisseaux et de fibres réduites le plus souvent à des lambeaux de leur lamelle primaire. Les cellules du parenchyme ligneux et les rayons médullaires résistent le plus longtemps.

Entre le bois ainsi corrodé plus ou moins complètement et le bois sain qui l'entoure et qui peut se trouver réduit à une très faible épaisseur, se trouve toujours une mince couche d'un brun noirâtre, dans laquelle les cellules et les fibres sont remplies et imprégnées de la matière brune provenant de la première altération produite dans le bois sain par le ferment secrété par le mycélium qui y pénètre.

Les réceptacles du *Polyporus fomentarius,* qui se montrent sur les vieux Hêtres et les vieux Bouleaux, sont des chapeaux vivaces qui deviennent épais et souvent très gros, et qui bien que variables d'aspect, ont le plus souvent la forme de sabots de cheval (fig. 164). Ils sont couverts d'une écorce épaisse et très dure présentant des sillons concentriques très marqués ; leur couleur est blanchâtre enfumée ou d'un gris noirâtre. La face inférieure plane est formée par les pores très petits de tubes hyménophores très longs. Elle est grise dans la jeunesse, puis de couleur cannelle. Les spores sont de teinte foncée, ce qui, avec les autres caractères tirés de la couleur et de la forme des chapeaux, distingue bien le véritable Amadouvier (*Polyporus fomentarius*), du Faux-Amadouvier (*Polyporus igniarius*), qui a des spores incolores. L'intérieur du chapeau du *Polyporus fomentarius* est tendre et souple, de couleur rousse; coupé par tranche, il sert à fabriquer l'amadou.

Le meilleur amadou est fourni par les Amadouviers du Hêtre dont les chapeaux sont plus puissamment déve-

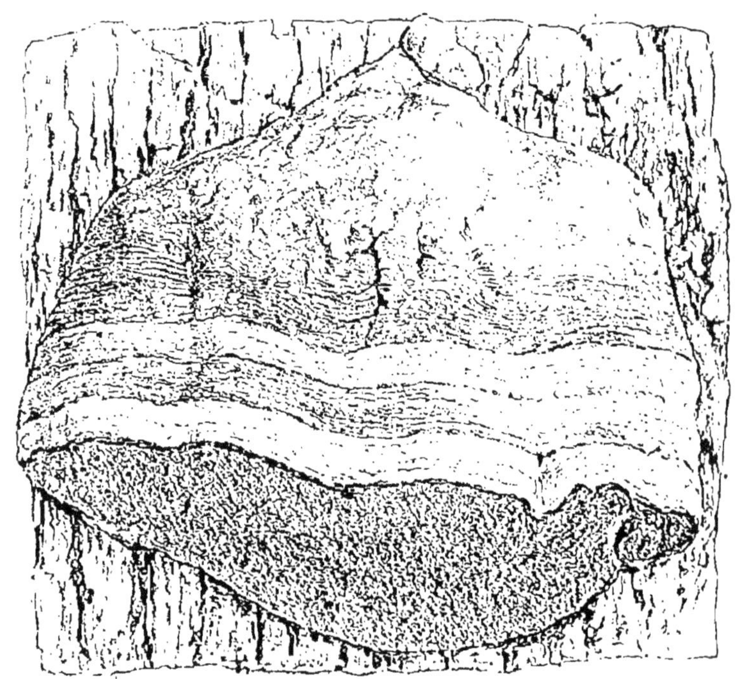

FIG. 164. — *Polyporus fomentarius.*

ioppés. Ceux qui croissent sur le Bouleau sont plus petits, plus durs, et donnent un amadou de moins bonne qualité.

Polyporus betulinus (Bull.) Fries.

SYN. : *Boletus betulinus* Bull.

Le Polyporé du Bouleau est fort répandu et est très nuisible aux arbres qu'il attaque. C'est un véritable parasite du corps ligneux qui a pu être expérimentalement introduit dans des arbres parfaitement sains et y causer une altération qui a entraîné le dépérissement et même la mort prématurée des arbres.

Il attaque dans le Bouleau le bois vivant. Quand son mycélium a pénétré dans le bois, il en produit d'abord le brunissement. La matière brune produite sous l'action du ferment répandu dans le bois par les fines ramifications du mycélium du parasite s'amasse dans la cavité des cellules et des fibres dont les parois se colorent aussi; puis le mycélium les consomme peu à peu. Les couches d'épaississement des parois dépouillées de leur matière incrustante présentent les réactions de la cellulose et se dissolvent progressivement; il ne reste plus finalement, des éléments du bois, que les lamelles primaires ou intermédiaires. Le bois en se corrodant a ainsi diminué beaucoup de volume; il s'y forme des fentes, les unes radiales, les autres périphériques, que remplissent les filaments du mycélium et qui apparaissent comme des lignes blanches sur le bois atteint d'une pourriture brune. Il est tellement friable, qu'en le pressant entre les doigts on le réduit en poussière.

Le mycélium du *Polyporus betulinus* pénètre et corrode aussi bien le liber et l'écorce que le bois du Bouleau, et il forme dans les crevasses de l'écorce des masses blanches globuleuses qui sont des rudiments de réceptacles. Ils apparaissent sur les arbres au mois d'août et atteignent leur complète maturité vers la fin d'octobre ou le milieu de novembre. Ce sont alors des chapeaux aplatis ou bombés, toujours épaissis en bosse près de leur point d'attache sur l'écorce, avec un bord pendant et largement ondulé (fig. 165). Leur surface supérieure est blan-

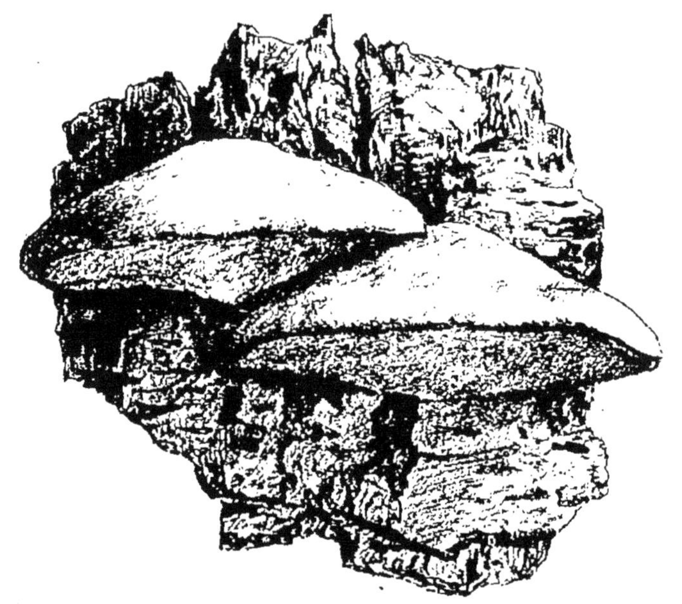

Fig. 165. — *Polyporus betulinus.*

châtre, à peu près de la couleur de l'écorce du Bouleau, ou brune, lisse et terne. Leur face inférieure et tout leur tissu intérieur d'un blanc de neige. La couche des tubes hyménophores se détache facilement du réceptacle. L'hyménium est formé de basides en massue portant des spores incolores allongées en forme de biscuit ; entre les basides se montrent des poils capités à tête terminée en pointe.

Pourris dans tout leur intérieur par l'action du *Poly-*

porus betulinus, les Bouleaux se brisent avec une grande facilité et ne laissent qu'un bois absolument sans valeur. Les dégâts causés ainsi par le parasite qui est fort commun, peuvent atteindre une importance considérable.

Beaucoup d'autres Polypores encore attaquent diverses espèces d'arbres, y vivant en partie en parasite et en partie en saprophytes, pénétrant par des blessures, creusant les tiges en désorganisant le bois de cœur, et gagnant peu à peu sur le bois jeune et sain. Les exemples qui précèdent suffiront pour faire connaître d'une façon générale la façon dont ils envahissent et corrodent les bois, mais il conviendra peut-être de mentionner encore d'une façon spéciale les dégâts extrêmement considérables que cause non pas sur les arbres sur pied, mais sur les bois de construction, un champignon voisin des Polypores, le *Merulius lacrymans*.

Merulius lacrymans (Wulf.) Schum.

Syn. : *Boletus lacrymans* Wulfen. — *Merulius lacrymans* Schum. —
Merulius destruens Pers.

Le réceptacle de ce Champignon ne porte pas, comme celui des Polypores, des tubes hyménophores étroits et profonds, mais seulement de petits plis saillants unis en réseau les uns aux autres et sur lesquels est étendu l'hyménium.

Le *Merulius lacrymans* n'est pas un parasite dangereux pour les arbres de nos bois, mais c'est le plus redoutable destructeur des bois de charpente. C'est à des millions qu'il faudrait évaluer les ravages qu'il a causés dans les constructions, depuis une cinquantaine d'années. Il est extrêmement répandu dans toute l'Europe. Il a été reconnu en Allemagne par Gœppert et Hartig comme la cause de très graves dommages, à l'occasion desquels ont été faites les études très consciencieuses qui ont fait connaître en détail le genre de vie de ce dangereux champignon. On l'a signalé en Russie, jusqu'en Sibérie et aussi sur bien des points de l'Amérique du Nord. En France, il est certainement fort commun en bien des points où il n'a pas été encore reconnu. Ce sont les dégâts qu'il a produits qui le signalent çà et là à l'attention, bien que souvent on attribue la pourriture des bois qu'il produit à de tout autres causes qu'à l'invasion d'un Champignon.

S'il est fort commun sur les bois de construction dans les villes, il paraît fort rare dans les forêts sur les arbres.

Longtemps on a pensé qu'il n'attaquait jamais les arbres sur pied, mais M. Ludwig l'a trouvé en 1884, en Allemagne, dans un massif de résineux, sur des arbres encore vivants et qui venaient d'être abattus. Il peut donc être parasite; mais il ne semble pas que dans les bois il trouve comme dans les villes les conditions qui favorisent sa multiplication et son prodigieux développement.

C'est surtout les bois résineux qu'il attaque; il corrode de préférence les charpentes et les planches de Sapin et de Pitch-pin; mais il peut aussi produire la pourriture de toutes sortes de bois et en particulier du Chêne. Toutefois, c'est presque toujours une pièce de bois résineux qu'il attaque d'abord et où il forme le premier foyer d'où l'infection va se répandre. De la solive de Sapin qu'il a envahie d'abord, il gagne rapidement, non pas seulement les solives voisines, mais des feuilles de parquet et des lambris de Chêne.

Le bois attaqué par le *Merulius lacrymans* prend une couleur d'un brun jaunâtre. Cette coloration en brun précède une perte de substance et une diminution de volume des éléments du bois qui se manifeste par la formation de fentes nombreuses et profondes, qui se croisent à angle droit. Le bois envahi par le mycélium du *Merulius* se crevasse à peu près comme celui qui est attaqué par le *Polyporus vaporarius* mais les fentes ne sont pas remplies par des lames de mycélium feutré. Le bois ainsi altéré absorbe l'eau du dehors plus vite et en plus grande quantité que le bois sain. Quand il est imprégné d'eau, ce qui a lieu quand il est placé dans le milieu humide, nécessaire à l'active végétation du *Merulius*, les fentes y sont peu visibles ; il a alors à peu près la consistance d'un beurre très ferme, on peut le couper très aisément avec un rasoir pour l'observer au microscope. Desséché, il perd beaucoup de son volume les fentes qui le traversent s'ouvrent ; il est friable et se réduit en poussière quand on le presse entre les doigts. A la surface des pièces de bois ainsi altérées, on voit fort souvent, quand elles ont été placées dans un milieu où l'air est confiné et humide, un revêtement blanc, délicat, ayant la consistance d'une fine toile d'araignée et qui, par places, se continue en cordons d'un blanc légèrement grisâtre qui s'étendent au loin et vont s'épanouir en lames feutrées, en toiles déliées et molles, sur les murs humides aussi bien que sur les pièces de bois elles-mêmes (fig. 166).

Ces toiles, ces cordons, ces peaux, sont formées par les filaments entrecroisés et feutrés du *Merulius lacrymans*. Dans une atmosphère humide, ils se couvrent de goutelettes que l'on a comparées à des larmes : d'où le nom de pleureur (*lacrymans*), que l'on a donné au Champignon des charpentes.

Les filaments déliés qui recouvrent les bois sains, pénètrent dans leur intérieur, s'y ramifient en envoyant dans toutes les directions, de fines branches qui percent les parois des fibres et secrètent le liquide chargé de ferment qui en dissout la substance même.

FIG. 166. — *Merulius lacrymans.*

Mycélium répandu sur le bois altéré émettant des cordons. En haut de la figure un réceptacle formé à la surface du bois.

Les hyphes du *Merulius lacrymans*, incolores et cloisonnées, portent assez fréquemment au niveau des cloisons, des boucles qui présentent, d'après les observations de M. R. Hartig, une disposition très particulière
et tout à fait caractéristique qui permet de distinguer
avec sûreté ce Champignon dans de petits fragments du
bois qu'il a attaqué (fig. 167) (1).

Les boucles se voient fréquemment sur les hyphes de
beaucoup d'Hyménomycètes,
mais elles sont d'ordinaire
formées simplement d'une
dilatation en forme de tube
courbé en demi-cercle qui
fait communiquer les deux
cellules entre lesquelles se
trouve une cloison. Dans le
Merulius lacrymans, de cette
sorte d'anse tubuleuse, part
souvent une ramification latérale qui s'allonge en un
filament qui lui-même porte aussi des boucles.

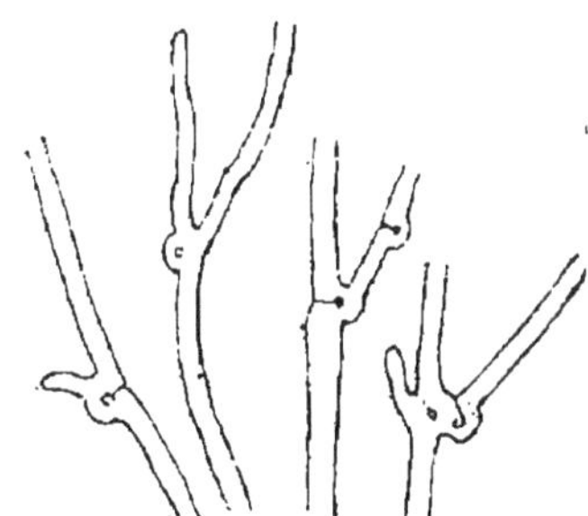

FIG. 167. — HYPHES *de Merulius
lacrymans*.
(D'après M. R. Hartig.)

Le mycélium du *Merulius lacrymans* ne peut vivre
que dans un milieu humide ; exposé à la sécheresse, il
meurt rapidement et ne revient pas à la vie quand on le
met de nouveau à l'humidité. Les toiles et les longs cordons qui, dans un air confiné et saturé de vapeur d'eau
végètent puissamment, sont tués en quelques instants
par un courant d'air sec.

Ceux qui sont à l'intérieur du bois peuvent rester longtemps vivants dans des pièces placées au sec. La durée
de leur résistance varie naturellement selon l'épaisseur
de la pièce, la quantité d'humité qu'elle contient, la si-

(1) R. Hartig, *Der ächte Hausschwamm*. Berlin 1885.

tuation dans laquelle elle est placée, etc. Mais il ne faut jamais conclure de la mort des filaments qui couvrent la surface du bois à la destruction totale du champignon. Il est bien difficile de déterminer la durée possible de la vie des filaments du mycélium à l'intérieur de bois laissés à l'air libre.

Les réceptacles du *Merulius lacrymans*, se produisent sur les peaux feutrées qui couvrent la surface des bois et des murs humides. Ce sont le plus souvent de grandes plaques de forme assez irrégulière qui, d'abord blanches comme de la craie, prennent ensuite au milieu une couleur brune et se couvrant de plis sinueux qui, un peu plus tard, se réunissent de façon à former un réseau à mailles assez inégales de 1 à 2 millimètres de diamètre. Ils sont revêtus d'un hyménium à basides allongées claviformes, portant des spores elliptiques ou ovoïdes, un peu bombées d'un côté, de 10 à 11 μ de longs sur 5 à 6 μ de large, à parois lisses, d'un jaune orangé foncé. Ces spores qui naissent en quantité prodigieuse sur chaque réceptacle, sont d'une trop grande ténuité pour qu'on les puisse distinguer à l'œil nu, mais réunies en grand nombre, elles forment une poussière brune qui se dépose sur tous les objets du voisinage et même souvent à grande distance. Sur les vieux bois provenant de démolitions, on peut souvent reconnaître à l'aide du microscope, ces spores très nettement caractéristiques du *Merulius lacrymans.*

Les spores paraissent conserver fort longtemps leur faculté germinative. M. R. Hartig en a vu germer au bout de sept ans. La première condition pour qu'elles se développent est que les bois sur lesquels elles sont déposées soient humides. Les bois récemment abattus, en sève et non encore bien secs, sont particulièrement exposés à être infectés. Quand ils sont placés dans un endroit humide et confiné, les spores y germent souvent en grand nombre, comme Poleck l'a directement observé.

D'après les observations de M. R. Hartig, les matières azotées qui dégagent de l'ammoniaque et le carbonate de potasse favorisent singulièrement leur germination. Les cendres et les escarbilles de coke devraient donc être absolument proscrites comme matières pouvant servir à remplir l'intervalle des solives, car elles contiennent de la potasse. Il faut aussi éviter que de l'urine soit répandue sur les bois; le voisinage même de latrines dégageant de l'ammoniaque doit être considéré comme une cause favorisant la germination des spores du *Merulius*.

La manipulation des bois pourris qui peuvent être chargés de spores est toujours fort dangereuse et devrait être soigneusement évitée; les bois attaqués devraient être brûlés sur place; en les transportant au loin, on risque de disséminer le mal. Même les bois sains provenant de démolitions peuvent, s'il y avait dans la maison démolie, du *Merulius* ayant fructifié, porter avec eux l'infection et placés dans un chantier auprès de bois neufs et sains, leur communiquer des germes invisibles de pourriture.

Dans toutes les villes où on a reconnu la présence du *Merulius* dans une construction, quelques soins que l'on prenne pour éviter le transport de ses spores sur les pièces de bois que l'on veut employer, on ne peut pas affirmer qu'il n'y en aura pas quelqu'une qui, emportée par le vent, ne se sera pas déposée à leur surface. Là, il est impossible de les distinguer. On doit donc considérer qu'il est absolument dangereux de placer les bois, les bois résineux surtout, dans un milieu confiné et humide qui favorise la germination des spores et l'active végétation du *Merulius lacrymans*.

Le mycélium joue un rôle très important dans la propagation et l'extension du mal. Qu'une poutre de sapin infectée en un point par le mycélium du *Merulius*, soit placée dans une cave ou dans un cellier humide, sans soupiraux, en même temps que la pourriture gagne dans l'intérieur du bois, les filaments du mycélium forment à sa surface une toile feutrée, d'où des cordons poussent dans toutes les directions, gagnent les poutres voisines jusqu'alors saines et souvent de proche en proche atteignent les portes, les parquets du rez-de-chaussée, les lambris sous lesquels le champignon fructifie, et l'infection devient générale.

L'aération, la libre pénétration d'un courant d'air sec dans l'espace où se trouve le bois sont le meilleur, le seul remède vraiment efficace pour arrêter les dégâts du Champignon des charpentes.

AGARICINÉES.

Dans les *Agaricinées* la partie fertile du réceptacle n'est pas plane comme dans les *Stereum* ni couverte de pointes comme dans les Hydnes, ni chargée de tubes comme dans les Polyporées; elle porte des lames plus ou moins saillantes que revet l'hyménium. Elles sont presque toujours disposées en rayons à la face inférieure d'un réceptacle très développé et qui, dans la plupart des cas, est différencié en un chapeau en forme de parasol et un pied qui est le centre vers lequel rayonnent les lames hyménophores. Ce pied porte le chapeau le plus souvent par le milieu, plus rarement par le côté. Les formes dans lesquelles le pied manque et où le chapeau est attaché sur le côté et à la forme d'un éventail, se rencontrent chez les Agaricinées mais y sont assez rares.

La plupart des Agaricinées vivent en terre, dans un sol

mélangé de beaucoup de débris organiques. Il en est peu qui, se montrant souvent sur du bois mort, où ils vivent en saprophytes, peuvent aussi attaquer des arbres vivants et les tuer. Le plus important par la très grande variété des plantes qu'il atteint et par l'intensité du dommage qu'il cause, est l'*Armillaria mellea*, Champignon commun par toute l'Europe et qui est fort bien connu, grâce aux belles études dont il a été le sujet (1).

Armillaria mellea (Fl. Dan.) Quélet.
(Pourridié des arbres)

Syn. : *Agaricus melleus* Fl. Dan.

Ce Champignon vit en saprophyte et en parasite. Son mycélium pénètre dans les racines vivantes d'arbres d'espèces fort diverses, se développe dans l'écorce et dans les couches extérieures du bois; des racines il gagne le bas du tronc, et là il produit au niveau du sol des touffes de réceptacles d'un jaune pâle que l'on mange dans bien des pays. Il attaque aussi bien les résineux que les arbres feuillus des forêts, les Pommiers des vergers, les Mûriers, les Figuiers et même les Vignes. Il cause alors une des maladies que l'on confond avec d'autres sous le nom général de *pourridié*.

Le bois des arbres envahis par l'*Armillaria mellea* n'est désorganisé que dans les parties basses du tronc, et la destruction n'y pénètre pas bien profondément, jamais au delà de 10 centimètres; mais comme ce sont les parties extérieures, c'est-à-dire les plus vivantes des racines et de

(1) Rob. Hartig, *Wichtige Krankheiten der Waldbaüme.* Berlin 1874. — Brefeld, *Bot. Untersuchungen üb. Schimmelpilze* III. Heft. 1877.)

la souche, les couches cambiales et le liber qui sont tuées, la mort de l'arbre en est à bref délai la conséquence fatale.

Ainsi que cela a lieu pour la plupart des arbres attaqués par des parasites, on ne peut, le plus souvent observer sur le tronc et les racines que la partie végétative, le mycélium. Les réceptacles de l'*Armillaria mellea* n'apparaissent sur les souches qu'il tue qu'à certains moments et assez rarement, mais la connaissance des particularités que présente son mycélium permet de déterminer sinon avec une complète certitude, du moins avec beaucoup de probabilité, sa présence dans les arbres attaqués, quand même il n'y fructifie pas.

Le mycélium de l'*Armillaria mellea* ne se présente pas seulement dans l'intérieur du tronc sous forme de filaments déliés pénétrant dans les tissus qu'ils rongent ou de lames feutrées qui s'étendent entre l'écorce et le bois, mais il se répand aussi au dehors, dans le sol, autour de l'arbre attaqué, et rampe à la surface de l'écorce des racines, offrant alors l'aspect de cordons d'un brun foncé (fig. 168),

Fig. 168.
Armillaria mellea.
Rhizomorphe de grandeur naturelle.

dont la croûte cassante renferme une sorte de moelle blanche. Ces cordons radiciformes connus depuis longtemps ont été désignés sous le nom de *Rhizomorpha fragilis* Roth. On les considérait comme une espèce particulière de Champignon au même titre que les

Sclerotium. On sait aujourd'hui que des Champignons fort divers ont comme l'*Armillaria mellea* un mycélium dont les filaments se réunissent ainsi en cordons dans lesquels les plus extérieurs se différencient pour former une écorce brune, ce qui les fait ressembler à des racines d'arbre. Le terme de rhizomorphe doit être conservé pour désigner non plus un Champignon spécial, mais une forme particulière de mycélium.

Le rhizomorphe de l'*Armillaria mellea* est celui qui a été le plus souvent étudié et qui est le mieux connu.

Se développant librement en terre ou à la surface d'une racine, c'est un cordon cylindrique ou un peu aplati, d'une couleur foncée presque noire qui a un diamètre d'environ 3

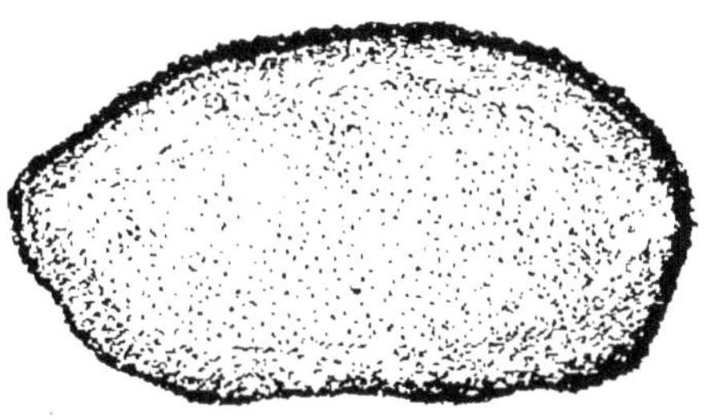

Fig. 169. — *Agaricus melleus.*

Coupe transversale d'un rhizomorphe un peu grossi.

à 4 millimètres le plus souvent. Seule, la portion extérieure du rhizomorphe est noire dure et friable; c'est une écorce ayant à peu près l'épaisseur d'un papier épais, formant un tube à l'intérieur duquel s'étend un écheveau de filaments déliés et blancs qui constituent la moelle du rhizomorphe (fig. 169).

L'écorce est formée vers l'extérieur d'hyphes à parois épaisses et fortement colorées, divisées par des cloisons transversales assez rapprochées pour que chacune des divisions soit à peu près quatre fois aussi longue que large (fig. 170 et 171). Elles s'étendent parallèlement dans le sens de la longueur du cordon; très intimement soudées les unes aux autres, elles ne laissent pas entre

elles de méats. Les hyphes de la partie interne de l'é-
corce sont plus grosses, ont des parois moins épaisses
et sont moins serrées; cette portion intérieure du tube
est d'un brun clair. Elle entoure les nombreux filaments
minces à parois assez épaisses peu ramifiées, et rarement
cloisonnés qui s'étendent à l'intérieur du tube cortical
en parcourant la longueur du rhizomorphe, dont ils forment la partie médullaire. Ces filaments naissent des

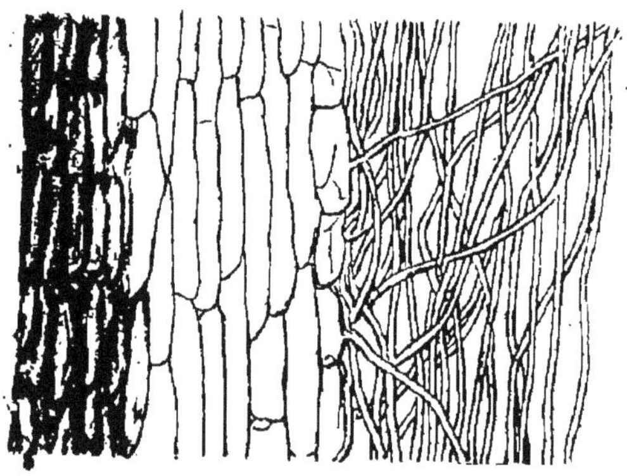

FIG. 170. — *Armillaria mellea.*
Coupe longitudinale de la partie extérieure du rhizomorphe
plus fortement grossi.

cellules de la couche interne de l'écorce dont elles sont
des ramifications très déliées et très longues. Le rhizomorphe s'allonge par son extrémité; la partie terminale
est en forme de cône; elle est remplie par des cellules
médullaires courtes qui forment un tissu assez lâche.

Quant la partie corticale grandit, ces cellules se dissocient et forment la couche interne de l'écorce qui
donne naissance aux fibres déliées de la partie médullaire du rhizomorphe parvenu à sa taille définitive.

L'extrémité jeune et en voie de croissance du rhizomorphe est recouverte d'une couche gélatineuse par-

courue par de nombreux filaments qui sont en continuité avec les files de cellules qui doivent devenir la
partie corticale externe du rhizomorphe.

Les rhizomorphes que l'on voit courir à la surface
des racines portent souvent çà et là des ramifications
latérales disposées sans
ordre régulier. Ils peu-
vent pénétrer dans les
racines. Ils y forment
alors en s'épanouissant
sous l'écorce, des lames
qui à partir du point
par où le cordon est
entré dans la racine,
s'étendent en éventail
dans toutes les direc-
tions (fig. 172). Cette
lame peu colorée, lobée
sur les bords, rappelle
encore la structure
des rhizomorphes exté-
rieurs. On y trouve une
écorce bien plus mince,
peu ou même point co-
lorée, entourant une
partie médullaire. Cette
écorce, ordinairement

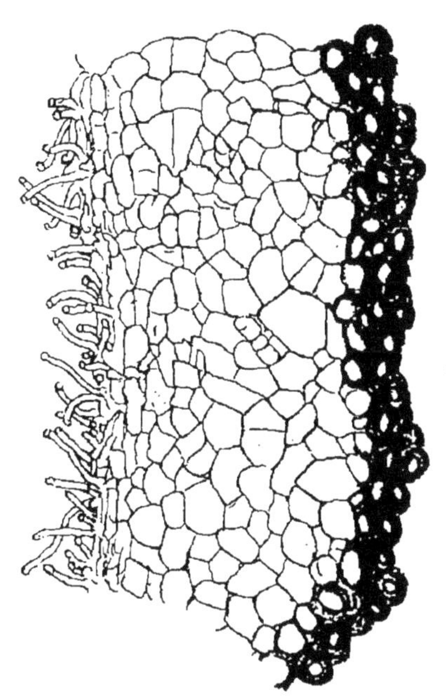

Fig. 171. — *Armillaria mellea.*

Coupe transversale de la partie extérieure d'un rhizomorphe au même grossissement que la fig. 170.

réduite à deux ou trois couches de cellules, forme une
mince peau qui adhère fortement au bois et au liber.
Elle y est si intimement soudée que quand on détache
l'écorce de l'arbre, on déchire presque toujours le
rhizomorphe par la moitié, de telle façon que c'est sa
partie médullaire d'un blanc pur qui apparaît tant sur
l'écorce que sur la surface dépouillée du bois. Ces sortes

de rhizomorphes aplatis sous l'écorce sont désignés sous
le nom de rhizomorphes sous-corticaux (fig. 173) (*Rhizomorpha subcorticalis*), en opposition avec les rhizomor-

Fig. 172. — *Armillaria mellea.*

Rhizomorphe s'épanouissant en lames sous l'écorce (de grandeur naturelle).

phes extérieurs en cordons qui sont dits rhizomorphes
souterrains (*Rhizomorpha subterranea*).

Dans les peaux très minces du rhizomorphe sous-cortical la partie médullaire manque souvent complètement ou est réduite à quelques hyphes.

De la surface du rhizomorphe sous-cortical partent des filaments mycéliens qui se ramifient et s'enfoncent d'un côté dans le liber et l'écorce, de l'autre dans le corps ligneux où ils pénètrent principalement par les rayons médullaires. Des rayons médullaires ils gagnent

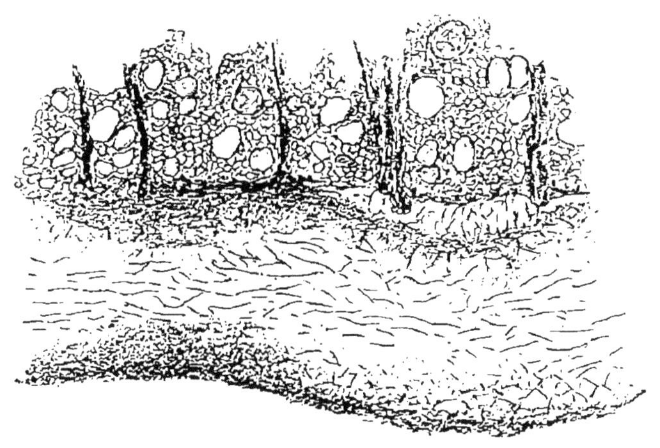

FIG. 173. — *Armillaria mellea.*
Coupe du Rhizomorphe étalé en lame sous l'écorce.

le bois et on les voit en quantité à l'intérieur des vaisseaux. Dans les arbres résineux, ils pénètrent dans les canaux résinifères et les cellules de parenchyme ligneux qui les entourent, ils les détruisent et produisent l'écoulement de la térébenthine qui va s'accumuler dans l'écorce et y former des boules de résine.

Les fructifications de l'*Armillaria mellea* se forment en octobre autour des arbres attaqués, soit sur la base même du tronc que recouvre sous l'écorce une lame de rhizomorphe, soit sur les cordons de rhizomorphe qui s'étendent dans le sol. Les réceptacles naissent tantôt isolés à l'extrémité ou près de l'extrémité d'un cordon, tantôt en touffe. Ils sont d'une couleur jaunâtre que l'on a comparée à celle du miel. Ils sont composés d'un chapeau de consistance charnue et tendre, d'abord un peu bombé, puis aplati. Sa surface supérieure d'un jaune miel ou brunâtre, est couverte de poils écailleux; son bord est mince et strié (fig. 174). Sa face inférieure fertile porte des lamelles hyménophores rayonnantes, écartées, d'abord blanchâtres, puis couleur de chair ou tachées de brun, qui se prolongent plus ou moins sur le pied. Le pied d'abord plein et spongieux, puis creux, porte près de son sommet un large anneau blanchâtre reste du voile qui à l'état jeune recouvrait la face inférieure du chapeau et s'est détaché de son bord.

M. R. Hartig a suivi tout le développement du réceptacle de l'*Armillaria mellea*. Au-dessous d'un point de la surface d'un rhizomorphe où se forme une touffe de poils, se développe sur le côté interne de son écorce un tissu qui ressemble à du parenchyme et qui est formé d'hyphes à grosses cellules irrégulièrement entrelacées. Il crève l'écorce et apparaît au dehors. A ce premier état le réceptacle naissant ne diffère pas d'un rudiment de ramification du rhizomorphe.

Le petit corps naissant grossit et s'allonge à peu près en forme de poire. Près de l'extrémité qui est amincie se forme un sillon circulaire qui sépare le pied de ce qui sera le chapeau (fig. 175 et 176). Ce mode de formation répond à celui que l'on observe chez les Agaricinées, dépourvues de voile. L'*Armillaria mellea* en a un cependant. Tandis que le sillon circulaire se creuse, parce que sur ce point la croissance des hyphes s'arrête, sur ses bords, au-dessus et au-dessous, les hyphes s'allongent au contraire beaucoup; celles du dessus se dirigeant vers le bas, celles du dessous vers le haut se rejoignent par-dessus le sillon qui bientôt n'est plus

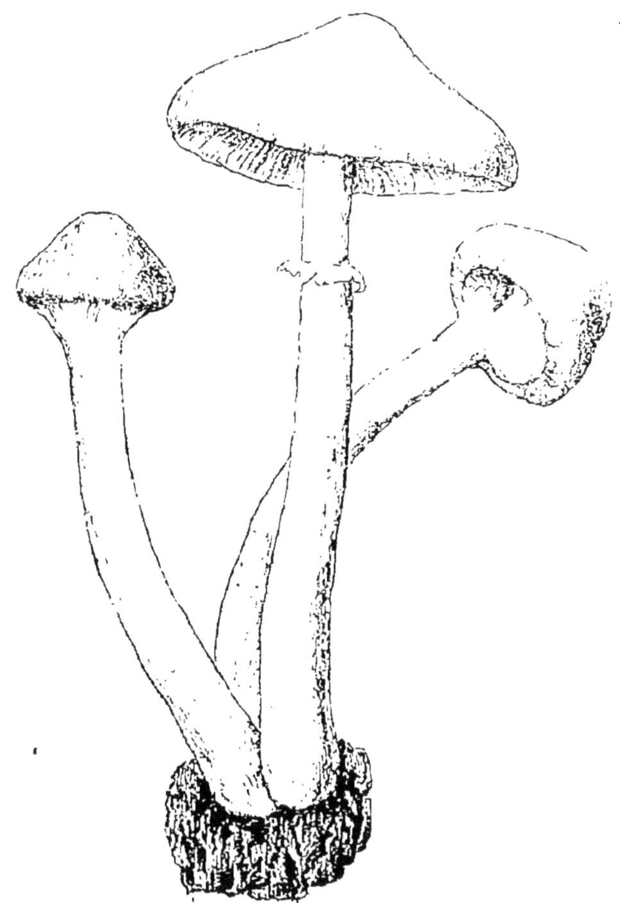

Fig. 174. — *Armillaria mellea.*

visible extérieurement. Il est caché par une couche lâchement feutrée d'hyphes qui s'entremêlent et se confondent de telle façon, que le sillon complètement recouvert paraît s'être formé dans l'intérieur même du

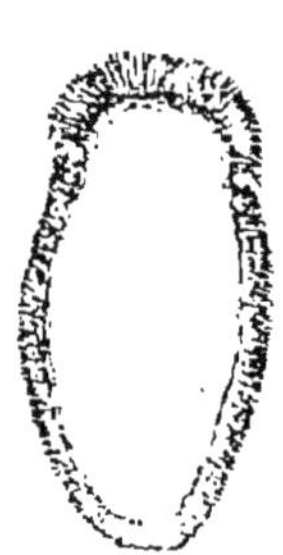

Fig. 175.

*Armillaria mel-
lea.*

Réceptacle très jeune.
(D'après M. R. Har-
tig.)

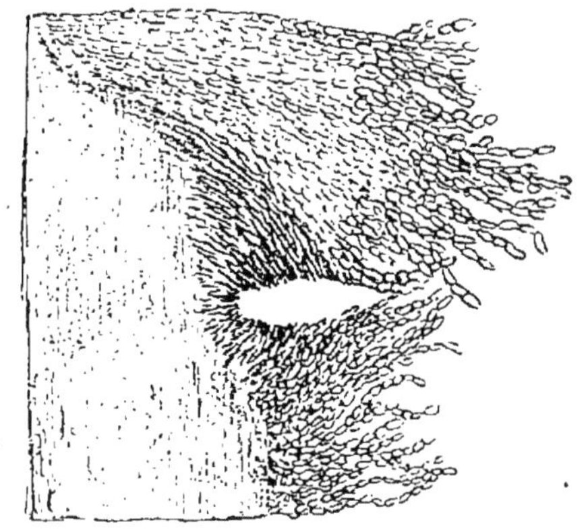

Fig. 176. — *Armillaria mellea.*

Partie de la figure 175 plus grossie.
(D'après M. R. Hartig.)

corps du réceptacle naissant (fig. 177).

Le pied reste quel-
que temps encore gros
et très épais dans sa
partie inférieure et
porte à son sommet
un chapeau extrême-
ment petit qui est,
ainsi que la partie su-
périeure du pied, cou-
vert de touffes de
poils. Si on fait une
coupe longitudinale
du jeune réceptacle à
ce moment on voit
qu'au-dessus du sillon
caché, les hyphes se

Fig. 177. — *Armillaria mellea.*

État plus avancé du développement de la partie
représentée fig. 176. (D'après M. R. Hartig.)

sont développées horizontalement pour constituer le tissu du chapeau dont le bord s'enroule au-dessus de l'espace vide répondant au sillon primitif qui s'est agrandi. Toute la surface inférieure du chapeau est formée par des hyphes dirigées perpendiculairement et qui forment la couche hyméniale. Elle est d'abord plane, puis sur des lignes radiales, les hyphes prenant un plus grand accroissement, forment les lamelles qui s'étendent, du bord du chapeau, les unes jusqu'au pied, les autres seulement jusqu'au milieu de la distance entre le bord et le pied, ou même ne se forment que près du bord.

Quand le chapeau a grandi et que les lames hyménophores se sont constituées à l'abri du voile qui s'étend du bord du chapeau au pied, ce voile se déchire sur le bord du chapeau et restant adhérent au pied, forme autour de celui-ci ce que l'on nomme l'anneau (*armilla*).

L'hyménium qui tapisse les lamelles est composé de basides en massue, dont une partie seulement portent 4 spores à l'extrémité de fins stérigmates. Ces spores sont ovoïdes et pointues à leur partie inférieure. Elles germent en moins de 24 heures, en produisant un ou deux tubes de germination.

M. Brefeld en a suivi le développement en les cultivant dans un liquide nutritif, du jus de pruneaux. Au bout de huit jours, le tube de germination en se ramifiant avait formé un fin mycélium primaire rayonnant dans tous les sens. Au milieu de la place ronde, large de quelques millimètres qu'il occupait, il se forma des touffes de ramifications dressées qui s'entremêlaient et se serraient les unes contre les autres, de façon à produire une sorte de peloton. En se gonflant, les hyphes de ce peloton prirent la structure d'un pseudoparenchyme. La plus grande partie de la surface extérieure de ces petits corps se colora en brun. Sur un certain nombre d'entre eux, il se forma sur des places restées incolores de la partie ne sortant pas du liquide nutritif, un ou plusieurs points de végétation qui produisirent des cordons mycéliens semblables au rhizomorphe souterrain. Ils cessèrent bientôt de s'accroître, mais quand on leur fournit une nourriture plus abondante en les cultivant sur du pain, ils se développèrent puissamment en produisant de nombreuses ramifications et prirent même la forme sous-corticale. A l'intérieur du pain ils restaient incolores, à l'air leur écorce brunissait.

La germination des spores de l'*Armillaria mellea* doit se produire ainsi dans les bois, au milieu des matières organiques en décomposition, et le jeune rhizomorphe développé en saprophyte peut, en pénétrant dans les racines, devenir parasite et causer les dégâts que l'on est impuissant à combattre.

L'*Armillaria mellea* attaque souvent les Pins, et se propageant de proche en proche par ses rhizomorphes, envahit tous les arbres voisins, les tue et produit ainsi des ronds dépeuplés qui grandissent aux dépens des arbres du pourtour. On a proposé d'entourer ces places qui sont de véritables foyers d'infection, de fossés faits au delà du terrain déjà envahi, mais on n'empêche pas ainsi la production des fructifications et la propagation par les spores.

Les Épicéas et les Mélèzes sont attaqués par l'*Armillaria mellea* aussi bien que les Pins.

Il vit souvent en saprophyte sur le bois mort des arbres feuillus sans causer de dommage dans les forêts où on récolte en abondance ses réceptacles qui sont comestibles, mais il se développe aussi en parasite sur les racines des arbres non résineux et les tue. Il attaque souvent les arbres fruitiers de toutes sortes et aussi les Vignes. On l'a maintes fois vu tuer les Figuiers dans le

Midi de la France, et en bien des points il cause la plus dangereuse et la plus répandue des maladies du Mûrier dont il envahit les racines et le tronc.

Dans cette même région, il est bien connu des paysans qui le désignent sous le nom de « *soucarel* », et ils appellent le mycélium visible sur les racines le « vif-argent » (*argen vio*), à cause de la propriété qu'il possède d'être phosphorescent à l'obscurité.

CHAPITRE VII.

ASCOMYCÈTES.

On désigne sous le nom d'*Ascomycètes* les Champignons dans lesquels les spores se forment non pas à l'extrémité de filaments conidiophores ou de basides, mais à l'intérieur de cellules que l'on nomme *asques* ou *thèques*.

De même que la baside est un conidiophore qui a une forme spéciale et qui porte un nombre de spores déterminé, l'asque est un sporange qui a une forme et une taille déterminées et qui contient à son intérieur un nombre fixe de spores.

Les Ascomycètes peuvent du reste avoir d'autres organes de fructification que des asques et produire, comme formes secondaires, des conidies et des téleutospores. Mais la fructification par asques est la forme la plus élevée, et celle qui est considérée comme caractérisant spécialement les Ascomycètes.

L'asque ou thèque est une cellule à paroi peu épaisse et hyaline, le plus souvent en forme de massue, parfois mince et allongée en tube, ou bien au contraire globuleuse, mais ayant une forme fixe et caractéristique pour chaque espèce.

Quand il se développe, l'asque est d'abord rempli d'un

plasma, dans lequel se trouve un noyau, puis ce noyau se divise en deux à plusieurs reprises; le plus souvent il se forme ainsi par asque huit noyaux qui deviennent le centre d'autant de masses de plasma et s'organisent en spores. Il y a ainsi d'ordinaire huit spores par asque; on en peut cependant parfois trouver un nombre différent variant depuis deux jusqu'à un multiple de deux supérieur à huit.

Au moment de la maturité, les asques deviennent ordinairement très turgescents en absorbant de l'eau du dehors. Il se forme en même temps à leur extrémité une ouverture, soit qu'il s'y produise une fente, qu'il se détache du sommet de l'asque une sorte de couvercle ou d'opercule, ou que la paroi souvent épaissie en cette place, se perce d'un trou ou pore; et les spores, sous l'action des gonflements de l'asque, sont expulsés et souvent même projetés au loin avec une grande force.

Le plus ordinairement les asques sont portés sur une masse charnue ou compacte, produite par les hyphes du champignon constituant une sorte de fruit, un réceptacle, qui sur une partie de sa surface, porte les asques serrés les uns contre les autres et formant une couche fertile ou hyménium.

Mais de même que dans les Basidiomycètes, à côté des Champignons ayant un réceptacle revêtu d'un hyménium, on trouve des formes très simples où les basides sont directement portées par le mycélium, comme l'*Exobasidium* et les *Hypochnus* nous en ont fourni des exemples, de même il y a des Ascomycètes dont les asques naissent directement du mycélium. Ils forment un groupe spécial que l'on désigne du nom de Exoascées, par opposition aux Ascomycètes a réceptacle fructifère que l'on réunit sous le nom de Carpoascées.

EXOASCÉES.

Exoascus et Taphrina.

Parmi ces Ascomycètes très simples se trouve le groupe des *Exoascus* qui sont des parasites dont plusieurs causent d'importants dommages aux arbres fruitiers.

Les *Exoascus* ont pour organes reproducteurs des asques qui se forment le plus souvent en grand nombre et serrés les uns contre les autres entre l'épiderme et la cuticule de la plante nourricière qu'ils envahissent. Certaines espèces ont un mycélium extrêmement réduit qui ne pénètre pas dans l'intérieur des tissus de la plante nourricière, mais végète entre l'épiderme et la cuticule; d'autres ont un mycélium beaucoup plus développé qui se glisse entre les cellules du parenchyme, au-dessous de l'épiderme, et exerce sur leur développement une action irritante qui se traduit extérieurement par des tuméfactions et des déformations des organes envahis.

Ce mycélium est vivace au moins dans les espèces où il se développe sur les jeunes tiges et les bourgeons à l'intérieur desquels il hiverne. Au commencement de la période de végétation de la plante nourricière, il pénètre dans les jeunes organes en voie de développement dans le bourgeon, et soit qu'il ne s'étende qu'entre l'épiderme et la cuticule, soit qu'il se ramifie à l'intérieur du parenchyme sous-épidermique, c'est toujours au-dessus de l'épiderme que se forment les asques qui tantôt se montrent remplis d'un grande quantité de spores, tantôt n'en contiennent que 8.

On avait établi, d'après ce caractère, les deux genres *Taphrina* et *Exoascus*, attribuant au genre *Taphrina* les espèces dont les asques contiennent des spores en nombre indéfini, et au genre *Exoascus* celles dont les asques n'ont que 8 spores; mais une étude attentive a fait reconnaître que cette division n'est véritablement pas fondée sur un caractère important et fixe.

La germination des spores des *Exoascus* se fait ordinairement à la façon des levûres, chaque spore produisant une sorte de spore secondaire. Régulièrement les asques mûrs de toutes les espèces de *Taphrina* et d'*Exoascus*, contiennent 8 spores, mais c'est un phénomène très ordinaire que ces spores germent dans l'asque lui-même pendant qu'il est encore fermé et produisent par bourgeonnement de nombreuses spores secondaires qui se multiplient de même. C'est ainsi que l'asque se trouve rempli tout entier par un grand nombre de spores. Ce mode spécial de germination des spores dans les asques ne saurait fournir un caractère solide pour différencier génériquement les *Taphrina* des *Exoascus* (1). M. Sadebeck qui a fait des *Exoacus* une étude très approfondie, a rétabli les deux genres distincts d'*Exoascus* et de *Taphrina*, mais en les fondant sur les caractères tirés de la végétation qui est différente dans les deux groupes (2).

Les *Exoascus* ont, dans la plante nourricière, un mycelium vivace qui, au réveil de la végétation, envahit les feuilles nouvelles et y fructifie. La conservation de l'espèce est obtenue de deux façons : par l'infection due à la germination des spores et par la persistance du mycélium.

Les *Taphrina*, au contraire n'ont pas de mycélium

(1) L. R. Tulasne. — *Super Friesiano Taphrinarum genere.* — *Ann. des des Sc. Nat. Bot.,* série V, t. 5, p. 128, 1866.

(2) Sadebeck, *Die parasitischen Exoasceen, eine Monographie.* — *Jahrb. d. Hamburg-wissensch. Anstalten.* X. 2, Hambourg 1893.

vivace ; la conservation de l'espèce n'y est due qu'à la germination des spores.

Les dommages causés par les *Taphrina* aux plantes nourricières sont extrêmement faibles et se bornent à des taches produites sur les feuilles. Seuls les *Exoascus* produisent des déformations importantes et parfois très dommageables pour les plantes de culture comme la Cloque du Pêcher et les Pochettes des Pruniers.

Exoascus deformans (Berk.) Fuck.
(Cloque du Pêcher.)

Syn. : *Ascomyces deformans* Berk. — *Taphrina deformans* Tul.

La maladie fort commune du Pêcher qui est connue des horticulteurs sous le nom de Cloque du Pêcher, attaque principalement les feuilles de cet arbre. Sous son influence, elles s'épaississent, se contournent, s'ondulent et se crispent d'une façon très remarquable en prenant une couleur jaune pâle ou rosée (fig. 178).

La ressemblance qu'il y a entre une feuille boursouflée par la Cloque et une feuille déformée et contournée par les piqûres des pucerons, a dû faire naître la pensée d'attribuer à cette cause la maladie de la Cloque. Cette opinion longtemps admise doit être complètement abandonnée. La Cloque est due à un *Exoascus* que Tulasne a rapporté au genre *Taphrina* sous le nom de *Taphrina deformans*.

Si on compare le tissu d'une feuille atteinte de la Cloque avec celui d'une feuille saine de Pêcher, on voit que toutes les cellules de la feuille malade ont été le siège d'une multiplication considérable (fig. 179).

Dans le parenchyme vert qui, dans la feuille non al-

térée est composé de cellules allongées perpendiculairement à la surface, on voit d'abord apparaître des cloisons transversales; puis la multiplication des cellules se
continue par la formation de cloisons dirigées dans tous
les sens, et il se produit ainsi un tissu charnu, homogène,

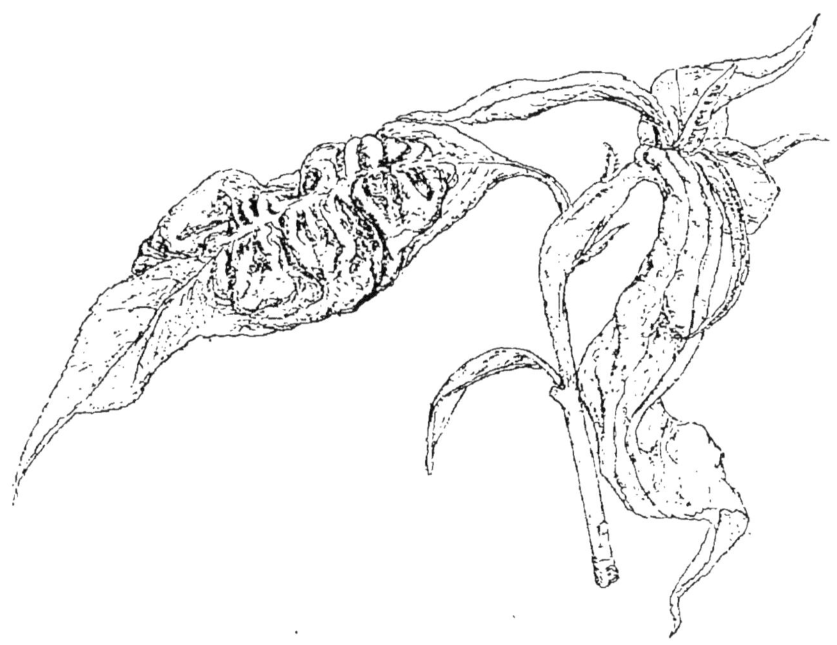

Fig. 178. — Jeune pousse de Pêcher atteinte de la Cloque
produite par l'*Exoascus deformans*.

composé de cellules pressées les unes contre les autres
et dans lesquelles il n'y a pas de chlorophylle. Pendant
ce temps, les cellules de l'épiderme se multiplient aussi,
par suite de la formation de cloisons dirigées perpendiculairement à la surface.

Ainsi dans tous les points atteints par la Cloque, la
feuille croît notablement, en surface plus encore qu'en

épaisseur; de là, les boursouflures, les saillies en forme de cloque qui caractérisent cette maladie.

Quand la Cloque prend un développement considérable, on constate que l'altération du tissu ne porte pas seulement sur les feuilles, mais aussi sur l'extrémité jeune des rameaux qui sur une partie de leur étendue deviennent épais et charnus. Dans ce cas, c'est le parenchyme vert de l'écorce qui est le siège de la multi-

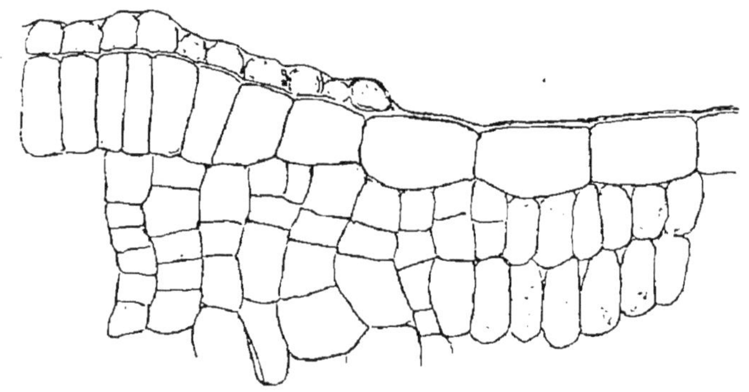

Fig. 179. — *Exoascus deformans.*
Cellules fertiles destinées à devenir des asques se produisant entre l'épiderme et la cuticule.

plication anormale des cellules. Les parties profondes, tout en prenant plus de développement qu'à l'ordinaire, contiennent encore de la matière verte, mais les couches les plus rapprochées de l'extérieur en sont dépourvues; elles se sont multipliées exactement comme celles du parenchyme de la feuille cloquée.

Au milieu de ces tissus hypertrophiés, on peut voir se glisser entre les cellules des filaments de mycélium composé de cellules généralement allongées, mais souvent dissemblables, de forme irrégulière et parfois anguleuses; elles sont plus ou moins dilatées, selon la largeur de l'espace intercellulaire dans lequel elles se sont moulées (fig. 180).

Ce mycélium est très ramifié; ses branches se terminent par de petites ramifications en forme de digitations qui s'appliquent sur les parois des cellules nourricières, sans jamais les perforer; il ne fait que s'allonger dans l'intervalle des cellules, mais sa présence les irrite, et c'est l'excitation qu'il produit qui les excite à grandir et à se multiplier d'une façon anormale.

Les branches du mycélium voisines de la couche épi-

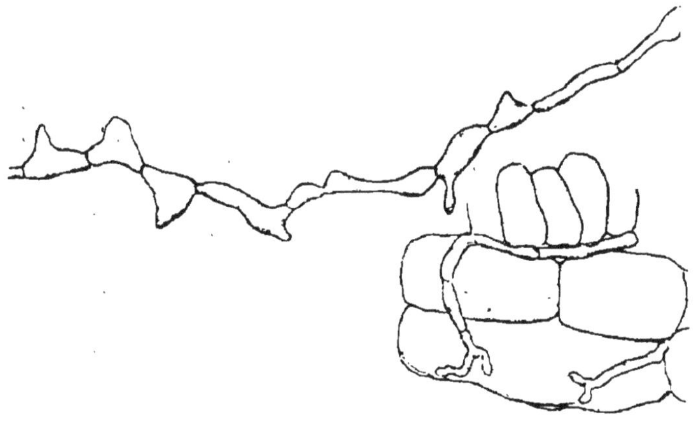

FIG. 180. — MYCÉLIUM DE L'*Exoascus deformans*.

dermique s'enfoncent dans les intervalles de ses cellules et parviennent jusqu'au contact de la cuticule qu'elles ne traversent pas tout d'abord. Elles s'étalent à la surface de l'épiderme sous la cuticule, et là se divisent en cellules à peu près globuleuses, ou un peu anguleuses, leurs faces contiguës devenant planes, lorsqu'elles se pressent les unes contre les autres. Elles ne sont pas disposées en files régulières, mais forment au-dessus de l'épiderme une sorte de membrane lacuneuse, la croissance en surface de l'épiderme ayant dissocié les articles des hyphes qui s'étendaient sur sa paroi extérieure (fig. 181).

Ces cellules arrondies situées entre l'épiderme et la cuticule sont les premiers rudiments des fructifications du parasite.

A un certain moment, on voit les feuilles cloquées de Pêcher présenter une couleur blanchâtre et prendre

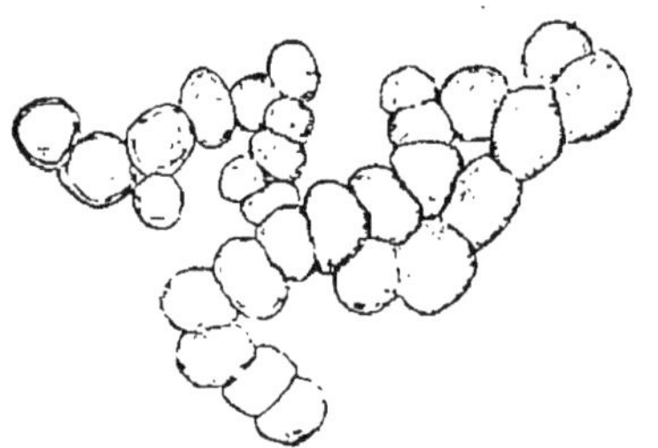

FIG. 181. — *Exoascus deformans.*
Cellules fertiles vues de dessus à travers la cuticule.

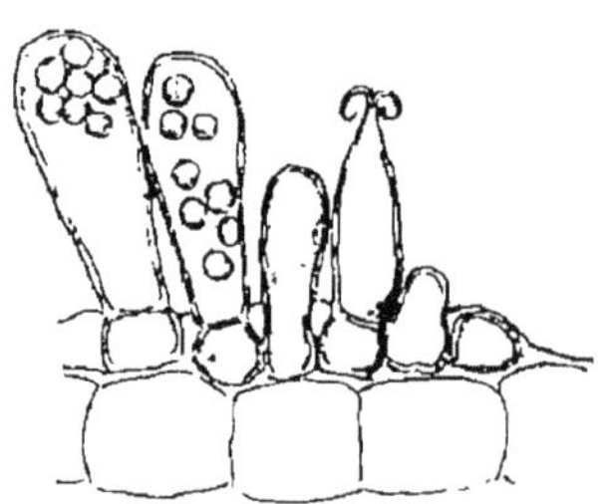

FIG. 182. — *Exoascus deformans.*
Asques mûre contenant les spores, à droite
un asque vide.

un aspect presque velouté. On trouve alors là, serrés les uns contre les autres, des asques de l'*Exoascus* à tous degrés de développement (fig. 182).

Quand la fructification va commencer à se faire, on voit la cellule globuleuse qui est une cellule isolée du mycélium sous-cuticulaire devenant fertile s'allonger et faire saillie à travers la cuticule, puis se dresser en forme de colonne. Peu après, il se forme vers le bas de cette longue cellule une cloison transversale; elle sépare la partie saillante de la portion inférieure qui lui sert de support. La première, qui est cylindrique et tronquée au sommet, est un asque dans lequel se forment par divisions répétées et successives du noyau primitif, huit noyaux qui deviennent des spores globuleuses.

Quand le moment de la maturité est arrivé, les spores qui restent incolores, s'amassent au sommet de chaque asque qui s'ouvre par une fente transversale, à travers laquelle elles sont projetées au dehors.

Placées dans l'eau, ces spores germent en produisant à la façon des levûres de petits corps à peu près semblables à elles. Ces sortes de levûres se multiplient ainsi indéfiniment par bourgeonnement (fig. 183).

Il paraît bien probable que ces spores peuvent émettre, quand elles se trouvent dans des conditions convenables à la surface de très jeunes feuilles de Pêcher, un tube de germination qui traverse la cuticule, puis pénètre entre les cellules de l'épiderme. M. Sadebeck a observé directement sur l'*Alnus incana* l'infection des jeunes bourgeons par les spores d'un *Exoascus*, l'*E. epiphyllus*; il a vu les bourgeons qu'il avait ainsi artificiellement infectés, produire de ces pousses anormales que l'on désigne sous le nom de « balais de sorcière ».

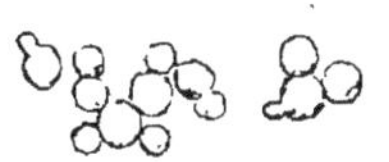

FIG. 183.
Exoascus deformans.
Spores germant à la façon
des levûres.

Les essais d'infection artificielle des feuilles ou des pousses du Pêcher par les spores de l'*Exoascus deformans* n'ont pas jusqu'ici réussi. Du reste, la Cloque du Pêcher peut se perpétuer sur les arbres sans infection nouvelle. Chaque année les arbres infectés donnent des feuilles cloquées, parce que le mycélium hiverne dans les bourgeons d'où il pénètre dans les jeunes feuilles qui se montrent cloquées l'année suivante. Les pousses d'août ne sont pas attaquées par la Cloque.

La maladie de la Cloque cause en Amérique comme en Europe de graves dommages. Les traitements par les sels de cuivre paraissent produire quelquefois de bons résultats en empêchant sans doute la multiplication par spores, mais ils sont sans effet sur le mycelium vivace caché dans les tissus.

Exoascus Pruni Fuck.
(Pochettes du Prunier.)

Syn. : *Taphrina Pruni* Tul.

L'*Exoascus* du Prunier produit la déformation non des feuilles comme celui du Pêcher, mais des jeunes pistils qui prennent sous son influence un développement tout à fait extraordinaire. Au lieu de devenir comme un pistil normal qui a été fécondé, une prune remplie de pulpe et contenant un noyau, le pistil envahi par l'*Exoascus Pruni* se transforme en une sorte de sac allongé creux, pâle, jaunâtre, parfois rougeâtre, à surface inégale. On nomme ces fruits déformés des *pochettes* dans certains pays où les Pruniers en portent des quantités (fig. 184).

Quinze jours ou un mois après la floraison du Prunier, les jeunes fruits attaqués se distinguent d'abord des fruits normaux par leur couleur d'un vert plus pâle, puis ils prennent très rapidement un développement inusité en se transformant en pochettes. Cette extension extraordinaire des parois du pistil du Prunier, dont le tissu est envahi par le mycélium de l'*Exoascus,* est tout à fait comparable à l'hypertrophie des feuilles cloquées du Pêcher. Les couches distinctes dans le pistil normal se confondent en un tissu homogène par suite de la multiplication répétée des cellules qui se cloisonnent dans tous les sens. Les cellules qui forment la paroi de la pochette sont plus petites que celles du fruit normal.

Le mycélium de l'*Exoascus* du Prunier forme de nom-

breuses ramifications qui se glissent entre les cellules
des fruits déformés. Ces hyphes ramifiées sont divisées
en cellules plus ou moins longues par des cloisons
transversales qui présentent un caractère particulier;

Fig. 184. — Cinq Prunes transformées en Pochettes par l'*Exoascus Pruni*.
Une seule Prune est demeurée indemne.

elles sont le plus souvent plus épaissies que la paroi
même de l'hyphe, ce qui donne au mycélium de l'*Exoascus* un aspect spécial et caractéristique.

On trouve ce mycélium aussi dans les jeunes rameaux
il est vivace et y passe l'hiver. Au printemps, il pénètre
dans les jeunes pistils et en envahit tout le tissu.

Des ramifications du mycélium développé dans l'intérieur de la paroi de la pochette se glissent entre les cellules de l'épiderme. Parvenues jusqu'à la cuticule,

FIG. 185. — *Exoascus Pruni.*
Asques à différents dégrés
de développement.

elles s'étendent à la surface de l'épiderme et s'y changent en cellules arrondies et courtes qui bientôt produiront les asques. Leur développement est pareil à celui des asques de l'*Exoascus* du Pêcher. Les cellules rondes s'allongent perpendiculairement à la surface de la pochette, crèvent la cuticule et prennent la forme de cylindres un peu dilatés en massue par leur partie supérieure. Une cloison transversale les sépare de la partie

FIG. 186. — CUTICULE D'UNE POCHETTE DÉTACHÉE
ET DÉCHIRÉE PAR LE DÉVELOPPEMENT DES ASQUES DE L'*Exoascus Pruni.*

inférieure qui leur sert de support (fig. 185, 187 et 188).

Les spores qui se forment dans ces asques sont semblables à celles de l'*Exoascus* du Pêcher; elles germent de même à la façon des levures, et souvent déjà dans l'intérieur des asques où on trouve des spores secondaires (fig. 187. 188).

Bien qu'on n'ait pas produit de pochettes par infection artificielle de Pruniers sains, il n'est pas douteux que les spores qu'émettent les asques qui les couvrent ne puissent produire l'infection ; mais en outre, le mycélium de l'*Exoascus Pruni* pénètre dans les jeunes rameaux du Prunier, et comme il est vivace, il s'y maintient d'année en année et envoie dans les fleurs des ramifications qui s'introduisent dans les pistils et les transforment en pochettes.

FIG. 187. *Exoascus Pruni.* Asque mûr contenant les spores.

FIG. 188. — *Exoascus Pruni.* Asques vidés et spores libres commençant à germer.

Exoascus Cerasi (Fuck.) Sadebeck.

(Balais de sorcière du Cerisier).

SYN. : *Exoascus deformans B. Cerasi* Fuckel. — *Exoascus Wiesneri* Rathay. — *Taphrina Cerasi* Fuckel.

Un *Exoascus* voisin de celui de la Cloque du Pécher attaque les jeunes rameaux du Cerisier et y produit des altérations marquées qui donnent aux pousses attaquées un aspect tout spécial ; c'est une altération de même ordre que celle que l'*Æcidium elatinum* produit sur les pousses de Sapin, et on la désigne de même du nom de « Balai de sorcière ».

Un Balai de sorcière de Cerisier est une touffe de pousses un peu déformées qui ont une tendance plus grande
à se dresser verticalement et qui sont plus ramifiées que

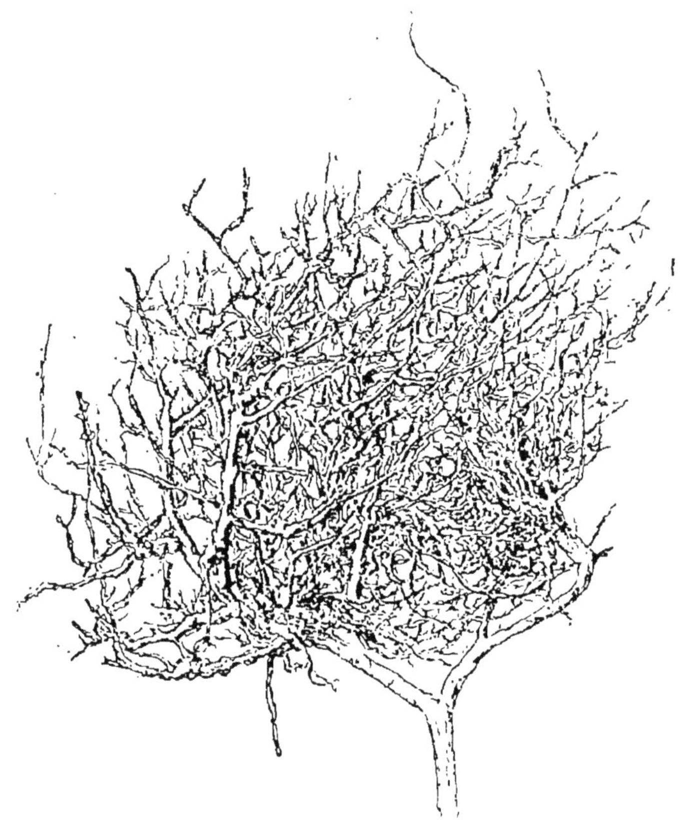

Fig. 189. — Balai de sorcière formé par l'*Exoascus Cerasi.*

les pousses normales (fig. 189). La base des pousses est
assez fortement hypertrophiée, et il n'est pas rare qu'elle
atteigne un diamètre double de celui des rameaux normaux correspondants; puis au delà d'une certaine hauteur, les pousses s'effilent et n'ont plus que l'épaisseur

ordinaire. Ces pousses sont stériles; aussi quand le Cerisier fleurit au printemps, les balais de sorcière se distinguent de loin sur les arbres blancs de fleurs.

Les feuilles que portent les Balais de sorcière ne sont pas contournées comme celles du Pêcher atteint de Cloque, mais elles ont un aspect brillant et une épaisseur double de celle des feuilles normales; et selon qu'elles sont au soleil ou à l'ombre, elles prennent une couleur rougeâtre ou vert pâle. Au mois de mai, leur surface se couvre comme celle des feuilles cloquées du pêcher, d'un revêtement blanchâtre formé par les asques mûrs de l'*Exoascus*.

Les hyphes du mycélium de l'*Exoascus Cerasi* sont composées de cellules cylindriques plus courtes que celles de l'*Exoascus deformans*. On les trouve entre les cellules, dans le parenchyme des feuilles, de l'écorce, de la moelle et des rayons médullaires des rameaux. Leur présence exerce sur les parois des cellules au contact desquelles ils se trouvent, une action particulière qui ressemble à un commencement de gommification; elles s'épaississent d'une façon extraordinaire et présentent en ces places épaissies une apparence feuilletée extraordinaire. Rien de pareil ne s'observe dans le Pêcher. Ces différences et surtout cette déformation qui produit les Balais de sorcière sur le Cerisier et que l'on ne trouve pas dans les pousses de Pêcher qu'envahit l'*Exoascus deformans*, ont été signalées par M. Rathay, qui en a conclu que c'est à tort que l'on attribuait à l'*Exoascus deformans* la production des Balais de sorcière du Cerisier. Il a désigné justement comme espèce spéciale l'*Exoascus* du Cerisier. sous le nom d'*Exoascus Wiesneri*; mais des raisons de priorité doivent faire préférer celui d'*Exoascus Cerasi* (Fuckel) Sadebeck.

D'autres espèces d'*Exoascus* produisent des Balais de

sorcière semblables à ceux du Cerisier : L'*Exoascus Insititiae* Sadeb., sur le Prunier sauvage (*Prunus insititia* L.); l'*Exoascus Carpini* Rostrup, sur le Charme (*Carpinus Betula*); l'*Exoascus turgidus* Sadeb. sur le Bouleau (*Betula alba* L.); l'*Exoascus epiphyllus* Sadeb. sur l'Aulne (*Alnus incana* L.). Une espèce très voisine (*Exoascus amentorum* Sadeb. — *Exoascus alnitorquus* Tul.), produit sur les écailles des chatons femelles de l'Aulne de grandes déformations vésiculeuses qui rappellent les pochettes produites sur les pistils de Prunier par l'*Exoascus Pruni*.

Taphrina bullata (Berk. et Br.) Tul.

(Taches vésiculeuses des feuilles de Poirier).

Syn. : *Oidium bullatum* Berk. et Br. — *Ascomyces bullatus* Berk. — *Exoascus bullatus* Fuckel.

Le Poirier présente parfois sur les feuilles des taches en forme de cloques, d'abord vertes puis d'un brun noir, qui sont produites par un *Taphrina,* sorte d'*Exoascus* dont on ne trouve les hyphes qu'entre l'épiderme et la cuticule, où les asques se forment. La surface inférieure des taches vésiculeuses du *Taphrina bullata* est blanche et farineuse; elle est formée par les asques dont la cellule support ne s'enfonce pas entre les cellules de l'épiderme. Comme tous les autres *Taphrina,* ce parasite, qui n'a pas de mycélium développé dans les tissus sous-jacents, ne cause pas de bien grands dommages (fig. 190).

Taphrina aurea (Pers.) Fries.

(Taches vésiculeuses des feuilles du Peuplier.)

Syn. : *Erineum aureum* Pers. — *Taphrina aurea* Fries. — *Exoascus Populi* Thüm.

Une des espèces les plus répandues de *Taphrina* est

le *Taphrina aurea* qui se développe sur le Peuplier.

Les asques sont serrés sur la face inférieure des feuilles du Peuplier au-dessous de cloques saillantes sur la face

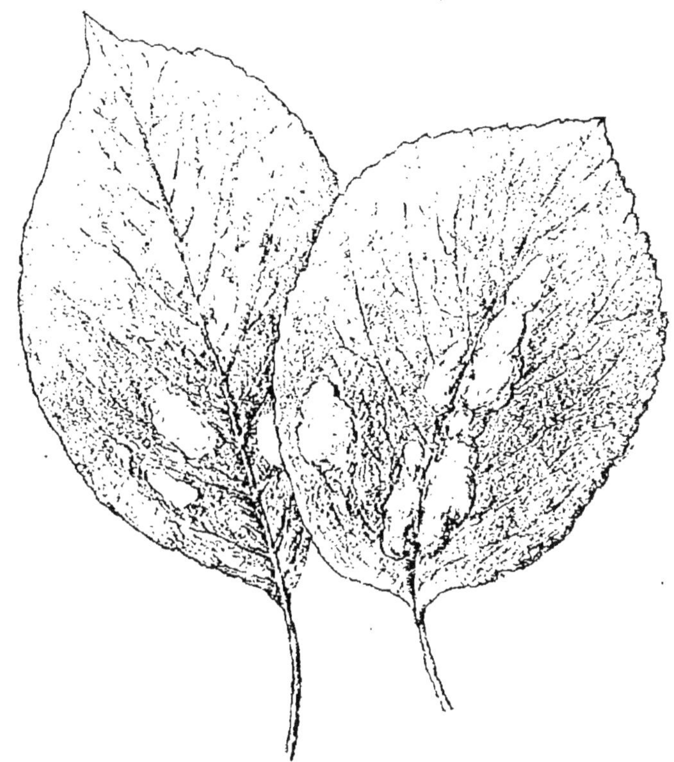

FIG. 190. — FEUILLES DE POIRIER ATTAQUÉES PAR LE *Taphrina bullata*.
Celle de droite vue en dessus, celle de gauche en dessous.

supérieure et qui frappent les yeux par leur couleur jaune d'or. Les asques pénètrent entre les cellules de l'épiderme plus ou moins profondément dans le tissu de la feuille. Les ascospores se multiplient en quantité sous forme de levûres à l'intérieur des asques.

Taphrina Ulmi (Fuck.) Joh.
(Taches vésiculeuses des feuilles de l'Orme.)

Syn : *Exoascus Ulmi* Fuckel. — *Exoascus campester* Sacc.

Il produit sur les feuilles de l'Orme de grandes cloques qui en général se distinguent du reste de la feuille par leur couleur plus claire. La surface de ces taches vésiculeuses est couverte d'une sorte de fleur au moment de l'émission des spores. En vieillissant, les taches deviennent brun foncé ou noires et l'altération qui s'y produit s'étend souvent sur une grande partie de la feuille.

FIN DU TOME PREMIER.

TABLE DES FIGURES

TABLE DES MATIÈRES

Chapitre II. — MYXOMYCÈTES.

DEUXIÈME PARTIE.

CHAMPIGNONS PARASITES

Chapitre III. — PHYCOMYCÈTES.

CHAPITRE IV. — USTILAGINÉES. — MALADIES CHARBONNEUSES.

CHAPITRE V. — URÉDINÉES (ROUILLES).

Chapitre VI. — BASIDIOMYCÈTES.

Chapitre VII. — ASCOMYCÈTES.

BIBLIOTHÈQUE DE L'ENSEIGNEMENT AGRICOLE

OUVRAGES PUBLIÉS

Herbages et Prairies. — Volume de 759 pages avec 120 figures dans le texte, par M. BOITEL.

Les Plantes vénéneuses considérées au point de vue de l'empoisonnement des animaux de la ferme. — Volume de 524 pages, avec 60 figures dans le texte, par M. CORNEVIN.

Les Engrais : Tome I. Alimentation des plantes, fumiers, engrais de villes et engrais végétaux. — Volume de 580 pages, avec figures dans le texte, par MM. MUNTZ et A.-CH. GIRARD.

Les Engrais : Tome II. Engrais azotés et engrais phosphatés. — Volume de 603 pages, par MM. MUNTZ et A.-CH. GIRARD.

Les Engrais : Tome III. Engrais potassiques, engrais calcaires, etc.; achat, transport, contrôle, essais des engrais. Volume de 627 pages, par MM. MUNTZ et A.-CH. GIRARD.

Méthodes de Reproduction en Zootechnie : croisement, sélection, métissage. — Volume de 500 pages, avec 67 figures dans le texte, par M. BARON.

Le Cheval considéré dans ses rapports avec l'économie rurale et les industries de transports : Tome I. Alimentation, écuries, maréchalerie. Volume de 483 pages, avec 89 figures dans le texte, par M. LAVALARD.

Le Cheval : Tome II. Choix et achat. Utilisation du cheval. Situation actuelle de la production chevaline. — Volume de 426 pages avec 45 figures dans le texte, par M. LAVALARD.

Les Irrigations : Tome I. Les eaux d'irrigation et les machines. — Volume de 720 pages, avec 192 figures dans le texte, par M. RONNA.

Les Irrigations : Tome II. Canaux et systèmes d'irrigation. — Vol de 618 pages, avec 360 fig. dans le texte, par M. RONNA.

Les Irrigations : Tome III. Les cultures arrosées. L'économie des irrigations. Histoire, législation et administration. — Volume de 810 pages, avec 22 figures dans le texte, par M. RONNA.

Législation rurale. — Volume de 831 pages, par M. GAUWAIN.

Agriculture générale. — Volume de 607 pages, par M. BOITEL.

Les Industries du lait. — Volume de 647 pages avec 112 figures dans le texte, par M. LEZÉ.

Des Résidus industriels dans l'alimentation des animaux de la ferme, volume de 552 pages avec 40 figures dans le texte, par M. CORNEVIN.

L'Alimentation de l'homme et des animaux domestiques : Tome I. La Nutrition animale. — Volume de 404 pages, par M. GRANDEAU.

Le Matériel agricole moderne : Tome I. Instruments d'extérieur de ferme. — Volume de 531 pages avec 370 figures dans le texte, par M. TRESCA.

Le Matériel agricole : Tome II. Instruments d'intérieur de ferme. Vol. de 410 p. avec 210 grav. dans le texte, par M. TRESCA.

Les Céréales : Volume de 816 pages, avec 272 figures dans le texte, par M. GAROLA.

Les Maladies des Plantes agricoles : Tome I, 437 pages, avec 190 figures dans le texte, par M. PRILLIEUX.

Pour paraître incessamment :

Les Maladies des Plantes, Tome II, par M. PRILLIEUX.

Cultures méridionales, par M. GOS.

Viticulture, par M. VIALA.

Typographie. Firmin-Didot et Cie. — Mesnil (Eure).

www.ingramcontent.com/pod-product-compliance
Ingram Content Group UK Ltd.
Pitfield, Milton Keynes, MK11 3LW, UK
UKHW022052120726
13694UKWH00001B/98